流域区域水污染治理模式与技术路线图丛书

水污染治理技术
综合评估方法构建与应用

蒋进元　魏砾宏　宋浩洋　等　著

科学出版社

北　京

内 容 简 介

随着我国生态文明建设的逐步推进，水污染治理技术呈现多样化的发展趋势，新技术不断涌现。因此，亟须开发一种规范化、系统性的技术评估方法，以实现快速梳理技术优势、识别技术短板、研判发展趋势的目标。本书在研究技术评估与实证理论的基础上，梳理了"十一五"以来水污染治理技术评估方法的发展历程，建立了水污染治理的技术综合评估及实证方法，构建了综合评估指标体系并实证完善，开发评估软件在全国范围内开展应用，最终提出各类水污染治理技术的综合评估指标体系、指标权重及标杆值，为开展技术评估工作提供方法学依据。

本书可供水环境治理领域相关科研机构和管理部门的研究与工作人员参考。

图书在版编目（CIP）数据

水污染治理技术综合评估方法构建与应用 / 蒋进元等著. -- 北京 : 科学出版社, 2024.12. -- (流域区域水污染治理模式与技术路线图丛书). ISBN 978-7-03-080225-5

Ⅰ. X52

中国国家版本馆 CIP 数据核字第 2024N265Q9 号

责任编辑：郭允允　李嘉佳 / 责任校对：郝甜甜
责任印制：徐晓晨 / 封面设计：无极书装

科 学 出 版 社 出版

北京东黄城根北街 16 号
邮政编码：100717
http://www.sciencep.com

北京建宏印刷有限公司印刷
科学出版社发行　各地新华书店经销
*

2024 年 12 月第 一 版　　开本：787×1092　1/16
2024 年 12 月第一次印刷　　印张：17 1/2
字数：415 000

定价：258.00 元
（如有印装质量问题，我社负责调换）

丛书编委会

作 者 名 单

蒋进元　中国环境科学研究院

魏砾宏　沈阳航空航天大学

宋浩洋　中国环境科学研究院

石冬妮　中国环境科学研究院环境技术工程有限公司

谭　伟　中国环境科学研究院

李　娇　生态环境部土壤与农业农村生态环境监管技术中心

秦红科　中国环境科学研究院环境技术工程有限公司

何　磊　中国环境科学研究院

丛 书 序

我国自20世纪80年代开始,伴随着经济社会快速发展,水污染和水生态破坏等问题日益凸显。大规模工业化、城镇化和农业现代化发展,导致水污染呈现出结构性、区域性、复合性、压缩性和流域性特征,制约了我国经济社会的可持续发展,人民群众生产生活和健康面临重大风险。如果不抓紧扭转水污染和生态环境恶化趋势,必将付出极其沉重的代价。为此,自"九五"以来,国家将"三河"(淮河、海河、辽河)、"三湖"(太湖、巢湖、滇池)等列为重点流域,持续开展水污染防治工作。从"十一五"开始,党中央、国务院更是高瞻远瞩,作出了科技先行的英明决策和重大战略部署,审时度势启动实施水体污染控制与治理科技重大专项(简称水专项)。水专项实施以来,针对流域水污染防治和饮用水安全保障的技术难题,开展科技攻关和工程示范,突破一批关键技术,建设一批示范工程,支撑重点流域水污染防治和水环境质量改善,构建流域水污染治理、流域水环境管理和饮用水安全保障三个技术体系,显著提升了我国流域水污染治理体系和治理能力现代化水平。为全面推动水污染防治,保障国家水安全,支撑全面建成小康社会目标实现,国务院于2015年发布《水污染防治行动计划》(简称"水十条"),加快推进水污染防治和水环境质量改善。

流域是包含某水系并由分水界或其他人为、非人为界线将其圈闭起来的相对完整、独立的区域,是人类活动与自然资源、生态环境之间相互联系、相互作用、相互制约的整体。我国主要河流流域包括松花江、辽河、海河、黄河、淮河、长江、珠江、东南诸河、西南诸河及西北内陆河等十大流域。我国湖泊众多,共有2.48万多个,按地域可分为东部湖区、东北湖区、蒙新湖区、青藏高原湖区和云贵湖区。统筹流域各要素,实施流域系统治理和综合管理,已经成为国内外生态环境保护工作的共识。水专项的实施充分考虑了流域的整体性和系统性,而在水污染治理和水生态环境保护修复策略上,考虑水体类型、自然地理和气候类型等差异,按照河流、湖泊和城市进行分区分类施策。与国家每五年一期的重点流域水污染防治和水生态环境保护规划相适应,水专项在辽河、淮河、松花江、海河和东江等五大河流流域,太湖、巢湖、滇池、三峡库区和洱海等五大湖泊流域,以及京津冀等地开展了科技攻关和综合示范,以水专项科技创新成果支撑流域水污染治理和水环境管理，充分体现流域整体设计和分区分类施策，即"一河一策""一湖一策""一城一策"，为流域治理和管理工作提供切实可行的技术和方案支撑。随着"十一五""十二五"水专项的实施，水污染治理共性技术成果和流域区域示范经验越来越丰富，与此同时，国家"水十条"的发布实施，尤其是"十三五"时期打好污染防治攻坚战之"碧水保卫战"，对流域区域水污染治理和水环境质量改善提出了明确的目标要求，各地方对于流域区域水污染系统治理、综合治理的认识越来越深刻。但是由于各流域区域水污染治理基础、经济社会发展水平和科技支撑能力差别较大，迫切需要科学的水污染治理模式、适宜的技术路线图，以及经济合理的治理技术支撑。因此，面向国家重大需求，为更好地完成流域水污染治理技术体系构建，"十三五"期间，水专项在"流域水污染治理与水体修复技术集成与应用"项目中设置了"流域（区域）水污染治理模式与技术路线图"课题（简称路线图课题），旨在支撑流域水污染治理技术体系的构建和完善，研究形成适应不同河流、湖泊和城市水环境特征的流域区域水污染治理模式，以及流域区域和主要污染物控制技术路线图，推动流域水污染治理技术体系的应用，为流域区域治理提供科技支撑。

路线图课题针对流域水污染治理技术体系下不同技术系统的特点，研究分类技术系统的流域区域应用模式。针对流域区域水污染特征和差异化治理需求，研究提出水污染治理分类指导方案和流域区域水污染治理技术路线图。结合水污染治理市场机制和经济模式研究，总结我国流域水污染治理的总体实施模式。路线图课题突破了流域水体污染特征分类判别与主控因子识别、基于流域特征和差异化治理需求的水污染治理技术甄选与适用性评估等技术，提出了河流、湖泊、城市水污染治理分类指导方案、技术路线图和技术政策建议，形成了指导手册，为流域中长期治理提供了技术工具。研究提出流域区域水污染治理的总体实施模式，形成太湖、辽河流域有机物和氮磷营养物控制的总体解决技术路线图，为流域区域水污染治理提供了技术支撑。路线图课题成果为流域水污染治理技术体系的构建和完善提供了方法学支撑，其中综合考虑技术、环境和经济三要素，创新了水污染治理技术综合评估方法，为城镇生活污染控制、农业面源污染控制与治理、受损水体修复等技术的集成和应用提供了坚实的共性技术方法支持。秉持创新研究与应用实践紧密结合的宗旨，按照水专项"十三五"收官阶段的要求，特别是面向流域水生态环境保护"十四五"规划的重大需求，路线图课题"边研究、边产出、边应用、边支撑、边完善"，为国家层面长江、黄河、松辽、淮河、太湖、滇池等流域和地方"十三五"污染防治工作及"十四五"规划的编制提供了有力的技术支撑，路线图课题成果在实践中得到了检验和广泛的应用，受到生态环境部、相关流域局和地方的高度评价。

"流域区域水污染治理模式与技术路线图丛书"是路线图课题和辽河等相关流域示范项目课题技术成果的系统总结。丛书的设计紧扣流域区域水污染治理、技术路线图、治理模式、指导方案、技术评估等关键要素和环节，以手册工具书的形式，为河流、湖泊、城市的水污染治理、水环境整治及生态修复提供系统的流域区域问题诊断方法、技术路线图和分类指导方案。在流域区域水污染治理操作层面，丛书为水污染治理技术的选择应用提供技术方法工具，以及投融资和治理资源共享等市场机制的方法工具。丛书集成和凝练流域水污染治理相关理论和技术，提出了我国流域区域水污染治理的总体实施模式，并在国家水污染治理和水生态环境保护的重点流域辽河和太湖进行应用，形成了成果落地的案例。丛书形成了流域区域水污染治理手册工具书 3 册、技术评估和市场机制方法工具 2 册、流域案例及模式总结 2 册的体系。

丛书既是"十三五"水专项路线图等课题的攻关研究成果，又是水专项实施以来，流域水污染治理理论、技术和工程实践及管理经验总结凝练的结晶，具有很强的创新性、理论性、技术性和实践性。进入"十四五"以来，《党中央　国务院关于深入打好污染防治攻坚战的意见》对"碧水保卫战"作出明确部署，要求持续打好长江保护修复攻坚战，着力打好黄河生态保护治理攻坚战，完善水污染防治流域协同机制，深化海河、辽河、淮河、松花江、珠江等重点流域综合治理，推进重要湖泊污染防治和生态修复。相信丛书一定能在流域区域水污染防治和水生态环境保护修复工作中发挥重要的指导和参考作用。

我作为"十三五"水专项的技术总师，乐见这些标志性成果的产出、传播和推广应用，是为序！

吴丰昌

中国工程院院士

中国环境科学学会副理事长

　　"十一五"实施水专项以来，水污染防治提升到了国家战略新高度，我国水污染治理技术水平获得空前发展，治理绩效突出。为了客观了解我国水污染控制与治理技术的整体水平，需要有效的技术评估手段。"十一五"和"十二五"时期，水污染治理技术的评估主要是针对技术声明的特性、技术应用及其发展的最有效状态、技术研究课题的成果绩效方面进行评估。进入"十三五"期间，水专项亟须构建水污染治理技术综合评估方法，评估各类水专项关键技术成果在环境-经济-技术三个维度下的综合表现，助力技术集成，实现流域水污染治理技术和设备的整装成套化，并推动技术的产业化发展和工程应用；结合评估结果研判技术发展趋势，为后续技术研发提供方向和参考的重要技术手段。进入"十四五"时期，随着生态文明建设深入推进，水污染治理技术的应用将趋于常态，综合评估方法将指导全社会科学选用水污染治理技术。

　　本书采用系统论的基本思想，把水污染治理技术看作一个整体系统来对待；综合考虑水污染治理技术在环境、技术和经济三个维度之间的相互关系及其对水污染治理技术整体性的影响，将指标数据设置为输入变量，评估得分设置为输出变量，构建综合评估方法。通过研究不同地理区划下同种技术综合得分之间差异性，以及研究同一地理区划下不同技术综合得分之间的差异性，分析技术适用性，助力技术集成，预测技术未来的发展，从而指导技术开发与使用。

　　本书提出的水污染治理技术综合评估方法，是在充分考虑不同类型水污染治理技术的共性和个性特征的基础上，开展的技术综合评估。创新之处在于：①提出利用频度分析、重要性判断、可测性判断、可比性和独立性检验等筛选评估指标的新方法，保证了其科学性、客观性和代表性。②利用系统论原理设计了四层次结构评估指标体系框架，规定了评估模型和指标权重的统一方法和原则，实现水污染治理技术综合评估的系统化、规范化。为了验证评估方法与指标体系，本书还开展了评估方法的可操作性实证、指标体系的代表性实证、标杆值的先进性实证、权重的合理性实证、评估结果的可靠性实证。

　　本书是在水专项"流域水污染治理与水体修复技术集成与应用"项目所属"流域（区域）水污染治理模式与技术路线图"课题支持下，充分研究国内外现有评估和实证方法，调研"十一五"以来水处理技术发展现状,构建了水污染治理技术综合评估方法以及实证研究方法,对我国"十一五"水专项实施以来所形成的工业行业水污染控制技术系统、城镇生活污染控制技术系统、农业农村水污染控制技术集成与应用技术系统、水体生态修复技术系统及相应技术环节和支撑技术开展技术综合评估和实证,提出各类技术系统的优化技术评估指标体系、指标权重及标杆值。开发了适用于数据规模处理的综合评估软件,并将其用于全国污水处理厂的综合评估,得到全国不同地理区划城镇污水处理技术水平,获得不同地理区划的适用技术。本书旨在推动综合评估方法的发展,为相关技术研究和开发人员快速了解我国水污染治理技术的现有水平,比较和选择适宜技术,以及预测技术的发展趋势提供技术手段。

全书分为6章。第1章的主要内容是国内外水污染治理技术评估方法的概念、分类以及国内外研究现状。第2章的主要内容是水污染治理技术综合评估指标系统的构建程序以及评估指标的筛选方法。第3章的主要内容是水污染治理技术综合评估方法的建立程序、评估计算与结果表达。第4章的主要内容是受损水体修复技术、农村生活污水处理技术、城镇生活污水处理技术的评估指标系统实证。第5章的主要内容是水污染治理技术综合评估方法在太湖流域、辽河流域、新凤河流域受损水体修复技术、农业生活污水处理技术、城镇生活污水处理技术的应用。第6章的主要内容是介绍自主开发的水污染治理技术综合评估软件的主要功能,并在全国污水处理厂开展技术综合评估应用。

全书由蒋进元研究员主持编写并统稿,主要由蒋进元、魏砾宏、宋浩洋、石冬妮、谭伟、李娇、秦红科、何磊负责撰写。另外,李加加、张尧、洪尉淞、胡浠萌等同学也在本书的撰写过程中提供了帮助,在此表示感谢。

在本书的撰写过程中,参考和选用了国内外学者或工程师的著作和资料、"十一五"以来水专项相关技术评估研究报告以及"十三五"水专项"流域水污染治理技术体系集成"的研究结果,在此谨向他们表示衷心的感谢。限于作者水平和编写时间,书中难免存在不妥和疏漏之处,敬请同行专家和读者批评指正。

著 者

2023 年 11 月

◀ 目 录

方法构建篇

方法应用与实践篇

方法构建篇

第1章 概　　述

随着我国生态文明建设逐步推进，水污染治理技术呈现多样化发展趋势，新技术不断涌现。据中国环境保护产业协会数据，2011~2020 年中国环境技术发明专利申请总量接近全球环境技术发明专利申请总量的 60%，是全球最积极布局环境技术创新的国家。我国在环境技术专利申请数量方面处于绝对领先地位，在技术深度和广度两个维度取得了迅猛发展。大量科学成果转化为水污染治理技术，从单项水污染治理技术到流域尺度的水污染控制工程技术系统，对改善流域水质起到了关键作用。但在技术选择过程中仍然存在"无技术可用、有技术不用、技术水土不服、技术水平难比较"等问题，这是由于缺乏准确合理、客观公正、标准规范的环境技术综合评估方法。本章通过梳理技术评估的理论基础、整理技术评估与实证方法的发展历程、对比技术评估方法，构建了标准化的水污染治理技术综合评估与实证程序流程。

1.1 技术评估

1.1.1 技术评估的概念与内涵

技术评估（technology assessment，TA）的目的是在技术选择和开发中趋利避害，寻求实现社会总体利益的最佳方案。技术评估是鉴定技术的潜力、促进技术转化为应用的方法和手段。有关"技术评估"的定义主要有以下两种（冯秀珍等，2011）：①美国国会研究报告对技术评估的定义为"技术评估是对建议或已完成研发的技术利弊和潜在影响进行分析，包括对可供选择的技术进行可行性分析"。②日本文部科学省（原科学技术厅）和经济产业省将技术评估定义为"技术评估是事先对技术的开发、试验、应用等一系列过程可能产生的影响进行预测，从总体上评估把握利害得失，将它的负面影响降至最低，使它的正面效果达到极大，目的是引导技术研发朝着有利于人类、自然、社会和技术发展的方向前进"。

总之，技术评估包括预测和估计未来技术的发展趋势，评估技术性能、技术水平和经济效益；也包括评估技术对环境、生态、社会、经济、政治、文化和心理等方面可能产生的各种影响。

学术界存在"技术评价"和"技术评估"两种术语，由于两者的研究对象和研究目标不同，两者之间存在一定区别。"技术评价"的研究对象是一项具体的技术或一个具体的工程，"技术评估"的研究对象是对国家甚至世界产生重要影响的技术方向和技术领域。

但两者均可用于分析技术的性能、水平和经济效益以及技术对生态环境、社会文化等方面可能产生的各种影响。

技术评估为宏观层面的综合评估，即通过综合检查评估技术的正效果、负效果和潜在影响，将技术控制在合理健康的发展方向，不仅着重考量技术性能和经济效益的有利影响，同时还站在社会的角度，对其不利影响（即负效果）进行分析和评测。

技术评估有如下特点（冯秀珍等，2011）：

（1）技术评估的对象为关乎国计民生的重大研究项目和重要应用技术，包括生产技术、新产品技术和社会开发技术等。

（2）技术评估具有预测性，以事先了解社会、经济的各种问题为目的，在技术开发之前及开发过程中，经常预测技术可能带来的影响和危害，对各方面进行综合判断，将危害最小化。

（3）技术评估的内容侧重于技术开发带来的影响和这些影响的变化与发展，这种评估包括两个方面：一是技术应用带来的直接效果；二是技术开发与应用带来的潜在的、不可逆转的负影响及后果。因此技术评估尤其重视技术与人类、社会、环境的关系。

（4）技术评估不是依靠一定规章制度去制约已经完成的技术，而是对技术本身以及在研究开发过程中可能出现的各种问题进行预测，寻找对人类的影响，并设法采取对策，开发防止或解决公害的技术。

（5）技术评估的方法需要创造性，更注重客观性、可验证性，用客观性来延续创造性，因而是科学性与解决问题的目的性相结合的过程。

（6）技术评估并非简单的方法学，而是一门政策科学。它体现了对科学技术进行客观评估的态度和思考方法，将定量分析和定性分析相结合，为制定政策和计划、新技术的研究和开发及其应用提供决策依据。

1.1.2　常用技术评估方法

20 世纪 60 年代以来，技术评估方法有了很大发展，评估方法数量已经达到了数百种之多，对于不同的技术、不同技术应用目的、不同技术的开发阶段，适用的技术评估方法具有很大差异。因此，充分了解各种技术评估方法的特性和适用条件，对科学、快速、正确地评估技术具有十分重要的作用。

目前常用的评估方法主要有综合评分法、关联树法、专家评估法、综合指数法、指标公式法、层次分析法、模糊综合评价法、灰色关联分析法、成本效益分析法、数理统计方法等（张晓凌等，2011；高志永，2010；高志永等，2012；Turan et al.，2011）。各种方法的分析内容与侧重点不同。

1. 综合评分法

综合评分法适用于评估指标无法用统一的量纲进行定量分析的情况，采用无量纲的分数进行评估，首先根据评估对象的具体情况选定评估指标，对每个评估指标分别制定出评估标准，用分值表示这些等级标准的含义。然后，依据标准对评估对象进行分析和评估，评定各指标的分值，最后经过一定的运算求出各方案的总分和平均分值，以此决定技术方案的优劣和取舍（高志永，2010；Tian and Da，2012；Wang and Song，2018）。

综合评分法的步骤：

（1）确定评估指标，即选定采取此法进行评估的指标。

（2）制定出评估等级和标准。先制定出各项评估指标统一的评估等级或分值范围，然后制定出每项评估指标每个等级的标准，以便打分时参考。这项标准，一般是定性与定量相结合。

（3）制定评分表。内容包括所有的评估指标及其等级区分和打分。

（4）根据指标和等级评估分数值。评估者收集和指标相关的资料，对评估对象进行打分，并将分数填入评分表。打分的方法，一般是先对某项指标达到的成绩做等级判定，然后进一步细化，在这个等级的分数范围内打一个具体分。这时往往要对不同评估对象进行横向比较。

（5）数据处理和评估。确定各单项评估指标得分，计算各组的综合评分和评估对象的总评分。将各评估对象的综合评分，按原先确定的评估目的，予以运用。

综合评分法的优点是科学、可量化，主要特征是引入权值的概念，评估指标结果更具科学性、能够发挥评估指标专家的作用，有效防止不当行为。其主要缺点是难以合理界定评估指标因素及其权值。评估指标专家组成员属临时抽调性质，在短时间内很难充分熟悉被评估技术资料，全面正确把握评估因素及其权值。评估专家具有较大权力，由于专家业务水平不尽相同，若对专家没有有效约束，可能出现主观臆断。

2. 关联树法

关联树法（relation-tree method）又称为相关树法、关系树法、目标树图等，是在决策树方法的基础上发展起来的一种定性预测方法。关联树法指的是一种对复杂系统进行分析评价的方法，是系统工程理论的一个分支。其基本思想是把预测对象分解为由不同层次组成的系统结构，运用决策理论，评估对象未来的客观发展，并选择为达到这一目标所需的项目或领域（程星华等，2014）。

关联树的顶端是提出的目标或拟解决的问题，顶端下分出若干枝干，分别列出目的、任务、途径等；每个枝干下又分出若干分支，分别列出方法、要素或工具。一般把关联树的顶端叫作总体目标或规划范畴，把枝干叫作子目标或子范畴，最下面的分支叫作元素或单元。

关联树将目的、行为、现象之间的理论关系用树结构表示，能将复杂关系进行系统整理，将评估要素定量化，借助计算机进行数据处理，并可根据实际情况迅速修正结果。

运用关联树的主要步骤如下：

（1）建立关联树，确定一个总目标后，对有关因素进行分析、归纳、整理，按树的分支把因素连接起来。

（2）建立准则和决定准则权数。准则权数，由专家根据准则的重要性经验判断确定。

（3）建立有效权数。每一因素的准则重要性是不同的，要确定不同的有效权数，这种有效权数也是由专家主观确定的。

（4）计算相关数。各准则的项目不同，计算的相关数也不同，但必须符合所有项目之和等于 1 的要求。

（5）计算树顶相关数。它是指与树顶有直接纵向关系的各级相关数的连乘积，用于反映所有因素对实现总体的重要程度。

运用此法时，建立简洁的目标是构成关联树的第一步。当确定了目标之后，接着决定等级层次的个数。目标越大，层次个数就越多，关联树也就越复杂。然后，就可以依次按序画出关联树。实际上，关联树是对一个复杂系统进行分解的技术。

3. 专家评估法

专家评估法是以评估者的主观判断为基础，以一定的评估标准为依据，对评估对象的技术性能和客观效果进行定量评估的一种方法，该方法也称为专家调查法（张晓凌等，2011）。专家评估法以专家为获取未来信息的对象，组织各领域的专家运用专业方面的知识和经验，通过直观归纳，对预测对象进行综合分析与研究，找出预测对象变化、发展规律，从而对预测对象未来的发展趋势及状况作出判断。通常采用个人判断法、专家会议法、头脑风暴法和德尔菲法。

个人判断法主要依靠个别专家对预测对象未来发展趋势及状况作出专家个人的判断。专家会议法是指依靠一些专家，对预测对象的未来发展趋势及状况作出判断而进行的一种集体研讨形式。头脑风暴法是通过专家间的相互交流，引起"思维共振"，产生组合效应，形成宏观智能结构，进行创造性思维。德尔菲法是根据专家的直接经验，对研究的问题进行判断、预测的方法。

专家评估法以打分的方式将定性指标定量化，并对数理统计结果进行判断，该方法简单易行，可以充分利用专家智慧、技术和经验，但同时也容易受专家知识和经验不足和主观等因素的影响。多用于方案优选与决策评价。

4. 综合指数法

综合指数法是指在确定一套合理的经济效益指标体系的基础上，对各项经济效益指标个体指数加权平均，计算出经济效益综合值，用以综合评价经济效益的一种方法。即对一组相同或不同指数值进行统计学处理，使计量单位、性质的指标值标准化，最后转化成一个综合指数，用以准确地评价工作的综合水平。综合指数值越大，工作质量越好，指标多少不限。

综合指数法将各项经济效益指标转化为同度量的个体指数，便于将各项经济效益指标综合起来，以综合经济效益指数作为企业间综合经济效益评比排序的依据。各项指标的权数是根据其重要程度决定的，体现了各项指标在经济效益综合值中作用的大小。

综合指数法的基本思路则是利用层次分析法计算的权重和模糊评判法取得的数值进行累乘，然后相加，最后计算出经济效益指标的综合评价指数。

5. 指标公式法

指标公式法由指标和公式两部分组成，指标泛指各种统计指标，能够用于从具体数量方面对现实经济总体的规模及特征进行概括和分析。对于在大量观察和分组基础上计算的指标，要求基本排除总体中个别偶然因素的影响，能够反映出普遍的、决定性条件的作用结果。指标公式法是在没有明确的理论指导的情况下，采用经验或单一原理推导出的公式，并根据该指标公式进行评价指标计算的一种评价方法。

6. 层次分析法

层次分析法的基本思想是：①先按问题的要求把复杂的系统分解为各个组成因素；②将这些因素按支配关系分组，建立起一个描述系统功能或特征的有序的低阶层次结构，由两两比较构建判断矩阵，以确定每一层次中各因素对上层因素的相对重要顺序；③最后在递阶层次结构内进行合成而得到决策因素相对于目标的重要性的总顺序。它体现了人们决策思维的基本特征：分解、判断、综合，具有思路清晰、方法简便与系统性强等特点（Saaty，1996）。该方法在多层次评价指标权重确定方面具有优越性，但当某一指标的下一层直属分指标超过 9 个时，其有效性降低，判断矩阵往往难以满足一致性要求。该方法在各学科广泛运用（Saaty and Tran，2007）。

7. 模糊综合评价法

通过数学方法实现对模糊性的多目标问题的评价，该方法以最大隶属度原则为识别准则，适宜具有模糊因素的综合性评价，在经济和科技评价方面应用很广。模糊综合评价法有如下几点不足：①隶属度函数较难确定，且主观性较强，增加了决策者的操作难度；②模糊算子的选择较困难，且很多模糊算子不能充分利用已知信息（Purba et al.，2014）。

8. 灰色关联分析法

灰色关联分析法是分析系统中多因素之间关联程度的方法，是以各因素的样本数据为依据用灰色关联度来描述因素间关系的强弱、大小和次序的分析方法（程星华，2014）。如果样本数据列反映出两因素变化的态势基本一致，则它们之间的关联度较大；反之，关联度较小。与传统的多因素分析方法（相关、回归等）相比，灰色关联分析法对数据要求较低且结算量小，便于广泛应用。用关联度大小来描述因素间关联的密切程度，将关联度按大小排列构成相应的序列，并进行相关性的测度，多运用在多目标的项目决策中。灰色关联分析法的核心是计算关联度，而原有的关联度计算公式对各样本采用平权处理，客观性较差，不符合评估对象更为重要的实际情况。

9. 成本效益分析法

对费用效益率、投资净现值等评估，是现代福利经济学的一种应用，其目的在于尽可能准确分析某一项目方案对国民经济的影响，进而选择最有利于优化资源配置的方案。

10. 数理统计方法

数理统计方法主要是应用主成分分析、因子分析、聚类分析、判别分析等方法对一些对象进行分类和评价，该类方法在环境质量、经济效益的综合评价等方面得到了应用。数理统计方法是一种不依赖于专家判断的客观方法，优点是可以排除评价中人为因素的干扰和影响，而且比较适合评价指标间彼此相关程度较大的对象系统；但该方法给出的评价结果仅对方案决策或排序比较有效，并不反映现实中评价目标的真实重要性程度，其应用时要求评价对象的各个因素必须有具体的数据值。

1.1.3 技术评估的分类

技术评估方法分类可以按照技术评估的对象进行分类、按照技术生命周期进行分类、按照技术评估的社会功能进行分类。

按照技术评估对象分类可根据待评估对象的性质、特点进行划分（张晓凌等，2011）：①技术导向型评估。强调随着时间推移，技术应用后产生的社会后果和生态效果，着重研究那些非预期的、间接的和滞后发生的后果。该类技术评估涉及因素比较多。②问题导向型评估。针对某一特定问题（如环境污染、生态问题等）提出对策和相应的替代技术。③项目导向型评估。评估对象是某一具体项目，问题边界清晰。④目标导向型评估。是指在已有的和待开发的技术中，确定选用合适的技术对实现目标更有利，判断该技术的应用会产生何种影响，评估始终围绕既定目标进行。

按照技术生命周期分类，是根据技术的先进性、创新性、适用性等方面，确定技术在某行业市场中的定位，对技术进行评估。包括：①研究开发前或研究初期的技术评估。该阶段的技术评估特点是对这类技术作概括性的展望。②研究开发中的技术评估。评估的目的是决定技术开发继续进行、中止或修正方向。该阶段的评估特点是根据新的技术信息，检查技术方向是否依然有效。③实施阶段的技术评估。评估的目的是决定是否应该将新技术引入社会，评估的重点是技术在社会中的适用形态可能产生的各种影响。④拓展阶段的技术评估。评估的目的是尽早发现伴随技术规模扩大和利用形态的变化等产生的次级影响。评估重点是检查实施阶段的影响及对策，对实用技术进行监测和控制，及早发现技术的负面影响，在重大影响发生前提出修正案。⑤成熟阶段的技术评估。评估的目的是鉴别技术大量应用后对各方面可能带来的影响。评估重点是分析技术的现实影响及将来波及状况，同时研究针对影响的对策和替代方案。

按照技术评估社会功能分类，技术评估方法包括（高志永，2010）技术预测评估、技术水平评估、技术价值评估和技术综合评估。①技术预测评估涵盖对技术的发展趋势、技术的潜在性能、技术的风险、技术的预期价值、技术的市场前景和技术的估计影响（包括生态环境、人文、社会政策、伦理等）进行评估。②技术水平评估包括两方面内容：技术经济评估和技术资产评估。技术经济评估目的是选择技术先进、经济合理、实践可行的最优方案。技术资产评估是将技术看作资产，评估本身所具备的重要价值。③技术价值评估主要关注某项技术在特定领域或场景中的经济、社会和技术价值。它是对技术所创造的直接和间接效益进行分析和量化的一种方法。④技术综合评估是一种更全面的技术分析方法，它以多维度的方式系统评估技术的潜力和影响，涵盖技术开发、应用、风险和长期可持续性等多方面内容。

1.2　水污染治理技术评估发展历程

1.2.1　国外进展

环境技术验证是 20 世纪 90 年代开始在美国、加拿大、日本、韩国、欧盟等国家和组织先后创建并实施的新型环境技术评估制度[1][2][3]，并逐渐形成了以美国国家环境保护局（U. S. Environmental Protection Agency，USEPA）所创建环境技术验证（environmental technology verification，ETV）技术为主体的一套制度和方法。该制度的核心是通过一定的程序和方法，由第三方验证机构对环境污染防治技术进行以实际测试为基础的现场验证，供技术使用者在进行决策时参考。其中实证评估是环境技术验证中的重要手段之一。

美国开展环境技术验证时，在考察废水特性及技术先进性、可靠性、可得性和经济可行性的基础上，采用成本-效益分析法对各种技术进行分析评估，确定最佳实际控制技术（best practicable technology currently available，BPT）、最佳常规污染物控制技术（best conventional pollutant control technology，BCT）、最佳经济可行技术（best available technology economically achievable，BATEA）和现有最佳示范技术（best demonstrated control technology，BADT）等各类先进技术。目前，USEPA 已经建立起了 56 个大类，450 个以上小类的技术指南，作为制定污染物排放限值和环境管理的技术支持文件。

欧盟环境技术评估主要体现在欧盟综合污染防治（Integrated Pollution Prevention and Control，IPPC）指令中。2004 年开始前期研究和试点，开展了 5 个试点项目，验证 30 多项技术；2011 年开始试运行（陈扬等，2021）。指令旨在以最佳可得技术为工具，建立一个综合性的许可证制度，以控制所有污染物的产生，并以此协调欧盟的环境法规，使其成为欧盟环境法规的核心内容。发达国家十分重视技术指南、技术评估等环境技术管理对环境保护和污染治理达标的重要作用，而且成功地制定和运用了以污染防治最佳可行技术（best available technology，BAT）和技术评估为核心的环境技术管理体系，环境技术管理已成为国家环境管理的一个重要方面，在环境污染治理和实现环境保护目标上发挥了重要作用。

韩国 ETV 制度开始于 1997 年，旨在通过验证、评价和确认环境技术，推动优秀环境技术的发展并培养相关产业。韩国 ETV 制度提供两种方式的评价：①指定环境新技术。通过现场检查和文件审核（同行审核），评价技术的新颖性、先进性和可行性。②验证环境新技术。通过文件评价、现场检查和现场测试，验证机构按照验证规范评价技术的有效性和卓越性，可同时颁发环境新技术和环境技术认证证书。

加拿大 ETV 制度从 1997 年开始运行，目标与美国类似，更注重国内环保产业的增长和市场性，帮助企业进入国际市场，从而提高其竞争力。认证的技术领域可包括环境技

---

[1]　U. S. Environmental Protection Agency. Environmental Technology Verification Program.

[2]　European Commission. EU Environmental Technology Verification（ETV）.

[3]　Korea Environmental Industry Technology Institute. What are the NET&ETV?.

术、产品、服务与环境监控系统。认证方负责收集技术性能声明和第三方实验室的实验数据，指定第三方认证机构，审查最终版认证报告并准备技术情况说明书及认证证书。同美国 ETV 模式不同，加拿大 ETV 制度要求技术拥有者在申请技术认证之前，需要指定第三方实验室收集和分析技术或者样本，利用实验生成能够验证性能声明的数据。

现行的 ETV 项目基本上可以分为两类：美国 ETV 模式（韩国、日本）和加拿大 ETV 模式（欧盟等）。美国的 ETV 管理机构指定认证机构进行完整的测试并确定技术性能，旨在公开技术性能数据；加拿大 ETV 中实验和认证由两个独立的机构进行，技术拥有者自行联系第三方实验室进行数据测试并以申明的形式提交数据报告，ETV 管理机构指定认证机构负责验证申明及现场测试的一致性。

两种 ETV 模式是建立在一套科学实验和统计学基础之上的验证程序，不对技术做"好""坏"或者是否合格的评价。由于 ETV 属于技术拥有者自愿申请的行为。因此，即使是"低性能"的技术也可以通过认证获得 ETV 认证，技术需求者需要依据 ETV 认证结果选择合适的技术，从而满足自己的需求。

1.2.2　国内进展

自"九五"以来，水体污染控制得到空前的重视，国家先后实施了一系列重点流域水污染治理举措，我国学者也开展了不少关于水污染治理技术的相关研究。其间，大量科学成果转化为水污染治理技术，从"小、散、全"的单项水污染治理技术，到流域尺度的水污染控制工程技术，对改善流域水质起到了积极作用。然而，仅有少量的技术实现了标准化和规范化，大量在当前水污染治理中有迫切需求的技术已具相应水平，但尚未进行技术评估，也未进行标准化和规范化，在实际应用中如何选择出适合特定流域的水污染治理技术，仍存在极大的不确定性，难以有力支撑当前我国流域治理中水污染控制技术的迫切需求。因此，对我国已有水污染治理技术进行全面系统评估，对流域水污染控制技术选择提供参考与指导性建议具有重要意义。

"十一五"期间主要是消化、引进、吸收最佳可行技术和环境技术验证等评估方法，逐步形成了中国的最佳可行技术评估体系与环境技术验证体系。①技术可行评估方法主要是最佳可行技术（BAT），用于对部分现有技术的评估，是为解决生活、生产过程中产生的各种环境问题，减少污染物的排放，并从整体上实现高水平的环境保护而提出的先进且可行的污染防治技术。②技术验证评估是指环境技术验证，主要用于创新技术的评估。针对已经完成中试、工业化试验并具有产业化前景的技术为对象，以第三方评价机构为主要评价模式对环境新技术进行验证。

"十二五"期间进一步完善、开发了就绪度、创新性和绩效等评估方法，评判技术发展和绩效。技术就绪度评估用来分析该项技术的发展状况与成熟度。技术创新性评估是为了理清评估对象技术在同类型技术中的先进程度。绩效评估是针对水专项示范研究项目的课题绩效评估方法，分析比较各课题已研发关键技术的创新特点、适用性和实施效果，评估已建示范工程的运行效果以及在城市水环境改善中的作用。

截至 2021 年 1 月，我国已发布污染防治技术政策 65 项、污染防治技术指南 28 项、环境工程技术规范 95 项。"十一五"期间，水专项设置"水污染控制与治理技术评估体系研究"项目，下设"水污染防治技术管理体系框架及评估方法""东江流域（电子及半导体元器件、油漆油墨、皮革加工等轻工行业）水污染防治技术评估与示范""太湖等流域棉纺、毛纺、化纤染整行业水污染防治技术评估研究与示范""炼化、化纤、氮肥等重污染化工行业水污染防治技术评估研究与示范""稀土、电解锰和黄金冶炼等典型重污染冶金行业清洁生产水污染防治技术评估研究与示范""化学合成类、发酵类及制剂类等制药行业水污染防治技术评估研究与示范""水污染防治技术评估验证平台与决策支持平台建设研究"共计七个课题，专门对工业源水污染治理技术评估进行了研究。以成本-效益理论为基础，为达到行业水污染物排放限值，建立了多个行业水污染防治技术评估方法和指标体系，完成了五大行业（化工、轻工、纺织、制药和冶金）的 425 项污染防治技术评估和 53 项技术验证，最终评估形成了涵盖五大行业 15 个子行业的 84 项污染防治最佳可行技术，初步编制完成了五大行业污染防治技术政策、最佳可行技术指南等一系列技术指导文件。

　　总体来讲，目前开展的水污染治理技术的评估方法主要是针对技术声明的特性、技术应用及其发展的最有效状态、技术研究课题的成果绩效方面进行的评估，对整个技术体系的发展状况、"十一五"以来水专项实施后技术的进步情况、水专项成果的应用情况缺乏客观的分析方法，见图 1-1。

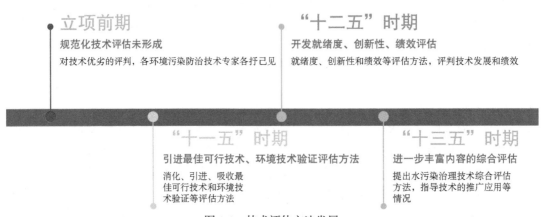

图 1-1　技术评估方法发展

　　（1）环境技术管理工作开展——早期探索。我国自 20 世纪 90 年代初，着手开展环境技术管理工作，经历了早期的探索阶段，2006 年，国家环境保护总局发布了《关于增强环境科技创新能力的若干意见》，首次提出了筛选污染控制最佳可行技术，并发布相关技术指南的工作要求。

　　（2）制定技术管理体系建设规划——正式启动。2007 年，国家环境保护总局发布《国家环境技术管理体系建设规划》，指出国家环境技术管理体系由环境技术指导文件、环境技术评价制度、环境技术示范推广机制 3 部分构成，其中环境技术评价制度包括现有单项技术综合评价制度、现有同类技术筛选评价制度、新技术验证制度，规划的发布全面推动了我国环境技术评估工作。

（3）发布环境保护技术评价管理办法——有据可依。2009 年，环境保护部发布《国家环境保护技术评价与示范管理办法》明确了环境保护技术评价的基本要求，文件指出环境保护行政主管部门在开展环境保护技术相关的管理工作或项目审批时，应当以环境保护技术评价的结果作为依据，为我国环境技术评估提供了依据。

（4）构建我国环境技术评估体系框架。结合我国目前环境技术评估问题与现状初步构建了包括技术相关主体、技术类别划分、评估实施内容、结果发布平台四个主要部分的环境技术评估体系框架，具体见图 1-2（高志永等，2012）。

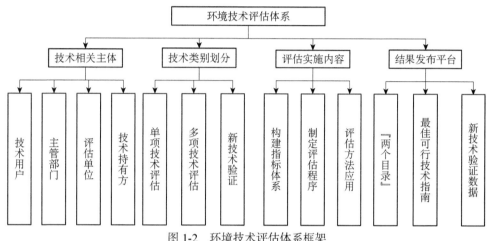

图 1-2　环境技术评估体系框架

环境技术评估体系的技术相关主体主要包括环境保护行政主管部门、评估单位、技术持有方及技术用户。其中环境保护行政主管部门负责制定环境技术评估的相关政策和环境技术评估实施细则、指南、规范等指导性技术文件。评估单位对环境技术评估的申请、过程和结论负责。技术持有方根据评估工作要求提供真实、完整、翔实的技术资料。技术用户包括环境保护行政主管部门和企业用户，环境保护行政主管部门可根据评估结论实施技术推广，企业用户可根据评估结论合理选择技术。

环境技术评估体系的技术类别划分主要将现行的环境技术分为单项技术评估、多项技术评估和新技术验证。单项技术是指某个技术环节或者技术支撑点。多项技术是指多个同类或不同类的技术，可以是同一类环境技术，如重点行业污染控制技术系统、城镇生活污染控制技术系统等；也可以是不同类的环境技术系统。新技术可包括单个的产品、技术单元、技术组合、技术方案等。

环境技术评估体系的评估实施内容主要包括构建指标体系、制定评估程序和评估方法应用。评估指标体系应由环境保护行政主管部门或者委托第三方评估机构组织专家针对不同行业类型、环境技术特点等内容设计指标体系。科学的评估程序是为了提高评估结果的公正性，多由环境保护行政主管部门制定，并在评估过程中严格按照程序进行。评估方法可包括层次分析法、专家评判法等多种方法，根据环境技术评估的需要选择相应方法，提高评估结论的科学性。

结果发布平台包括最佳可行技术指南、新技术验证数据及"两个目录"。最佳可行技术指南是为了保证污染防治可行技术指南文件的科学性和可操作性制定的文件，最佳可行技术是针对各种工农业生产、城乡生活全过程产生的环境污染问题，采用清洁生产技术和措施预防并减少污染物的排放，在污染防治过程中采用可行技术，并通过实施管理手段达到最佳环境效益的综合技术。"两个目录"是指《国家先进污染防治技术目录（水污染防治领域）》和《国家鼓励发展的重大环保技术装备目录》（先进成熟的污染治理达标技术）。

1.3 水污染治理技术评估类型

针对水污染治理技术的发展演变，国内开展了不同种类技术的评估方法研究，水污染治理技术评估分成最佳可行技术（BAT）评估、环境技术验证（ETV）评估、系统成熟度评估、绩效评估、技术就绪度评估、创新性评估等几种方法，对比分析见表1-1。

表 1-1　主要水污染治理技术评估方法的对比分析

评估类型	用途	特点和作用	不足
最佳可行技术评估	为排放限值的制定提供参考	（1）政府部门制定政策目标和财政激励措施，保证BAT的推广和应用；（2）行业协会确定行业的环境问题及其解决方案，提供行业使用的最佳技术及其运行成本；（3）研究机构、大学提出的新观点和新想法；（4）寻求非政府环保组织的观点，保证信息交流的全面性	存在数据失真、数据不足、评价方法的局限性、经济可行性难以量化、技术的最佳组合难以确定等问题
环境技术验证评估	政府指导下的第三方评估机构为主要评价模式对环境新技术进行验证	按照国家制定的验证标准、验证规范和验证测试规范，以试验定量评价为主，减少了主观的影响	ETV属于技术拥有者自愿申请的行为。技术需求者需要依据ETV认证结果选择合适的技术，从而满足自己的需求，但技术专业性要求高，技术凝练难
系统成熟度评估	评价技术的真实研制水平	系统成熟度计算的数学方法较多	不能明确关键技术之间的集成关系，以及技术的具体成熟情况
绩效评估	评估已建示范工程的运行效果以及在城市水环境改善中的作用	对已实施课题的研究成果及时进行梳理、总结和凝练，分析比较各课题已研发关键技术的创新特点、适用性和实施效果	评估对象为示范工程，只能对其开展实施效果的定性分析，缺乏定量比较
技术就绪度评估	衡量技术成熟状态	可依据技术研发过程的不同特点，建立评价准则，用于识别和评估新技术实施过程中的潜在风险，帮助做投资和开发的决策支持	更适于评价单一技术，对于集成技术具有挑战性；属于静态评估，单次评估无法反映技术的动态变化；依赖于专家的经验和主观判断；缺乏标准化；依赖于历史数据，可能导致对于新项目评估的不准确
创新性评估	衡量创新项目、策略和过程的有效性和影响力	能够涉及多方利益，获得全面的视角，综合应用多种评估方法，不仅用于评估技术创新，还包括市场影响、经济效益、社会效益和环境影响等多个维度	难以获得涉及商业机密或未公开项目的真实数据；标准化难度较大；在大型项目或多维度评估时成本较高；评估结果存在时间的滞后性

1.3.1　最佳可行技术评估

我国最佳可行技术主要用于对部分现有技术的评估。从 2007 年颁布实施《国家环境技术管理体系建设规划》开始起步，目前建立了钢铁、造纸等十几项重点行业的最佳可行技术参考文件。最佳可行技术评估在工作开展过程中经常会遇到数据失真、数据不足、评价方法的局限性、经济可行性难以量化、技术的最佳组合难以确定等问题，影响评估工作的正常开展。

1.3.2　环境技术验证评估

我国环境技术验证（ETV）主要用于创新技术的评估。1999 年中国的环境技术验证工作在环境保护部和加拿大环境部的共同努力下，正式启动开展"建立中国环境技术评估体系"第一期项目。2007 年国家环境保护总局发布的《环境保护技术验证发展建设规划》中提出了建设环境技术验证评价的工作目标，之后国家水专项、环境技术管理项目等均支持了 ETV 制度建设和方法研究。2015 年 9 月中国环境科学学会为推动环境技术验证评价试点工作，发布了《环境保护技术验证评价 通用规范（试行）》（T/CSES 1—2015）、《环境保护技术验证评价 测试通用规范（试行）》（T/CSES 2—2015）两项团体标准；2016 年 8 月环境保护技术验证发展中心管理委员会和技术委员会正式成立；2019 年 12 月国家标准《环境管理 环境技术验证》（GB/T 24034—2019）正式发布实施。我国在推进环境技术验证制度的建设方面做了大量工作，但是目前仍然存在诸多问题：①虽然目前在国家层面已经出台了相关标准，但是该标准内容等同于国际标准《环境管理 环境技术验证》（ISO 14034:2016），缺乏中国本土化的特色优化；②虽然出台了一系列管理文件，但是环境技术验证的实践案例较少。

1.3.3　技术就绪度评估

技术就绪度（technology readiness level，TRL）评估是将单项技术或技术系统在研发过程中所达到的一般可用程度进行量化，衡量技术成熟状态的指标（王心等，2017）。通过对新技术进行 TRL 评估，可以准确地确定技术的发展状态，判定技术目前是否成熟、是否可转入下一阶段或是进行大规模的应用。技术就绪度评估是将一项技术从理论萌芽到形成一个成熟体系的过程划分为几个阶段，涉及技术的立项、研发、推广应用的整个过程。技术就绪度等级一般采用九级标准，不同领域根据自身技术成熟过程对各等级重新进行定义和描述。技术就绪度的等级准则反映出随着等级的提升，技术趋近成熟，能达到应用层面。

技术就绪度评估是指依据相关评价标准和技术的研发规律，按研发阶段将技术从研发到推广应用的过程分为 9 个标准化等级，每个等级制定量化的评价细则，对技术的成熟程度进行定量评价，见表 1-2。

表 1-2 技术就绪度评估等级标准

等级	等级描述	等级评价标准	评价依据（成果形式）
1	发现基本原理或看到基本原理的报道	A：治理需求分析，技术原理清晰，研究并证明技术原理有效	需求分析及技术基本原理报告
		B：管理需求分析，发现基本原理或通过调研及研究分析	需求分析及技术基本原理报告
		C：产品、装备市场需求明确，平台管理需求明确、技术原理清晰	需求分析及技术基本原理报告
2	形成技术方案	A：提出技术概念和应用设想，明确技术的主要目标，制定研发的技术路线、确定研究内容、形成技术方案。应用该技术的软硬条件已经具备	技术方案、实施方案
		B：明确管理技术的主要目标，制定技术路线、确定研究内容、形成技术方案	技术方案、实施方案
		C：明确产品、装备、管理平台的主要功能和目标，制定技术开发路线、形成技术方案	技术方案及图纸
3	通过小试验证	A：关键技术、参数、功能通过实验室验证	小试研究报告
		B：研发关键技术，完成技术指南、政策、管理办法初稿	技术指南、政策、管理办法初稿
		C：产品、装备技术方案及系统设计报告的关键技术、功能通过实验室验证，管理平台突破关键节点技术	小试研究报告
4	通过中试验证	A：在小试的基础上，验证放大规模后关键技术的可行性，为工程应用提供数据	中试研究报告
		B：完成技术指南、标准规范、政策、管理办法的征求意见稿	技术指南、政策、管理办法的征求意见稿
		C：产品、装备在小试的基础上，验证放大生产后原技术方案的可行性，为工程应用或实际生产提供数据；管理平台完成硬件建设	中试研究报告
5	形成技术包或产品、平台整体设计，技术方案通过可行性论证	A：形成治理技术包整体设计、技术方案通过可行性论证或验证（计算模拟、专家论证等手段）	论证意见或可行性论证报告等
		B：技术指南、标准规范、政策、管理办法的征求意见稿与管理部门对接，或在管理部门立项进入管理部门编制发布程序	论证意见或可行性论证报告等
		C：明确产品、装备的技术参数，完成管理平台的整体设计，通过可行性论证或验证	论证意见或可行性论证报告等
6	通过技术示范/工程示范	A：关键技术、参数、功能在示范企业、流域示范区中进行示范，达到预期目标	技术示范/工程示范报告，专利、软件著作权；第三方评估报告
		B：技术指南、政策、管理办法的征求意见稿广泛征求意见，或通过管理示范，证明有效	征求意见修改反馈表、示范应用证明
		C：形成了产品、装备并完成调试；构建了系统管理平台；产品、装备、平台通过工程或演示验证	产品、装备、管理平台；专利、软件著作权
7	通过第三方评估或用户验证认可	A：通过第三方评估或经用户试用，证明可行	第三方评估报告，示范工程依托单位应用效益证明
		B：试点方案、指南、规范得到试点地区相关政府部门的认可	相关政府部门的认可文件
		C：产品、设备、管理平台通过第三方评估或经用户试用，证明可行	第三方评估意见或应用证明

等级	等级描述	等级评价标准	评价依据（成果形式）
8	得到一定推广应用或者形成规范化、标准化的技术成果	A：在其他企业或其他流域得到广泛应用或者通过专业技术评估和成果鉴定，在地方治污规划或可研中得到应用或形成技术指南、规范	成果鉴定报告、技术指南、规范标准或者推广应用证明
		B：在其他县、市、省以及国家层面推广应用	相关政府文件
		C：产品、装备得到广泛应用，管理技术平台实现业务化运行	产品推广应用证明；管理平台业务部门采用凭证
9	得到全面推广应用	A：通过专业技术评估和成果鉴定，在地方治污规划或科研中得到应用，形成技术指南、规范	技术指南、规范标准和较大规模的工程应用证明
		B：正式发布相关技术指南、政策、管理办法	技术指南、政策、管理办法
		C：形成成熟的技术体系、技术标准和规范或软件产品等成果	相关标准、技术规范、技术指南、管理平台应用手册等

按照技术成熟规律的不同，将水专项的技术类型分为三类：A 代表治理技术；B 代表管理技术；C 代表研发产品、装备、管理平台。三种技术类型采用统一的等级描述，但在等级评价标准和评价依据中，分别针对三种技术类型进行了描述。

1.3.4 创新性评估

创新性评估是指分析技术的创新性和对行业、产业、领域的引领作用。采用专家打分法，在收集资料的基础上，组织领域内的专家针对技术就绪度 4 级以上的单项技术（5 级技术）开展技术创新性评估，包括原始（理论）创新、集成创新、引进再创新和应用提升4 类，评估由工作组成员进行评定，责任专家审核。

具体评估流程如下。

1）技术资料收集

收集技术报告（包括技术原理、技术流程、技术创新点及主要技术经济指标、示范工程应用情况等），查新报告，鉴定报告，获奖情况以及相关专利、软件著作权，论文等资料。

2）专家评估

在收集资料的基础上，组织领域内的专家开展创新性评估。

评估结果分为原始（理论）创新、集成创新、引进再创新、应用提升 4 个等级，详见表 1-3。

表 1-3 技术创新性评价标准

创新性评估等级	说明
原始（理论）创新	主要集中在基础理论和前沿技术领域，体现为技术原理的创新
集成创新	通过对现有各种单项技术的有效集成，形成效果更佳的新技术或产品。它与原始创新的区别是，集成创新所应用到的所有单项技术均为已经存在的，其创新之处在于对已有单项技术按需进行系统集成并创造出全新的技术或产品

创新性评估等级	说明
引进再创新	在引进国内外先进技术、装备的基础上，学习、分析、借鉴，进行再创新，形成具有自主知识产权的新技术、新产品。二次创新是最常见、最基本的创新形式。它与集成创新的共同点是以已经存在的单项技术为基础；不同点在于，集成创新的结果是一个系统化的新产品，而引进再创新的结果是在产品链或技术单元的某个重要环节的重大创新
应用提升	通过对技术参数的优化，实现技术应用效果的显著提升

1.4 实证方法研究进展

1.4.1 技术评估实证的内涵及特点

实证研究（empirical research）方法是一种与规范研究（normative research）方法相对应的方法，它是基于对研究对象大量的观察、实验和数据收集和分析的科学研究方法，旨在通过收集客观数据和证据来验证或反驳假设、理论或现象。这种研究方法强调对事实和数据的依赖，以证明理论或假设是否可靠或有效。实证研究通常在社会科学、自然科学和人文科学等领域使用，以提供客观的、可验证的结论，并为解决问题或理解特定现象提供依据。

实证研究旨在验证水污染治理技术综合评估模型和评估方法的可靠性和适用性，不同于目前常采用的 ETV。ETV 制度更加侧重于市场并且实施第三方验证，在为潜在用户提供客观信息的同时促进了创新环境技术的使用。ETV 通常由技术持有者发起，旨在满足企业作为技术创新主体的技术评估需求，比较适宜对单个水污染治理技术开展技术评估，而不适合对水污染治理技术的直接评估模型本身进行实证。实证研究主要对水体整治关键技术评价模型的可靠性、正确性进行实证评估，由于结合了技术、经济、环境三个方面的要素，因此，其属于管理学层面的模型验证。

1.4.2 实证方法与分类

实证研究方法有广义定义和狭义定义之分，可以根据其在研究范式中的角色和范围来区分。广义的实证研究方法是指一种科学性的研究方法，通过收集数据和证据来验证或反驳假设、理论或现象。这种定义包括了各种基于观察、实验、数据收集和分析的科学研究方法，用于验证和建立知识。狭义的实证研究方法特指一种基于观察、实验和数据分析的具体技术和策略，通过构建数学模型分析和确定有关因素间相互作用方式及数量关系的研究方法，以验证或反驳特定假设、理论或模型。这种定义更专注于实证研究中常用的具体方法，如实验研究、调查研究、观察研究等。广义定义涵盖了更广泛的科学研究方法和理念，而狭义定义更关注实证研究中常用的具体技术和手段。选择采用哪种定义取决于对实证研究的概念理解和使用的具体背景。

1.4.3 构建验证模型的实证方法

实证研究通过收集数据并将其应用于模型中，验证或修正模型的假设，评估模型的预测能力，或者验证模型是否能够解释现实世界中的观察结果，有助于建立更精确、更可靠的模型。

按照系统论的观点，模型是一个系统（实体、现象、过程）的物理的、数学的或其他逻辑的表现形式。模型验证是从模型的应用目的出发，考察模型在其应用域内是否准确地代表了原型系统，即在比较同等输入条件下真实系统输出数据和模型输出数据的一致性程度。模型验证的概念于 1967 年由美国兰德公司的 Fishman 和 Kivtat 率先提出，同时将其划分为模型校核（verification）和验证（validation）两部分，或者称为概念模型验证和结果验证（张国凡等，2022）。

20 世纪 70 年代中期，美国计算机仿真学会（The Society for Computer Simulation，SCS）成立了"模型可信性技术委员会"（Technical Committee on Model Credibility，TCMC），其任务是建立与模型可信性相关的概念、术语和规范。进入 90 年代后，许多政府、民间部门和学术机构都成了相应的组织，以制定各自的建模和仿真及其校核和验证（V&V）的规范和标准。2006 年和 2012 年，美国机械工程师协会先后发布了计算固体力学校核与验证指南和计算固体力学中校核与验证概念的说明，推动了分析模型 V&V 的规范化（ASME，2006）

1. 概念模型验证

现有文献按照模型验证方法的主观性和形式化程度，将概念模型验证方法划分为非形式化方法、静态方法、动态方法、形式化方法 4 类。概念模型验证是保证模型正确、可信、有效的方法，其优点对及早发现和修正错误，降低模型开发的风险和费用，提高模型模拟和系统的可信性具有重要的意义；缺点是研究还不太成熟。在工程中使用的方法基本是依赖领域专家知识经验的非形式化方法和静态方法，动态方法和形式化方法还停留在理论研究阶段。非形式化方法和静态方法的主观性较强、效率较低、可信性不高，难以满足实际需要，动态方法和形式化方法验证过程烦琐、工作量大、成本高、实用性较低。

2. 结果验证

结果验证是指在相同输入条件下，度量模型输出数据与参考数据之间的一致性，进而实现模型验证的过程。国内外学者先后提出大量模型验证方法，可以分为定性方法和定量方法两类。

1）定性方法

国外对于定性方法的研究起步较早。1967 年 Herman（1967）提出一种利用领域专家经验判定模型可信性的表面验证法；Wright（1972）在 1972 年提出应充分使用图示比较的方法来进行模型验证；1980 年 Schruben（1980）提出一种基于专家经验对参考样本和样本进行直观分辨的定性分析方法，即 Turing 检验法；2015 年 Crochemore 等（2015）将专家经验和数值验证分别应用到水文学模型验证中，并证明基于数值标准的验证方法无法完全取代专家经验，在某种意义上证明了定性方法的必要性。然而定性方法缺少相对严格的理论支撑，一般用于对定量方法进行补充。

由于社会、环境效益属于抽象评价内容，常用"专家评判法"，寻找领域专家对模型的评价效果进行综合评估，进而对模型进行实证。具体步骤如下。

（1）建立专家评判表。

邀请 L 位专家分别填写专家评判表（表 1-4），即在提供适当背景资料的情况下，各专家在各指标下对"模型评估结果与流域生态环境、经济、技术科学性"（简称方案）的意见。回收后，得到 L 张评判表，其中，$t=1, 2, \cdots, L$（专家人数），$i=1, 2, \cdots, m$（指标数），$j=1, 2, \cdots, n$（方案科学性排序数），$W_i^{(t)}$ 为指标 i 的权重。

表 1-4　专家评判表

指标	权值	1	2	…	…	n
G_1	$W_1^{(t)}$	$A_{11}^{(t)}$	$A_{12}^{(t)}$	…	…	$A_{1n}^{(t)}$
⋮	⋮	⋮	⋮			⋮
G_m	$W_i^{(t)}$	$A_{m1}^{(t)}$	$A_{m2}^{(t)}$	…	…	$A_{mn}^{(t)}$

（2）建立频率矩阵。

将由 L 张专家评判表所得的结果，按各指标 G_k 统计出各个方案所得的名次频数，组成如下频率矩阵：

$$F^{(k)} = \left(f_{i,j}^{(k)} \right)_{n \times n} \tag{1-1}$$

$k=1, 2, \cdots, m$；$i, j=1, 2, \cdots, n$，$f_{i,j}^{(k)}$ 为方案 A_i 在指标 G_k 下排在第 j 名次的频数。

（3）单指标排序。

按频率矩阵，对每个指标 $G_k(k=1, 2, \cdots, m)$ 应用式（1-2）和式（1-3）计算方案 A_i 的单指标值，并得出单指标排序表 $W_k [A_i^{(k)}]_{m \times n}$，表的具体形式见表 1-5。

表 1-5　各指标下的频率矩阵表

方案	G_1	G_2	…	G_m
	1, 2, 3, …, n	1, 2, 3, …, n	…	1, 2, 3, …, n
A_1	$(f_{1,1}^{(k)})_n$	$(f_{1,2}^{(k)})_n$	…	$(f_{1,m}^{(k)})_n$
A_2	$(f_{2,1}^{(k)})_n$	$(f_{2,2}^{(k)})_n$	…	$(f_{2,m}^{(k)})_n$
⋮	⋮	⋮		⋮
A_n	$(f_{n,1}^{(k)})_n$	$(f_{n,2}^{(k)})_n$	…	$(f_{n,m}^{(k)})_n$

$$A_i^{(k)} = \frac{1}{L} \sum_{j=1}^{n} \left[f_{ij}^{(k)} \right]^2 (n-j) \qquad (j=1,2,...,n) \tag{1-2}$$

$$W_k = \frac{1}{L} \sum_{h=1}^{n} W_{kh} \qquad h=1, 2, \cdots, L(L \text{ 为专家人数}) \tag{1-3}$$

$$W_k \left[A_i^{(k)} \right]_{n \times m} = \left(f_{i,j}^{(k)} \right)_{n \times m} \tag{1-4}$$

（4）总指标排序。

由方案的单指标排序，按式（1-5）计算总排序值：

$$d_i = \sum_{k=1}^{n} W_k(n - i_k) \qquad (i = 1, 2, \cdots, n) \qquad (1\text{-}5)$$

按 d_i 的大小对方案进行排列及优选。

$$若有 d_{i1} > d_{i2} > \cdots > d_{in}，则有 A_{i1} > A_{i2} > \cdots > A_{in}$$

A_{i1} 即为"模型评估结果与流域生态环境、经济、技术科学性"的实证结果。

该类方法简单易行、成本较低、较常用，但验证效果受专家的知识结构、经验水平等因素影响较大，主观性较强，验证结果的可信性不高；面对复杂仿真系统概念模型时，对验证人员的知识结构和经验水平要求高，审查需要较长的时间，验证人员难以达成一致意见。

2）定量方法

定量方法可以划分为对静态数据一致性分析和动态数据一致性分析两类。解决静态数据模型验证问题通常采用基于统计分析的方法，主要包括参数检验法、非参数检验法、置信区间法、方差分析等方法。Kolmogorov-Smirnov 检验、χ^2 检验等非参数检验法被最先应用到模型验证领域；随后，经典假设检验法、贝叶斯因子法、面积指标法等考虑数据和实验数据中不确定性因素的模型验证方法相继被研究。Sankaraman 等（2011）针对样本容量受限而导致模型验证过程中存在的认知不确定性问题，提出基于参数化和非参数化的解决方法。Mehrabadi 等（2014）将不确定性思想下的 V&V 形式化为核查、验证和不确定性量化（VV&UQ）框架，并将其应用于电力电子系统中。Mullins 和 Mahadevan（2016）针对真实试验数据样本稀疏的情况，研究了面积法和模型可信度指标，提出了整体验证和单点验证方法。对于动态数据模型验证问题，Kheir 和 Holmes（1978）使用 Theil 不等式系数法验证导弹系统模型的可信度；Martens 等（2006）结合机器学习算法与模糊理论，提出一种基于神经网络的模型验证方法；Sankararaman 等（2011）提出利用贝叶斯网络整合系统级不确定下的模型校核、验证与确认（VV&A）结果。

我国对于模型验证工作的研究相对较晚，目前国内学者和科研单位越来越重视模型验证理论的发展，先后展开相关研究工作。李鹏波等（1999）采用了基于统计分析的参数检验法和非参数检验法验证导弹仿真系统的可靠性。李亚男等（2009）研究了静态模型和动态模型验证方法，并应用知识工程解决缺少真实数据的动态模型验证问题。焦鹏等（2007）针对导弹制导仿真系统的校核、验证与确认（VV&A）问题，提出了基于小波分析的动态输出数据模型验证方法。李刚和万幼川（2012）针对复杂仿真模型验证问题，提出一种新的解决方案，即神经网络法。

同时，还可以依据计量经济学和统计学理论与方法对模型进行验证分析，即为异质性模型的实证方法，其中最常用的为结构方程模型。

结构方程模型（structural equation modeling，SEM）是通过变量的协方差矩阵，来分析测量变量与潜变量、潜变量与潜变量之间关系的统计分析方法，也被称为协方差结构模型，是由瑞典统计学家、心理测量学家 Jöreskog（1973，1977，1978）在 20 世纪 70 年代提出的。根据该方法的不同属性有不同的命名，如根据数据结构将其称为"协方差结构分析"；根据其功能称为"因果建模"（casual modeling）等，并开发了相应的线性结构关系（linear structural relations，LISREL）统计软件。

Fornell 和 Bookstein（1982）将生态学家相对熟悉的多变量统计方法，如主成分分析（principle component analysis，PCA）和聚类分析（cluster analysis，CA）等称为"第一代"多变量统计方法，而将 SEM 称为"第二代"多变量统计方法。SEM 可以处理不同类型的变量，典型的包括观察变量、隐变量、综合变量和误差变量 4 类。SEM 具有以下特点：

（1）可同时考虑及处理多个因变量；

（2）允许自变量和因变量项目含有测量误差；

（3）允许因变量由多个外显指标变量构成（这一点与因素分析类似），并可同时估计指标变量的信度及效度；

（4）可采用比传统方法更有弹性的测量模式（measurement model）。在传统方法中，项目更多地依附于单一因子，而在 SEM 中，某一指标变量可从属于两个潜伏因子；

（5）可构建潜伏变量之间的关系，并估计模式与数据之间的吻合程度。

由表 1-6 可知，SEM 所能解决问题的范围和能力比常规多变量统计方法增大和提高了很多。多数情况下，SEM 能够很好地处理表中各传统多变量统计方法所能处理的问题。换言之，很多单变量和多变量统计方法都是 SEM 的特例。结构方程模型已经被广泛应用在生态学、管理学、经济学、心理学、社会学等领域。

表 1-6 结构方程模型与其他多变量统计方法的比较

项目	SEM	DA	RT	PCA	MR
包含判断模型拟合程度的测量（Includes measures of absolute model fit）	√				
预先假定变量间因果关系（User can specify majority of relationships）	√				
包含隐变量（Includes latent variables）	√			√	
处理测量误差（Address measurement error）	√				
进行模型整体评价（Allows evaluation of alternative models）	√				
探讨系统内多个变量间关系（Examines networks of relationships）	√				√
模型构建（Model building）	√	√	√	√	√

注：DA 表示判别分析；MR 表示多元回归（多元回归不是多变量统计方法，但是其可以指示变量间的关系）；PCA 表示主成分分析；RT 表示回归树；SEM 表示结构方程模型。

3. 模型算法本身的实证方法

模型算法本身的实证主要采用异时性验证和异地性验证。这种模型验证方法也是所有学科领域中使用最为广泛一种实证方法。异时性验证主要指模型构建后，通过模拟值与实测值进行比较，如果数值基本吻合，则可以证明建立该模型的原理可靠。值得注意的是，"实测值"未必一定是建模后的现场实测值，只要是区别于建模所用时间序列之外的相关数据即可，即建模用数据的采样时间之前或之后。例如，模型构建时采用"2019 年阶段"采集的数据进行建模，建成的模型将采用"2010～2015 年"的 5 年数据进行验证。

异地性验证是指采用某一流域的水污染综合治理工程数据进行建模，而模型建成后，将选择另一流域内的同类治理工程进行实证，通过对比模型结果来评价模型的可靠性。例如，模型构建时采用"辽河保护区干流"为研究区域构建模型，模型建成后，将选择辽河流域其他区域进行应用，进而完成模型的修正。

1980 年 Montgomery 首次使用频谱分析法对导弹系统的真实输出样本和仿真样本的一致性进行分析（Iftikhar and Weyns，2012）。柴田（2018）构建了船舶碰撞定量风险评价模型，以 2014 年全年船舶自动识别系统（automatic identification system，AIS）数据，计算发现台湾海峡水域船舶碰撞风险与前 15 年实际发生商船碰撞次数高度吻合，从而验证模型的可靠性。宁小磊等（2016）采用关防分析法解决模型验证问题，并提出一种改进的灰色关联度模型。李佳（2017）为了验证冻土多层水热耦合模型的模拟效果，将模型模拟结果与监测站点实测数据进行对比分析验证。康峤（2016）构建了 WASP_HSPF 耦合模型，将模型模拟结果与松林断面水质监测数据进行对比，判定模型的可用性。

陈彦光（2003）构建了城市地理系统结构与功能的优化条件表达式，以郑州市为实证对象，对理论模型进行了实证分析，最后将结论推广到一般地理学领域。郑海燕和崔春山（2019）构建了区域经济协调发展评价模型，将长江三角洲地区作为研究案例开展模型验证工作，通过对这些城市的区域经济协调发展指标数据进行了收集和整理，剔除不合理的数据，得到各地市的协调发展状况以及区域经济协调发展的水平综合得分。张立恒（2019）建立了考虑创新合作和社会效益的区域科技创新评价指标体系，采用层次分析法结合熵权法确定各指标的权重，基于可拓学理论构建了区域科技创新的评价模型，并对我国 31 个省（自治区、直辖市）的区域创新能力进行实证评价。陈文娟（2019）借鉴生态学中的相关理论，构建了单维、多维信息生态位宽度测度模型，并选择郑州、武汉两地的 6 所公共图书馆作为观测对象进行实证研究，结果与实际情况相吻合。

通过采集不同时间或不同地点的模型样本开展模型实证工作具有简便、准确、可靠的特点。但受数据获取条件的限制，如数据收集的时间跨度大，数据收集的难度较大等。因此，获取数据覆盖范围的全面性、数据的可靠性、数据量是否充足等就显得非常重要。

1.4.4　经验型的实证研究方法

实证研究方法有广义和狭义之分。广义的实证研究方法以实践为研究起点，认为经验是科学的基础，泛指所有经验型的研究方法，如观察描述实证法、文献研究法、调查问卷法。

1. 观察描述实证法

观察描述实证法是指根据水污染治理技术综合评估指标体系和评估方法的特点，选定实证工程，制定工程现场调研的提纲或观察表，在实证工程现场通过交流、观察及利用辅助工具去收集被研究对象的环境效果、二次污染、技术成本、经济收益、技术可靠性、技术适用性 6 个要素的相关信息，通过现场调研，评价评估指标体系和评估模型的有效性，检验评估结论的合理性，这种收集技术信息数据的方法称为观察描述实证法。

基本工作流程：确定评估对象、获取数据及综合评估、选择实证工程、制定调研计划、收集实证资料、实证分析、反馈意见、实证结果。

观察描述实证法的优点如下：①可通过观感直接获得所需信息，步骤简便；②观察具有及时性，可以获得正在发生的现象；③通过观察描述可获得非量化指标信息。

观察描述实证法缺点如下：①对于生物处理技术观察法易受时间、季节影响；②受研究对象影响；③所得结论较主观，受观察者影响；④观察范围有限，不适用于大范围的调查研究。

2. 文献研究法

根据研究对象，通过调研文献全面准确掌握某一行业或领域技术的发展历程，从中筛选出能代表该行业或领域的标杆技术，并根据评估要求，明确技术性能指标参考值。

其基本操作过程如下：①明确检索范围。包括明确检索方向、检索时间范围等，其中检索方向根据技术的细分方向确定，检索时间至少要包括2008～2018年。②确定检索内容。包括检索中英文论文、专利、工程报告等，在初步确定检索词的基础上，人工筛选确定检索式，从Web of Science、Scopus、知网等数据库中检索资料。③检索结果分析。包括：一是通过检索词分析，规范技术名称和关键词；二是通过绘制关键词共现网络图，分析关键词的数量和词频的年度变化趋势，总结国内外技术发展历程，提炼技术热点和发展状况；三是通过对比国内外研究热点的差异，比较国内外技术发展状况，明确技术定位和先进性，筛选出标杆技术并明确标杆参数。

文献研究法的优点如下：①文献调查受外界制约较少，只要找到了必要文献就可以随时随地进行研究；②即使出现了错误，也可通过再次研究进行弥补，因而其安全系数较高。

文献研究法的缺点如下：①许多文献的质量往往难以保证，常常隐含着由个人的偏见、作者的主观意图以及形成文献过程中的客观限制所形成的各种偏误，从而影响到文献资料的准确性、全面性和客观性，影响到文献资料的质量；②有的资料是不易获得的。许多文献资料由于缺乏标准化的形式，因而难以编码和分析；③效度和信度存在一定的问题。

3. 调查问卷法

问卷调查是指根据水污染治理技术的综合评估指标体系和评估方法特点，开展预调研获取先验信息，采用方差最小化的原则进行贝叶斯效率设计，选择最优实验方案。

基本工作流程：确定评估对象、获取数据、综合评估、选择实证工程、制定调查问卷、问卷发放、回收问卷、问卷分析、反馈意见、实证结论。

调查问卷法可作为辅助实证方法应用，当部分指标的评估结论与实证结论出现差异时，可使用调查问卷法作为佐证，需要对基本实证方法进行补充时使用。

调查问卷法优点如下：①具有高效性。简单易操作，节省人力物力。②具有统一性。使用同一问卷进行提问，有利于答卷者在同一情况下进行比较分析。③具有广泛性。问卷调查不受人数、范围限制。

调查问卷法缺点如下：①缺乏弹性。问卷答案已设置一定范围，被调查者回答受限，可能会遗漏关键信息。②答卷者意愿不同，回收率、有效率低。③问卷结果易受答卷者主观因素影响。

1.5　构建水污染治理技术综合评估与实证程序

自水专项实施以来，我国水污染治理技术取得了跨越式发展。需要针对水专项产出的相关技术成果开展流域水污染治理技术分类整理和分类评估，完成关键技术的应用绩效分析，实现以下几个目标：①通过技术评估，总结关键技术成果在环保行业科技进步中的贡献；②通过技术评估，总结水专项成果产出，梳理技术优势，分析研究亮点，为技术集成提供引导；③结合评估结果，梳理成熟度高、综合应用效果好的技术，为技术推广提供依据，推动技术落地转化；④通过评估结果分析，客观反映技术短板，掌握我国水污染控制与治理技术的整体水平，研判发展趋势，为后续技术研发提供方向和参考。因此，本书按照图 1-3 所示水污染治理技术综合评估与实证程序，开展了水污染治理技术综合评估方法的建立与应用。

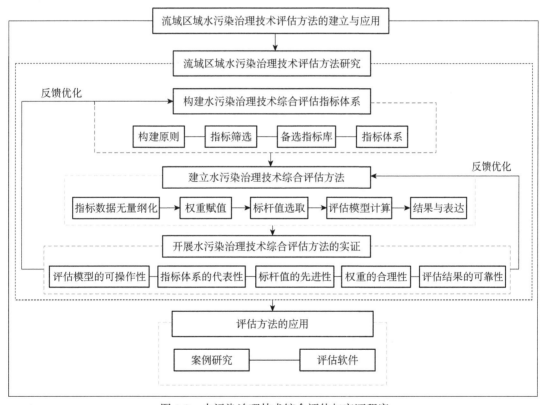

图 1-3　水污染治理技术综合评估与实证程序

1.5.1　构建水污染治理技术综合评估指标体系

通过文献调研法，梳理国内外研究进展和常用的评估方法，提出指标选取原则，构建水污染治理技术综合评估的备选指标库，提出重要性判断、可测性判断、可比性检验和独立性检验的指标筛选流程和方法，由备选指标库中筛选确定评估指标，为各课题依据技术类别与特性建立指标库提供依据。

1.5.2 建立水污染治理技术综合评估方法

利用层次分析法建立水污染治理技术综合评估模型，确定综合评估程序，包括评估准备、指标数据库、综合评估计算与分析、综合评估报告编制等过程。提出指标数据归一化处理、利用层次分析法和熵权法确定指标权重的方法。规定综合评估计算和结果表达方式。

1.5.3 开展水污染治理技术综合评估方法的实证

实证的重点内容是评估指标体系和评估方法的实证，主要包括以下5个方面：①指标体系设置的代表性实证；②标杆值的先进性实证；③指标权重的合理性实证；④《水污染治理技术综合评估导则》中的评估模型的可操作性实证；⑤技术综合评估结果的可靠性实证。

实证流程包括实证准备、评估方法的可操作性实证、指标体系的代表性实证、标杆值的先进性实证、权重的合理性实证、评估结果的可靠性实证。

实证准备阶段是指在太湖流域、辽河流域、京津冀区域调查的水污染治理技术依托工程情况，收集、归纳、总结各区域采用的水污染治理技术情况。利用城镇生活污染控制技术系统、农业面源污染控制技术系统、受损水体修复技术系统的污染治理技术综合评估指标体系与技术评估结果，依据2.4节指标筛选方法，经过频度分析、重要性判断、可测性判断、可比性检验、独立性检验对指标体系的代表性进行验证。统计该类技术的综合评估结果，采用极差分析法，通过对指标层得分的离散度分析，判断指标的独立性。

利用文献调研法验证标杆值的数据来源，对评估指标标杆值的先进性进行实证。

统计采用同一评估指标体系的各类技术在目标层—准则层—要素层—指标层的得分情况，采用极差分析法计算各层次指标得分的离散程度，从综合评估方法的权重制定合理性角度开展实证。

依据水污染治理技术综合评估体系和方法开展太湖流域、辽河流域、京津冀区域的评估工作。从资料收集、数据归一化处理、综合评估计算、综合评估结果的表达等重点环节开展评估工作，对综合评估模型的可操作性进行实证。

统计各类技术的综合评估结果，利用雷达图、三维坐标图对各类技术的综合评估结果进行表达和分析，对综合评估方法的适用情况和目标可达性进行分析，对综合评估方法的可靠性进行实证。

1.5.4 水污染治理技术综合评估方法的应用

辽河流域、太湖流域、京津冀区域水污染治理技术综合评估。收集3个流域（区域）

内水污染治理技术依托工程数据，对 12 种技术进行综合评估，开展综合评估方法应用。

1.5.5　水污染治理技术综合评估软件开发

基于大数据信息分析技术，建立评估数据库，开发水污染治理技术综合评估软件，可实现数据导入、实时查看评估结果，以雷达图、三维坐标图等形式直观表达评估结果，实时统计分析技术分类、综合得分、单项得分，手机端和个人计算机（PC）端使用。

利用软件对全国城镇污水处理技术开展综合评估。利用软件对 2011～2018 年全国城镇污水处理厂数据开展水污染治理技术大批量评估计算，并通过评估统计分析，得到全国不同地理区划城镇污水处理技术水平，获得不同地理区划的适用技术。

第2章 综合评估指标体系构建

构建科学合理的指标体系是直接影响评估结果可靠性的关键。目前已经开展水处理技术评估指标体系的构建研究，指标的选取以主观判断为主。因此，为进一步提高指标筛选的科学性、客观性，本书基于水专项中关于水污染治理技术的研究成果，以及对已有水污染治理技术指标筛选方法的归纳总结，提出一种指标筛选新方法，并构建水污染治理技术综合评估指标体系。

2.1 指标和指标体系

指标通常包括定量指标和定性指标两种，定量指标是指可以通过调研、问卷、监测分析和查阅文献资料等多种调研方法直接获取基础数据且可进一步计算的指标，定性指标是指通过人为设定标准来进行量化处理的指标。一般来说，为保证评估结果的科学性、客观性、有效性，指标应尽可能选取能够用具体数值量化的定量指标，且所选指标定义清晰，可通过指标结果深度挖掘该技术相关方面的信息。

指标通常不会单独存在，尤其是评估较复杂对象（如水污染治理技术）时，简单的一两个指标是无法涵盖评估对象的属性和特征的。因此，一般要与其他指标一起构成一个指标体系，从系统性、整体性来进行比较和评判。构建的评估指标体系是由多个方面的指标围绕评估总目标组成的，这些指标相互补充、相互联系，具有结构性和层次性，构成科学的、完整的整体。

2.2 指标体系构建原则

构建水污染治理技术综合评估指标体系，需要在研究指标体系相关理论的基础上，对现有水污染治理技术的现状进行调研分析，依据水污染治理技术的不同技术类型特点、工程应用情况等分类构建综合评估指标体系。对于综合评估指标体系中指标的选择应综合考虑技术的技术性能、环境影响、经济影响等方面的影响因素，进一步凸显评估结果公正有效。为使建立的综合评估指标体系能够全面反映我国水污染治理技术的各个方面，本书对相关领域的文献检索和分析，在归纳和总结了指标体系筛选的常用原则和方法的基础上，提出以下基本原则来筛选水污染治理技术综合评估指标（高志永等，2012；Turan et al.，2011）。

综合评估应遵循以下原则：

（1）科学性原则。综合评估过程应满足指标体系的代表性、标杆值的先进性、权重的合理性、评估模型的可操作性和评估结果的可靠性。

（2）客观性原则。综合评估指标体系设计与评估指标选择应客观真实地反映评估对象的特点，综合评估程序应合理、严谨和规范。

（3）公正性原则。标杆值确定应筛选范围全面，数据真实、可靠；专家选取应具有足够的代表性；评估机构应有独立性；综合评估分析应摒弃主观倾向，如实反映评估结果。

（4）综合性原则。综合评估应依据水污染治理技术的适用性、可靠性和经济性特点，综合考虑环境、技术和经济三个因素设置评估指标、确定指标权重、明确指标赋值。

2.3　评估指标体系的构建

2.3.1　评估指标体系确定的程序和方法

评估指标体系的确定有很强的主观性，在评估实践中，通常采用经验确定法或数学方法筛选评估指标。一般而言，评估指标筛选应该遵循以下程序。

1. 系统分析

拟定优化标准体系时，必须对评估体系作深入的系统分析。从分析评估体系的结构、要素及各种因素的逻辑入手，以评估体系的功能系统、价值结构核心，对评估体系进行条理清晰、层次分明的系统分析。

2. 目标分解

在系统分析的基础上，对评估体系的目标按照其内在的因果、依存、隶属、主辅等逻辑关系进行分解，并形成符合评估体系价值构成关系的目标层次结构。这是拟定综合评估指标体系的关键环节。

对同一个技术项目，由于价值标准、观察角度不同，所构成的目标体系亦有差别。作为优化标准体系，应从整体最优原则出发，以局部服从整体、宏观与微观相结合、长远与近期相结合，综合多种因素，确定技术项目的总目标。总目标是技术项目所期待的状态，它是技术项目本身一组功能变量的函数，称为技术系统的总目标函数。技术系统的总目标要通过一组子目标（标准）来体现，必要时子目标（标准）还可进一步分解。在目标分解的基础上，再将最低层次的子目标用若干属性的指标描述和测定，最后构成评估指标体系。

3. 征询专家意见确定评估指标体系

通过系统分析，初步拟出评估指标体系后，进一步征询有关专家的意见，对指标体系进行筛选、修改和完善。实践中常用德尔菲法，其目的是利用专家的知识、智慧、经验、信息和专家的价值观，对初步拟出的评估指标体系进行匿名评估，提出修改意见。

专家调研法（如德尔菲法）在中长期技术发展的趋势预见中，在科技成果的同行评议中具有十分广泛的应用。该方法具有以下 3 个特征：①匿名性。分别向评估专家发送咨询表，参加评估的专家们互不联系，以此可以消除评估专家相互间的影响。②轮回情况反馈。统计每一轮的咨询结果，并将其作为反馈材料再次发给每位专家，用于下一轮评估时参考。③评估结果的统计特性。采用统计方法对评估结果进行处理，可以有效集中专家的集体智慧，是评估各种复杂技术项目的重要方法。

2.3.2 指标体系框架

最简单的指标体系结构是双层结构，即只有目标层和指标层。就指标而言，这种双层结构相当于没有对指标体系进行层次划分，也不利于未来开展水污染治理关键技术综合评估和各子系统间的横向比较。稍微复杂的指标体系一般表现为三层结构，即目标层、准则层和指标层；复杂的指标体系一般分为四层结构，即目标层、准则层、要素层和指标层。构建多层次指标体系框架结构最常用的方法是层次分析法（analytic hierarchy process，AHP）。它将拟定的抽象或含糊其词的决策问题按逻辑分类向下展开为若干个评价目标，再把各个评价目标分别向下展开为子目标或管理策略，以此类推，直到可定量或定性分析（指标层）为止。AHP 既是构建指标体系框架的一种方法，同时也是指标选取和权重划分的一种有效方法。基于层次分析法的指标体系结构如图 2-1 所示。

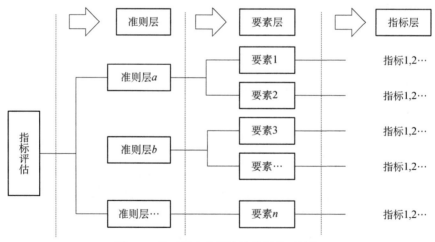

图 2-1　基于层次分析法的指标体系结构

2.3.3 水污染治理技术综合评估指标体系

水污染治理技术评估是系统性的、复杂性的评估问题，水污染治理技术受到多种因素的影响，而每一个评价领域都需要通过多个指标或多级指标来衡量，因此需构建多层次指标体系框架结构以全面评估水污染治理技术。通过对点源、面源和内源治理技术备选指标库的归类发现，备选指标库中的指标基本包含环境效果、二次污染、技术成本、经济收益、技术可靠性、技术适用性六个方面。这六个方面正是环境、经济、技术三大类的反映,而这三大类正是可持续发展的主要支柱。因此本书从可持续发展角度出发,综合考虑环境、经济、技术三个维度,采用四层指标体系框架,建立基于"目标层—准则层—要素层—指标层"的水污染治理技术综合评估指标体系(图 2-2),以便全面地、多角度地反映技术的特性,使评估结果更具客观性、科学性。

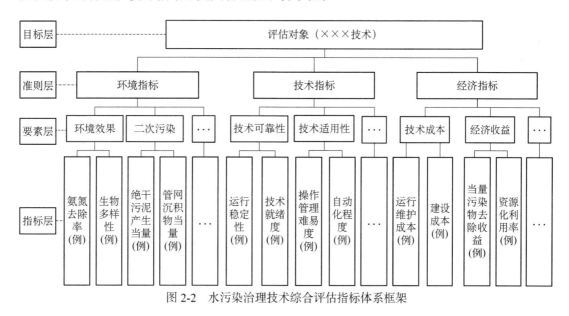

图 2-2 水污染治理技术综合评估指标体系框架

水污染治理技术综合评估指标体系的第一层为目标层,即水污染治理技术综合评估。第二层为准则层,设置环境指标、经济指标和技术指标三个维度来全面体现综合评估的评估目标。第三层为要素层,将准则层进一步细化分解,将评估同一维度的指标归到一类,优化指标体系,使目的更加清晰。根据前述分析,本书设置六个要素来体现三个准则指标,其中,环境指标通过环境效果和二次污染两个要素来分别体现技术产生的正面环境影响和负面环境影响;经济指标通过技术成本和经济收益两个要素来分别体现技术产生的费用和收益;技术指标由技术可靠性和技术适用性两个要素来体现。第四层为指标层,即用来参与评估计算水污染治理技术的具体指标。上述构建的备选指标库以及提出的指标筛选方法都是针对的指标层指标。但由于水污染治理技术类型多、数量大,某些评估指标难以适用于所有的水污染治理技术类型。因此,本书所构建的水污染治理技术综合评估指标体系框架中的指标层不设具体指标,只规定指标筛选原则和指标筛选方法。在六个共性要素的基础上,根据各水污染治理技术类型的特征,再分别提出各技术类型的指标层指标。

2.4 指标筛选方法

2.4.1 理论研究

指标体系构建是系统性、整体性的工作,一个完整的指标体系应涵盖所有评估要点。

但在实际操作中，指标体系覆盖面越广，所需要的指标数量也会越多，整个指标体系就会过于冗长，许多指标之间也会出现重叠现象，而且指标过多也会给评估模型的构建带来一定的困难。

目前，指标体系的构建方法尚无统一规定的标准，研究者通常利用列名群体决策法、德尔菲法、头脑风暴法列出所有可能的评估指标，根据指标筛选原则选择合适的方法来对指标进行筛选、修订，最终形成指标体系。关于指标筛选方法常见的有综合法、专家评判法、分析法、交叉法、指标属性分组法、数理统计法等，筛选方法的优缺点及适用情况对比如表 2-1 所示。这几种指标筛选方法往往需要结合起来使用，通常应参考现有资料中的指标体系，通过系统分析得到初选指标，再利用主观或客观筛选方法来构建评估指标体系。

表 2-1　常见的指标筛选方法对比

筛选方法	优点	缺点	适用条件
综合法	按照一定的标准进行聚类，将现有的评估指标体系系统化	需要整理现有的相关体系，工作量大，主观性强	需要有一定的数据基础
专家评判法	通过专家的意见来分析筛选评估指标，具有一定权威性	不同专家所得的结论有时差距太大，无法综合	适用于简单的指标筛选，或与数理统计法综合使用
分析法	将综合指标体系划分为多个组成部分或多个子系统，条理清楚	需要对指标体系层层分解，上层指标决定下层指标的正确与否	适用于比较成熟的研究领域，有一定的研究基础和参考
交叉法	通过二维或多维的相互交叉从而派生出一系列的统计指标，最终形成综合指标体系，客观性强	需要将指标进行两两比较，工作量大	通常利用二维交叉
指标属性分组法	按照指标的不同属性将指标进行分类，从而建立综合指标体系	有些指标难以界定属性	适用于指标属性容易分组的指标类型
数理统计法	利用统计分析法来筛选指标，客观性较强	需要整理大量的指标数据	需要有一定的数据基础

2.4.2　评估指标筛选技术路线

在对指标筛选方法进行调研分析的基础上，结合本研究的基础数据情况，提出了将分析法、专家评判法和数理统计法相结合的指标筛选方法。具体来说，在查阅相关研究领域文献、国家水污染治理技术相关标准以及总结水专项相关成果的基础上，利用分析法构建水污染治理技术评估的备选指标库。在此基础上进行指标筛选，指标筛选分为初步选取、优化筛选两个阶段。初步选取阶段主要采用频度统计法，即统计国内外相关文献及水专项相关研究成果中各指标频度，保留使用频度较高的指标。优化筛选阶段在初步筛选的基础上，依次通过数据收集验证可测性、咨询专家分析指标重要性、统计学分析指标的可比性和独立性，最后确定水污染治理技术评估指标集（图 2-3）。

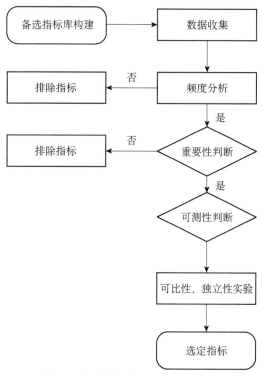

图 2-3 评估指标筛选方法技术路线

2.4.3 指标筛选程序

1. 数据收集与频度分析

通过国内外文献调研获取水污染治理技术评估相关指标，形成备选指标库，并统计分析指标在文献中出现的频度。由于该研究评估对象为水专项研究成果中产出的水污染治理技术，因此，基础数据从水专项实施以来取得的研究成果中获取。对每项水污染治理关键技术的实际应用案例中涉及相关的定性或定量指标数据进行收集整理，形成指标筛选基础数据库，并统计分析指标在水污染治理技术的应用案例中出现的频度。

2. 重要性判断

依据评估指标的重要性并兼顾均衡分布，设计出专家咨询表格。指标的重要性分为"高""中""低" 3 个等级，分别用"+++""++""+"来表示。采用公开征求意见的方式，通过多轮次组织专家对所选指标进行讨论，经过反复征询、归纳、修改，最终汇总各指标的重要性等级。对于处于"中""高"等级重要性的指标作为候选指标。通过专家评判法可以避免漏掉频度低但却十分有价值的指标。

3. 可测性判断

可测性判断是分析单项指标能否准确及时地获取，采用现场资料调研和收集已加工、整理过的次级资料的方式进行检验。如果某项指标依据现有水平不能获取且不重要则舍去。

4. 可比性检验

可比性检验是分析多个评估对象关于某项指标取值的区分度检验。如果多个被评估对象关于某个单项指标的取值比较接近，那么尽管这个指标权重比较大，但对于这些评估对象的评估结果来说，它的作用几乎为零。对于待检验的指标分两种情况：一种是对于缺乏数据支撑的指标，采用专家调研法进行可比性检验；另一种是对于有基础数据支撑的指标，采用变异系数法进行可比性检验。其中，专家调研法是一种向行业专家发函、征求意见的调研方法。通常在缺少详细数据支持时采用，该方法主观性较强。变异系数（coefficient of variance，CV）又叫标准差率，基本原理为在指标体系中，指标样本值的差异越小，表明其评估信息的分辨能力越差，同时也表明该指标的评估目标比较容易实现。因此，变异系数法既是指标可比性检验的方法，也是一种客观权重分配方法。CV 计算如式（2-1）所示：

$$v_j = \frac{S_j}{\dfrac{1}{n}\sum_{i=1}^{n} x_{ij}} \tag{2-1}$$

式中，v_j 为指标变量 x_{ij} 的变异系数；S_j 是标准偏差；n 为被评估对象的个数；i，j 分别为被评估对象和指标的序号。变异系数法是一种不受指标数据单位影响的常用可比性检验方法。对于指标的变异系数 ≤0.1 时，表示该指标不具有可比性。

5. 独立性检验

独立性检验是定量地分析各复合指标之间的交叉重叠程度，避免由于指标之间的相关关系引起的重复评估。独立性检验通常采用相关系数检验，相关系数以数值的方式反映了两个复合指标线性相关的强弱程度。

不同类型的变量，相关系数的计算公式也不同。常用的相关系数主要有皮尔逊简单相关系数、斯皮尔曼等级相关系数（又称斯皮尔曼相关系数）、肯德尔等级相关系数和偏相关系数。皮尔逊简单相关系数适用于等间隔测度，而斯皮尔曼相关系数和肯德尔等级相关系数都是非参测度。

本书采用斯皮尔曼相关系数法计算指标的相关性，利用 SPSS 24.0 计算相关系数。计算公式参见式（2-2）：

$$r = 1 - \frac{6\sum_{i=1}^{n} d_i^2}{n(n^2 - 1)} \tag{2-2}$$

式中，d_i 为 y_i 的等级和 x_i 的等级之差，n 为样本容量。

相关系数的绝对值越接近 1，表明变量之间的相关程度越高；相关系数绝对值越接近 0，表明变量之间的相关程度越低。相关系数为 0 时，表明变量之间不存在相关关系。

6. 必选指标入选标准

应依次通过重要性判断、可测性判断、可比性检验和独立性检验由备选指标库中筛选确定指标层指标和要素层指标。必选指标筛选标准见表 2-2。

表 2-2 必选指标筛选的标准

频度分析	重要性判断	可测性判断	可比性检验	独立性检验
频度较高的通用性指标	重要性高（专家评判法）	可测	变异系数>0.1 或专家评判法判断具有可比性	采用相关系数法得出相关性不显著

2.4.4 备选指标库的构建

以流域水污染治理技术体系中的重点行业污染控制技术系统、城镇生活污染控制技术系统、农业面源污染控制技术系统及受损水体修复技术系统为评估对象来构建水污染治理技术综合评估体系。

评估指标的备选指标库是指标体系建立的前提。对水污染治理技术评估相关的文献按技术体系进行分类统计，对每种治理技术类型中涉及的评估指标进行归纳总结，分别形成了城镇生活污染治理技术的备选指标库（表 2-3）、农业面源污染治理技术的备选指标库（表 2-4）、受损水体修复技术的备选指标库（表 2-5）。其中，城镇生活污染治理技术的备选指标库共归纳了 111 项指标，农业面源污染治理技术的备选指标库共归纳了 44 项指标，受损水体修复技术的备选指标库仅归纳了 19 项指标。可以看出，技术备选指标库数量差异较大，城镇生活污染治理技术评估相关研究更为广泛，尤其是在城镇污水处理技术评估方面开展了大量研究工作。通过对所有备选指标库进行主题要素归类，发现所有水处理技术中选取的指标基本被包含在环境效果、二次污染、技术成本、经济收益、技术可靠性、技术适用性这六个方面。

表 2-3 城镇生活污染治理技术的备选指标库

要素	备选指标	参考文献
环境效果	化学需氧量（COD）去除率	（傅金祥等，2012；邓荣森等，2007；董传强等，2014；郭劲松等，2005；郭静波等，2018；胡佳，2016；黄海明等，2012；黄朝煊和安贵阳，2018；李丹晨，2019；李冬梅等，2007；李玲君，2017；李蕊，2010；李晓瑜等，2016；吕任生等，2014；梁静芳，2010；廖海涛，2017）
	氨氮去除率	（傅金祥等，2012；邓荣森等，2007；董传强等，2014；郭劲松等，2005；郭静波等，2018；胡佳，2016；黄海明等，2012；黄朝煊和安贵阳，2018；李丹晨，2019；李冬梅等，2007；李玲君，2017；李蕊，2010；李晓瑜等，2016；吕任生等，2014；梁静芳，2010；廖海涛，2017）
	总磷（TP）去除率	（傅金祥等，2012；邓荣森等，2007；董传强等，2014；郭劲松等，2005；郭静波等，2018；胡佳，2016；黄海明等，2012；黄朝煊和安贵阳，2018；李丹晨，2019；李冬梅等，2007；李玲君，2017；李蕊，2010；李晓瑜等，2016；吕任生等，2014；梁静芳，2010；廖海涛，2017）
	环境友好度	（傅金祥等，2012；胡佳，2016，黄海明等，2012；李蕊，2010；马世忠，2006）
	COD 浓度	（黄海明等，2012；姜勇，2013；孔赟等，2012；吴毅，2015；牟桂芹等，2013；米艳杰，2015；秦川，2009；秦琦等，2011）

要素	备选指标	参考文献
环境效果	生化需氧量（BOD）浓度	（黄海明，2012；孔赟等，2012；牟桂芹等，2013；秦琦等，2011）
	总氮（TN）浓度	（胡佳，2016；黄海明等，2012；孔赟等，2012；吴毅，2015；牟桂芹等，2013；秦川，2009）
	总磷浓度	（胡佳，2016；黄海明等，2012；李玲君，2017；李蕊，2010；李晓瑜等，2016；吕任生等，2014；梁静芳，2010）
	总悬浮物（TSS）浓度	（李玲君，2017）
	总溶解固体（TDS）浓度	（李玲君，2017）
	出水达标率	（邓荣森等，2007；郭静波等，2018；李冬梅等，2007；李晓瑜等，2016；吕任生等，2014；梁静芳，2010；骆其金等，2016；姜勇，2013；秦川，2009；秦琦等，2011；沈丰菊等，2014；史艳杰，2018；夏训峰，2012；薛念涛等，2014；王胜男等，2009）
	悬浮物（SS）去除率	（董传强等，2014；郭劲松等，2005；李冬梅等，2007；李蕊，2010；李晓瑜等，2016；吕任生等，2014；梁静芳，2010；廖海涛，2017；骆其金等，2016；刘明辉，2009；马世忠，2006）
	BOD 去除率	（董传强等，2014；郭劲松等，2005；郭静波等，2018；胡佳，2016；李丹晨，2019；李冬梅等，2007；李蕊，2010；李晓瑜等，2016；吕任生等，2014；梁静芳，2010；廖海涛，2017；骆其金，2016）
	色度去除率	（董传强等，2014；李玲君，2017；骆其金等，2016）
	特征污染物去除率	（董传强等，2014；李晓瑜等，2016；廖海涛，2017；骆其金等，2016；牟桂芹等，2013；秦川，2009；沈丰菊等，2014）
	特征污染物年达标率	（秦琦等，2011；薛念涛等，2014）
	TN 去除率	（董传强等，2014；郭劲松等，2005；胡佳，2016；黄朝煊和安贵阳，2018；李丹晨，2019；李冬梅等，2007；李晓瑜等，2016；吕任生等，2014；梁静芳，2010；廖海涛，2017；骆其金等，2016）
	出水再生利用率	（董传强等，2014；郭静波等，2018；李玲君，2017；秦琦等，2011）
	出水水质	（秦琦等，2011；夏训峰等，2012）
	水质净化效率	（姜勇，2013；秦琦等，2011；夏训峰等，2012）
	净化稳定性指数	（夏训峰等，2012）
	景观多样性	（夏训峰等，2012）
	景观格局	（夏训峰等，2012）
	氨氮浓度	（胡佳，2016；黄海明等，2012；吴毅，2015；牟桂芹等，2013；米艳杰，2015；秦川，2009）
	单位能耗污染物去除量	（吴毅，2015）
	吨水投资污染物去除量	（吴毅，2015）
	有机物去除率	（梁静芳，2010；刘扬等，2008；骆其金等，2016；刘明辉，2009；姜迎全和席德立，1999）
	盐类污染物去除率	（骆其金等，2016）
	浊度去除率	（骆其金等，2016）
	硬度去除率	（骆其金等，2016）

续表

要素	备选指标	参考文献
环境效果	浮游动物的变化	（胡佳，2016）
	浮游植物的变化	（胡佳，2016）
	底栖动物群落结构变化	（胡佳，2016）
	植物资源利用潜力	（黄朝煊和安贵阳，2018）
	大气调节生态效益	（黄朝煊和安贵阳，2018）
二次污染	气味影响	（邓荣森等，2007；李丹晨，2019；刘扬等，2008；刘明辉，2009；吴毅，2015；牟桂芹等，2013；秦川，2009；秦琦等，2011；夏训峰等，2012；王胜男等，2009；王涛和楼上游，2004）
	噪声影响	（邓荣森等，2007；董传强等，2014；郭劲松等，2005；梁静芳，2010；吴毅，2015；牟桂芹等，2013；秦川，2009；史艳杰，2018；薛念涛等，2014；王胜男等，2009）
	对周围居民影响	（邓荣森等，2007；李冬梅等，2007；万宁等，2013）
	污泥产量	（董传强等，2014；郭劲松等，2005；李冬梅等，2007；梁静芳，2010；廖海涛，2017；刘扬等，2008；骆其金等，2016；凌琪，1996；刘明辉，2009；姜迎全和席德立，1999；吴毅，2015；牟桂芹等，2013；米艳杰，2015；秦川，2009；秦琦等，2011）
	剩余污泥资源化、减量化百分比	（董传强等，2014）
	二次污染	（李冬梅等，2007；李玲君，2017；李蕊，2010；李晓瑜等，2016；梁静芳，2010；蒋博龄，2016，秦川，2009；夏训峰等，2012；徐海峰等，2018）
	净化材料环保性	（夏训峰等，2012）
	固废产率	（骆其金等，2016）
	气候变化	（梁静芳，2010）
	生态毒性	（要亚静等，2017）
	酸化	（要亚静等，2017）
	富营养化	（要亚静等，2017）
	土地占用（生态影响）	（要亚静等，2017）
	人体毒性	（要亚静等，2017）
	臭氧层削减	（要亚静等，2017）
	颗粒物影响	（要亚静等，2017）
	光化学影响	（要亚静等，2017）
	化石燃料开采	（要亚静等，2017）
	矿物开采	（要亚静等，2017）
	值产出率能	（要亚静等，2017）
	环境负载率	（要亚静等，2017）
	地表水污染	（王胜男等，2009）
	地下水污染	（王胜男等，2009）

续表

要素	备选指标	参考文献
二次污染	大气污染	（梁静芳，2010；史艳杰，2018；王胜男等，2009；王卓等，2016）
	温室气体排放	（王胜男等，2009）
	土壤污染	（王胜男等，2009）
	污泥、渣及沼气产量和利用	（秦琦等，2011）
	对从业人员影响	（秦琦等，2011）
技术成本	基建成本	（傅金祥等，2012；董传强等，2014；郭劲松等，2005；廖海涛，2017；刘扬等，2008；骆其金等，2016；秦川，2009；秦琦等，2011；夏训峰等，2012；王卓等，2016；徐海峰等，2018；杨宇，2015）
	运行成本	（傅金祥等，2012；邓荣森等，2007；董传强等，2014；郭劲松等，2005；郭静波等，2018；黄海明等，2012；黄朝煊和安贵阳，2018；李丹晨，2019；李冬梅等，2007；李玲君，2017；李蕊，2010；李晓瑜等，2016；吕任生，2014；梁静芳，2010；骆其金等，2016；刘明辉，2009；蒋博龄，2016；姜勇，2013；马世忠，2006；孔赟，2012；吴毅，2015；牟桂芹等，2013；米艳杰，2015；秦川，2009；夏训峰等，2012；薛念涛，2014；王胜男等，2009；王涛和楼上游，2004；万宁等，2013；王卓等，2016；徐海峰等，2018；要亚静等，2017；杨宇，2015；杨渊，2005）
	占地成本	（傅金祥等，2012；郭劲松等，2005；梁静芳，2010；廖海涛，2017；姜勇，2013；秦琦等，2011；夏训峰等，2012；薛念涛，2014；王胜男等，2009）
	单位投资	（邓荣森等，2007；郭静波等，2018；黄朝煊和安贵阳，2018；骆其金等，2016；吴毅，2015；薛念涛，2014；王胜男等，2009；王卓等，2016）
	建设面积与服务人口比	（邓荣森等，2007）
	占地面积	（董传强等，2014；黄海明等，2012；黄朝煊和安贵阳，2018；李蕊，2010；李晓瑜等，2016；廖海涛，2017；凌琪，1996；蒋博龄，2016；姜迎全和席德立，1999；姜勇，2013；秦琦等，2011；史艳杰，2018；薛念涛，2014；王胜男等，2009；万宁等，2013；杨宇，2015）
	能耗药耗	（郭劲松等，2005；郭静波等，2018；黄朝煊和安贵阳，2018；李蕊，2010；李晓瑜等，2016；吕任生等，2014；梁静芳，2010；廖海涛，2017；刘扬等，2008；凌琪，1996；蒋博龄，2016；姜迎全和席德立，1999；姜勇，2013；牟桂芹等，2013；秦川，2009；秦琦等，2011；史艳杰，2018；王涛和楼上游，2004；王卓等，2016）
	设备折旧	（李晓瑜等，2016；刘扬等，2008；杨渊，2005）
	厂外运输费用	（王胜男等，2009）
	总投资	（凌琪，1996；姜迎全和席德立，1999；王涛和楼上游，2004）
经济收益	工程收益	（李晓瑜等，2016；米艳杰，2015；秦川，2009；秦琦等，2011；夏训峰等，2012）
	提供就业指数	（夏训峰等，2012）
	游憩和休闲价值指数	（夏训峰等，2012）
	节水效益	（骆其金等，2016）

续表

要素	备选指标	参考文献
经济收益	投资回收期	（杨渊，2005）
	生成产品效益	（王胜男等，2009）
技术可靠性	运行稳定性	（傅金祥等，2012；董传强等，2014；黄朝煊和安贵阳，2018；李冬梅等，2007；李蕊，2010；李晓瑜等，2016；吕任生等，2014；梁静芳，2010；廖海涛，2017；刘扬等，2008；姜迎全和席德立，1999；秦川，2009；史艳杰，2018；夏训峰等，2012；薛念涛等，2014；王胜男等，2009；王涛和楼上游，2004；万宁等，2013；王卓等，2016；徐海峰等，2018）
	操作难易度	（傅金祥等，2012；邓荣森等，2007；李冬梅等，2007；李晓瑜等，2016；梁静芳，2010；王胜男等，2009；王卓等，2016）
	技术成熟度	（邓荣森等，2007；黄海明等，2012；李晓瑜等，2016；梁静芳，2010；刘扬等，2008；刘明辉，2009；秦川，2009；秦琦等，2011；薛念涛等，2014；王涛和楼上游，2004；王卓等，2016；徐海峰等，2018）
	流程简洁性	（邓荣森等，2007；郭劲松等，2005；梁静芳，2010；姜迎全和席德立，1999；姜琦等，2011；薛念涛等，2014；王涛和楼上游，2004）
	设备完好率	（董传强等，2014；李晓瑜等，2016；吕任生等，2014；刘扬等，2008；骆其金等，2016；史艳杰，2018；薛念涛等，2014）
	构筑物合格率	（吕任生等，2014）
	人工劳动强度	（董传强等，2014；骆其金，2016）
	自动化程度	（董传强等，2014；李蕊，2010；廖海涛，2017；骆其金等，2016；凌琪，1996；薛念涛等，2014；王胜男等，2009）
	监控情况	（董传强等，2014；薛念涛等，2014）
	管理与维护	（黄海明等，2012；李晓瑜等，2016；刘扬等2008；姜勇，2013；吴毅，2015；秦川，2009；夏训峰等，2012；王胜男等，2009；王涛和楼上游，2004；杨渊，2005）
	正常运行率	（黄朝煊和安贵阳，2018；夏训峰等，2012）
	维护周期	（刘扬等，2008）
	运行人数	（薛念涛等，2014）
	固废处理难易程度	（薛念涛等，2014）
	技术先进性	（黄海明等，2012；廖海涛，2017；姜迎全和席德立，1999；秦川，2009；秦琦等，2011）
	技术配套程度	（李晓瑜等，2016）
	人工需求	（李晓瑜等，2016）
	操作环境	（李晓瑜等，2016）
	故障发生率	（秦川，2009）
	施工的难易程度	（梁静芳，2010）
	操作管理的工作量	（秦川，2009）
	人员素质要求	（王卓等，2016）

续表

要素	备选指标	参考文献
技术适用性	抗水力冲击负荷能力	（董传强等，2014；郭劲松等，2005；骆其金等，2016；刘明辉，2009；秦川，2009；秦琦等，2011；夏训峰等，2012；万宁等，2013；王卓等，2016）
	抗水质冲击负荷能力	（董传强等，2014）
	抗水力冲击负荷恢复能力	（董传强等，2014）
	抗水质冲击负荷恢复能力	（董传强等，2014）
	运行灵活性	（王胜男等，2009）
	适用范围	（李丹晨，2019；李冬梅等，2007；秦川，2009；王胜男等，2009；徐海峰等，2018）
	建设周期	（李晓瑜等，2016；王胜男等，2009）
	已推广情况	（李晓瑜等，2016；王胜男等，2009）
	处理构筑物运行负荷	（黄朝煊和安贵阳，2018；秦川，2009）
	处理构筑物运行参数	（秦川，2009）

表 2-4 农业面源污染治理技术的备选指标库

要素	备选指标	参考文献
环境效果	COD 出水浓度	（孔赟等，2012）
	BOD 出水浓度	（孔赟等，2012）
	TN 出水浓度	（胡佳，2016；孔赟等，2012）
	TP 出水浓度	（胡佳，2016；孔赟等，2012）
	TSS 出水浓度	（孔赟等，2012）
	TDS 出水浓度	（孔赟等，2012）
	COD 去除率	（邓荣森等，2007；胡佳，2016；黄海明等，2012；姚金玲等，2010；应天元，1997；伊萨，2015；张铁坚等，2015）
	氨氮去除率	（邓荣森等，2007；胡佳，2016；黄海明等，2012；姚金玲等，2010；应天元，1997；伊萨，2015；张铁坚等，2015）
	BOD 去除率	（胡佳，2016；应天元，1997）
	TN 去除率	（胡佳，2016；黄海明等，2012；应天元，1997；伊萨，2015；张铁坚等，2015）
	TP 去除率	（胡佳，2016；黄海明等，2012；应天元，1997；伊萨，2015；张铁坚等，2015）
	SS 去除率	（应天元，1997）
	改善自然水环境和投资环境	（马世忠，2006）
	污染物削减量	（胡佳，2016；马世忠，2006）
	浮游动物的变化	（胡佳，2016）
	浮游植物的变化	（胡佳，2016）
	底栖动物群落结构变化	（胡佳，2016）

续表

要素	备选指标	参考文献
环境效果	有机物处理效果	（赵高辉，2019）
二次污染	气味影响	（邓荣森等，2007；应天元，1997）
	噪声影响	（邓荣森等，2007；应天元，1997）
	对居民影响	（邓荣森等，2007）
	资源回用率	（应天元，1997；伊萨，2015；张铁坚等，2015）
	填料状况	（黄海明等，2012）
	淤泥淤积	（黄海明等，2012；应天元，1997）
技术成本	投资成本	（胡佳，2016；马世忠，2006；姚金玲等，2010；应天元，1997；伊萨，2015；张铁坚等，2015）
	运行成本	（胡佳，2016；马世忠，2006；姚金玲等，2010；应天元，1997；伊萨，2015；张铁坚等，2015）
	建设面积与服务人口比	（邓荣森等，2007）
	能耗药耗	（张铁坚等，2015）
	占地面积	（姚金玲等，2010；应天元，1997；伊萨，2015；张铁坚等，2015）
经济收益	服务价值	（黄海明等，2012）
	综合水价	（马世忠，2006）
	源水费用节省开支	（马世忠，2006）
	经济收益	（孔赟等，2012）
技术可靠性	技术成熟度	（邓荣森等，2007；应天元，1997；伊萨，2015；赵高辉，2019）
	流程简便性	（邓荣森等，2007；应天元，1997）
	出水达标稳定性	（邓荣森等，2007；黄海明等，2012；姚金铃等，2010；伊萨，2015；张铁坚等，2015）
	运行管理难易	（邓荣森等，2007；黄海明等，2012；姚金铃等，2010；伊萨，2015；张铁坚等，2015）
	在线监测	（张铁坚等，2015）
	植物管理	（黄海明等，2012；张铁坚等，2015）
	水位控制	（张铁坚等，2015）
	自动化程度	（应天元，1997）
技术适用性	运行负荷率	（张铁坚等，2015）
	水力停留时间	（黄海明等，2012）
	抗冲击负荷能力	（应天元，1997；赵高辉，2019）

表 2-5　受损水体修复技术的备选指标库

要素	备选指标	参考文献
环境效果	水环境改善情况	（周晓莉，2016）
	防洪效益	（周晓莉，2016）

续表

要素	备选指标	参考文献
环境效果	处理效果	（朱文婷，2016）
	环境效益	（Adisa，1999）
二次污染	污泥利用	（周晓莉，2016）
	资源利用	（周晓莉，2016；朱文婷，2016；Adisa，1999）
	伴生污染	（朱文婷，2016）
技术成本	建设周期	（朱文婷，2016）
	占地面积	（朱文婷，2016）
	投资成本	（朱文婷，2016；Adisa，1999）
	运行成本	（朱文婷，2016；Adisa，1999）
	厂外运输费用	（朱文婷，2016）
经济收益	经济收益	（朱文婷，2016；Adisa，1999）
技术可靠性	运行稳定性	（朱文婷，2016）
	自动化程度	（朱文婷，2016）
	连续运行时间	（朱文婷，2016）
	管理维护	（朱文婷，2016）
技术适用性	运行灵活性	（朱文婷，2016）
	区域适用度	（朱文婷，2016）

第3章 综合评估方法构建

综合评估方法是水污染治理技术综合评估的核心内容，主要指导综合评估工作流程、规范综合评估工作的操作步骤，使综合评估结果更加科学、客观。基于前人对评估方法研究成果，并结合水污染治理技术特点及需求，对综合评估方法中的评估程序、指标数据库建立、权重的选取方法、指标的计算方法、评估结果表达方式进行选取和规范，并提出了标尺的概念和计算方法。

3.1 综合评估程序

综合评估程序包括评估准备、指标数据库创建、综合评估计算与分析、综合评估报告编制等过程。水污染治理技术综合评估程序见图 3-1。

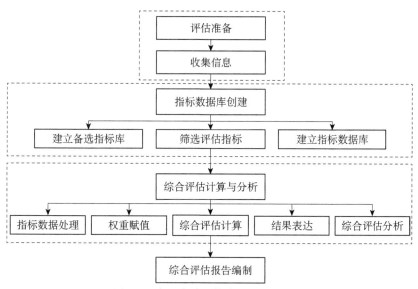

图 3-1 水污染治理技术综合评估程序

评估准备应根据评估对象所属技术领域收集相关信息包括但不限于：技术名称、技术原理、技术参数、技术流程、适用条件、应用情况；信息收集宜通过文献调研与现场调研相结合的方式获取，其中文献调研应收集技术标准、检测报告、验收报告、技术报告、统计公报、论文、著作等资料，现场调研可采取问卷调查、访谈、实测等方式。实测过程应符合国家或行业相关标准的要求，确保数据完整和准确。

按照评估对象的特点建立备选指标库，筛选评估指标，获取指标数据信息后建立指标数据库。

综合评估计算与分析包括指标数据处理、权重赋值、综合评估计算、结果表达和综合评估分析等内容。

综合评估报告应包括技术情况、综合评估方案、综合评估结果与表达、结果分析等内容。

3.2 建立指标数据库

指标选取要求：应优先考虑来源于国内外相关文献及技术资料和水处理相关标准的指标；应优先选取国内外同类技术通用指标；应优先选取可定量表征的指标，定性指标可采用专家评判法转化为定量表征；应依据技术特点选取能够反映技术典型特征的指标；应优先选取数据来源稳定、易于获取、统计规范的指标；指标名称应规范，指标的含义应清晰、明确。将根据以上要求选取的指标按照环境类指标、技术类指标和经济类指标分类建立相应的备选指标库。

从备选指标库中，通过重要性判断、可测性判断、可比性检验和独立性检验，筛选确定指标层指标和要素层指标。

指标数据库应根据技术类别和指标体系构建指标数据集。指标数据应根据指标含义直接采用原始数据或由原始数据计算得出。原始数据应来源于监测数据、检测报告、验收报告、技术报告、统计公报、论文和著作等资料。对于指标层指标缺失的数据，可通过测试或查阅同类技术同一指标的一般值后由专家确认。定性指标宜参考专家经验进行量化分析，分区度、分级别进行赋值。指标的最高值、最低值和标杆值均应来源于指标数据库。

3.3 选取标杆值

标杆值是指评估对象所在技术领域已有工程案例和文献中某项指标的最佳值。

对于定量指标，标杆值为指标数据库中该指标的最高值或最低值。为保证标杆值的先进性，应通过文献调研法收集国内外该类技术的监测数据、检测报告、验收报告、技术报告、统计公报、论文和著作等资料获取指标相关数据，及时补充、更新指标数据库。

对于定性指标，需要综合运用文献调研法与专家评判法确定标杆值。由于定性指标采用五级赋值法分级别进行赋值，应首先利用文献调研方法参照定量指标收集指标相关数据，然后通过专家评判法分级赋值后进行合理性判断方可使用。专家评判法的准确程度依赖于专家的知识、经验和分析判断能力，所以专家的选取非常重要，建议选择领域内技术专家。

3.4 赋值指标权重

综合指标体系确定后，还需要确定每个指标的相对重要度，即明确指标的权重。指标的权重主要依据其在评估指标体系中的地位以及重要程度来确定，同一组指标数值，不同的权重系数会导致截然不同甚至相反的评估结论。因此合理确定评估指标权重对评估结论和管理决策有着重要意义。确定指标权重的方法可分为主观赋权法、客观赋权法和组合赋权法三大类。

1）主观赋权法

该方法是按照人们的主观判断评定各指标的权重。通常采用投票表决法、层次分析法等。主观赋权法的优点是概念清晰、简单易行。评估专家可以根据实际问题，合理确定各指标权重系数之间的排序。但是，该方法的缺点是主观随意性较大。

2）客观赋权法

该方法按照一定的数学模型自动生成权重系数。常用的方法有特征向量法、熵权法、数据包络分析法（DEA）、主成分分析法和方差法等。客观赋权法的优点是推算严密、评估客观；但是，指标权重会随指标数据的变化而变化，其稳定性不够，有可能确定的权重系数与指标的实际重要程度相悖。

3）组合赋权法

组合赋权法是综合主观赋权法和客观赋权法的结果而确定指标权重的一种方法，在一定程度上可以弥补主、客观赋权法的不足，但赋权方法较为烦冗复杂。

为了保障评估指标权重的客观性和重要程度，准则层、要素层指标权重采用层次分析法赋权，指标层指标权重可采用层次分析法或熵权法确定。指标层指标的权重值在区间[0，1]取值且所有权重值之和为 1。

3.4.1 层次分析法赋值

1）构造判断矩阵

由专家采用 1～9 标度法分别对同层次指标间两两比较赋值进行相对重要性分析，方法如下：①已知 A_1、A_2 两指标，如果两者"同等重要"，标度赋值为 1；②如果 A_1 比 A_2 "相对重要"，则标度赋值为 3；③如果 A_1 比 A_2 "明显重要"，标度赋值为 5；④如果 A_1 比 A_2 "非常重要"，标度赋值为 7；⑤如果 A_1 比 A_2 "极端重要"，则标度赋值为 9。反之，A_2 与 A_1 相比，其赋值则为上述标度值的倒数。若两元素比较结果介于上述两种判断值之间，可用 2、4、6、8 作为中间赋值。相对重要等级见表 3-1。

对同层次指标两两进行相对重要性分析，构成判断矩阵。

表 3-1　标度法相对重要程度等级表

标度	等级类别	内容
1	同等重要	两者对目标作用相同
3	相对重要	一个比另一个稍微重要
5	明显重要	一个比另一个明显重要
7	非常重要	一个比另一个非常重要

标度	等级类别	内容
9	极端重要	一个比另一个极端重要
2、4、6、8	相邻中间值	

2）根据判断矩阵求解权向量 W

判断矩阵的权向量按式（3-1）计算：

$$W = \left(\frac{W_1}{W_T}, \frac{W_2}{W_T}, \frac{W_i}{W_T}, ..., \frac{W_n}{W_T} \right)^T \tag{3-1}$$

式中，W_T 为判断矩阵中所有标度之和；W_n 为第 n 行中所有标度之和；$\frac{W_i}{W_T}$ 为第 i 个指标的权向量值，$\sum_{i=1}^{n} \frac{W_i}{W_T} = 1$。

3）一致性检验

对构建好的判断矩阵进行一致性检验，按照式（3-2）算：

$$CR = \frac{\lambda_{max} - n}{n-1} \times \frac{1}{RI} \tag{3-2}$$

式中，λ_{max} 为 n 阶判断矩阵的最大特征根；n 为矩阵维数；RI 为多阶判断矩阵平均随机一致性指标 RI 值，参见表 3-2；CR 为一致性指标值。

如果 CR<0.1，则认为判断矩阵合理。否则应重新调整判断矩阵的元素取值。

表 3-2　多阶判断矩阵平均随机一致性指标 RI 值

n	1	2	3	4	5	6	7	8	9	10	11
RI	0	0	0.58	0.9	1.12	1.24	1.32	1.41	1.45	1.49	1.51

4）指标权重赋值计算

（1）应对准则层、要素层、指标层的同层级指标两两进行相对重要性分析，分别构造判断矩阵 A、B、C；

（2）根据判断矩阵 A、B、C 求解权向量 W_A、W_B、W_C 中各指标的权向量值；

（3）权向量值按照式（3-3）计算：

$$W_{A/B/C} = \left(\frac{W_1}{W_T}, \frac{W_2}{W_T}, ..., \frac{W_n}{W_T} \right)^T \tag{3-3}$$

权向量中的元素代表各判断矩阵中各行相应指标的权重。设判断矩阵为 n 阶，判断矩阵中所有标度之和为 W_T，第 n 行中所有标度之和为 W_n。

3.4.2　熵权法

依据评估指标体系，建立评估指标体系的指标层指标数据归一化后的矩阵 X。有

m 个被评估样本（$m=1, 2, \cdots$），n 个评估指标（$n=1, 2, \cdots$）。x_{ij} 表示第 $i(i=1, 2, \cdots, m)$ 个评估样本所对应的第 $j(j=1,2, \cdots, n)$ 个指标的数值，则形成了一个 m 行 n 列的矩阵 $X = (x_{ij})_{mn}$。

（1）计算第 j 项指标下第 i 个评估样本比重为

$$t_{ij} = x_{ij} \Big/ \sum_{i=1}^{m} x_{ij} \tag{3-4}$$

（2）计算指标 j 项的熵权为

$$e_j = -k \sum_{i=1}^{m} t_{ij} \ln t_{ij} \tag{3-5}$$

式中，$k = \dfrac{1}{\ln m}$。

（3）计算指标 x_j 的差异系数：

$$g_j = 1 - e_j \tag{3-6}$$

（4）确定权重：

$$q_j = g_j \Big/ \sum_{j=1}^{n} g_j \tag{3-7}$$

3.5 计算与分析

3.5.1 指标无量纲化

为消除原始指标数据原始单位和数值数量级对计算结果的影响，评估对象的指标原始数据宜采用归一算法无量纲化处理，得到指标赋值后计算评估结果。

正向指标归一化算法应按式（3-8）计算。

$$S_i = \frac{a_i - a_i^{\min}}{a_i^{\text{bv}} - a_i^{\min}} \tag{3-8}$$

式中，S_i 为评估对象第 i 个指标赋值；a_i^{bv} 为评估对象第 i 个指标的标杆值；$a_i^{\min}$ 为评估对象第 i 个指标的最低值；a_i 为评估对象第 i 个指标的数据值。

负向指标归一化算法应按式（3-9）计算。

$$S_i = \frac{b_i^{\max} - b_i}{b_i^{\max} - b_i^{\text{bv}}} \tag{3-9}$$

式中，S_i 为评估对象第 i 个指标赋值；$b_i^{\max}$ 为评估对象第 i 个指标的最高值；b_i^{bv} 为评估对象第 i 个指标的标杆值；b_i 为评估对象第 i 个指标的数据值。

非线性类变化的指标和区间性指标可采用专家评判法赋值后，再按照式（3-8）、式（3-9）进行归一化计算。

3.5.2 综合评估计算

指标层单个指标得分可按照式（3-10）计算。

$$P_i = 100 \times S_i \tag{3-10}$$

式中，i 为评估对象第 i 个指标层指标；P_i 为评估对象第 i 个指标层指标得分；S_i 为评估对象第 i 个指标层指标赋值。

要素层单个指标得分按照式（3-11）计算，是同要素层下指标得分乘以其权重 W_C 之和。

$$Q_j = \sum_{i=1}^{n} P_i \times W_{Ci} \tag{3-11}$$

式中，j 为评估对象第 j 个要素层指标；Q_j 为评估对象第 j 个要素层指标得分；n 为评估对象在指标层的指标数量；W_{Ci} 为评估对象在第 i 个指标层指标权重；P_i 为评估对象第 i 个指标层指标的得分，$i=1, 2, 3, \cdots, n$。

准则层单个指标得分按照式（3-12）计算，是同准则层下要素指标得分乘以 W_B 之和。

$$M_z = \sum_{j=1}^{N} Q_j \times W_{Bj} \tag{3-12}$$

式中，z 为评估对象第 z 个准则层指标；M_z 为评估对象第 z 个准则层指标得分；N 为评估对象在要素层的指标数量；W_{Bj} 为评估对象在第 j 个要素层指标权重；Q_j 为评估对象第 j 个要素层指标得分，$j=1, 2, 3, \cdots, N$。

评估对象综合得分按照式（3-13）计算，是环境类指标、技术类指标、经济类指标得分之和。

$$D = \sum_{z=1}^{3} M_z \times W_{Az} \tag{3-13}$$

式中，D 为评估对象的综合评估得分，是环境类指标、技术类指标、经济类指标得分之和；M_z 为评估对象第 z 个准则层指标得分，$z=1, 2, 3$；W_{Az} 为评估对象在第 j 个准则层指标权重。

3.6 结果的表达

评估结果分两种形式来表达，分别为三维坐标图和雷达图。

应用三维坐标图来表示三个维度的最终评估结果，即将每个技术计算得到的三个维度上的数值以 (x, y, z) 坐标值表示，在三维空间得到体现，从而总体体现每个维度的评估结果（图 3-2）。

不同技术通过三维坐标图对评估结果进行表达，可以把某技术在环境、经济、技术三个维度的评价结果综合表现在一个点上，该点在 xyz 轴的值越高则说明该技术相比其他技术更为优秀；也可以通过二维空间对比不同技术，如在环境、经济维度中该点在 x 轴上的值越高可知该技术在环境维度更为优秀。

采用雷达图来表达三个维度上各个要素的情况，即将各个要素指标的结果集中画在一个图标上来表现该技术的变动情形及优缺点。例如，某项技术中环境效果、二次污染、技术成本、经济收益、技术可靠性、技术适用性 6 个要素可同时在雷达图中直观表达，并且可由图判断该技术在环境效果和技术成本方面占据优势，其他维度方面较差。

综合水污染治理技术的评价数据和评估结果，可建立技术数据库，为同类型技术对比提供基础数据，梳理出综合应用效果好的技术，为构建先进技术清单提供依据。

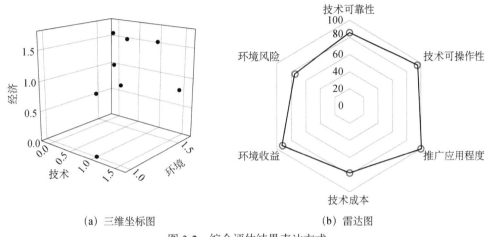

(a) 三维坐标图　　　　　　　　　　(b) 雷达图

图 3-2　综合评估结果表达方式

3.7　标尺计算

综合评估结果是指该技术在此技术领域中排名得分，计算过程中使用标杆值参与计算，评估结果具有相对性。在没有标准对比参考的条件下，仅依靠综合评估得分难以直观地了解该技术在该地域是否能达到排污标准、满足经济和技术的需求。因此，建立标准刻度的标尺便于使用者对评估得分有更清晰的认识是十分有必要的。

根据《第二次全国污染源普查产排污系数手册（生活源）》以及各地经济发展对技术选择偏好的影响，可将全国共划分为六个区域，包括东北地区、华北地区、华南地区、华东地区、西北地区、西南地区（西藏和港澳台地区除外），并根据以上分区建立六套标尺。

东北地区：黑龙江、吉林、辽宁、内蒙古（4 个省、自治区）。

华北地区：北京、天津、河北、河南、山东、山西（6 个省、直辖市）。

华南地区：广东、广西、海南、湖北、湖南（5 个省、自治区）。

华东地区：上海、浙江、安徽、江苏、福建、江西（6 个省、直辖市）。

西北地区：甘肃、宁夏、青海、陕西、新疆（5 个省、自治区）。

西南地区：重庆、云南、贵州、四川（4 个省、直辖市）。

标尺中刻度是将国家标准或者行业标准提供的指标数据经过综合评估方法评估处理获得的。以城镇污水处理技术为例，该指标体系下环境效益指标 COD 去除率、氨氮去除率、TN 去除率、TP 去除率对应刻度的出水浓度由《城镇污水处理厂污染物排放标准》

（GB 18918—2002）提供，进水浓度为指标数据库中该地区进水浓度原始数据的平均值，技术成本指标中吨水投资成本对应刻度的数据由《城市污水处理工程项目建设标准》（2001 年修订）提供。其他指标刻度均为指标数据库中该地区指标数据的平均值。得到基础数据后指标处理计算、评估时标杆值选择、权重的赋值与该地区所评估的技术综合评估过程一致。由于目前其他技术领域标准相对模糊，暂只提供六大区城镇污水处理技术的标尺，详见附录 3。

第4章 综合评估指标体系与方法实证和优化

实证是检验水污染治理技术综合评估指标体系和评估方法的重要手段。本章采用"3-5-3"实证方式对我国"十一五"以来水专项中水污染治理技术的评估指标体系开展实证,"3"指针对城镇生活污染控制技术系统、农业面源污染控制技术系统、受损水体修复技术系统 3 个技术系统进行实证;"5"指对上述技术系统综合评估指标体系中指标开展代表性、标杆值的先进性、权重的合理性、评估方法的可操作性以及评估结果的可靠性检验;"3"是采用观察描述实证法、调查问卷法、文献研究法 3 种经验型实证研究方法。实证工作共涉及 22921 个技术支撑点评估结果。

4.1 实证程序

实证工作流程主要包括:准备阶段、实证阶段和反馈优化阶段,见图 4-1。

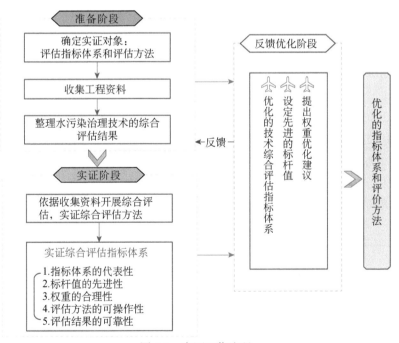

图 4-1 实证工作流程

4.1.1 准备阶段

1. 确立对象

本书依托"十一五"以来水专项的技术研究成果和水污染治理工程，开展水污染治理技术综合评估工作，并基于综合评估结果开展综合评估方法的实证工作，共涉及城镇生活污染控制技术系统、农业面源污染控制技术系统和受损水体修复技术系统 3 个流域水污染治理技术系统，以及集镇水环境综合治理技术、农村生活污染治理技术、受损河流修复技术、受损湖泊修复技术、城市水体修复技术 5 个技术系列（图 4-2）。

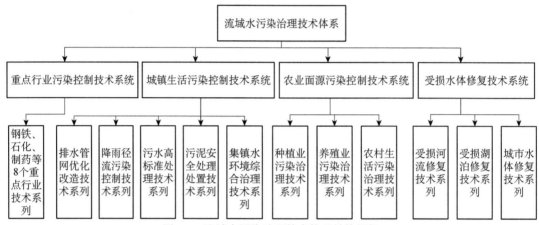

图 4-2　流域水污染治理技术体系结构框架

实证技术环节共包括 6 个，分别是城镇生活污水处理技术、河流大型洲滩与河口湿地修复技术、湖滨带与缓冲带修复技术、湖滨大型湿地建设与水质净化技术、蓝藻水华控制技术和农业生活污水处理技术，以 6 个技术环节的综合评估指标体系和评估方法为实证对象。依据第 2 章所规定的指标体系构建方法，第 3 章规定的程序实证方法，确定了"城镇生活污染控制技术系统""农业面源污染控制技术系统""受损水体修复技术系统"的指标体系（附录 1），基于"十一五"以来水专项的 22921 个相关技术支撑点的综合评估结果，开展评估指标体系的代表性、标杆值的先进性、权重的合理性、评估方法的可操作性以及评估结果的可靠性的检验，具体技术类别见表 4-1。

表 4-1　实证技术类别情况

序号	所属技术系统	所属技术系列	实证对象（技术指标体系和方法）	工程所在地（评估工作）	实证工作编号
1	城镇生活污染控制技术系统	集镇水环境综合治理技术系列	城镇生活污水处理技术	辽宁省某污水处理厂-生物滤池技术	综合评估工程 T1～T9
2	农业面源污染控制技术系统	农村生活污染治理技术系列	农村生活污水处理技术	华北某流域某膜生物反应器（membrane bioreactor，MBR）技术	综合评估工程 B1～B32

续表

序号	所属技术系统	所属技术系列	实证对象（技术指标体系和方法）	工程所在地（评估工作）	实证工作编号
3	受损水体修复技术系统	受损河流修复技术系列	河流大型洲滩与河口湿地修复技术	辽宁省沈阳市某河口人工湿地工程	综合评估工程 C1～C17
4		受损湖泊修复技术系列	湖滨带与缓冲带修复技术	江苏省某缓冲带支浜生态拦截示范工程	综合评估工程 D1～D25
5			湖滨大型湿地建设与水质净化技术	太湖流域某湖泊草型生态系统恢复和重构技术优化与示范工程	综合评估工程 E1～E13
6			蓝藻水华控制技术	某净化能力增强技术示范工程	综合评估工程 F1～F6

2. 收集相关资料

收集、归纳、总结在研究区域内的水污染治理技术环节依托工程的水污染治理情况，充分收集工程项目技术、经济、环境方面的相关资料，主要包括：

（1）项目基本情况，如项目名称、所属水专项名称（项目、课题、任务）、项目联系人及联系方式，建设地点周边情况（包括位于或接近的主要交通线）。

（2）项目技术概况，如技术原理和技术特点，技术方案，总平面布置，经济、技术、环境指标，改扩建项目改造前后的基本情况等。

当现有资料无法完整准确反映项目概况时，可进行现场调查和采样检测。现状调查中，收集与评估实证工作密切相关的信息，如能耗、二次污染产率、药品消耗情况、污废水进出水指标等。信息应全面详细，并尽可能获取定量数据和图片。

4.1.2 实证阶段

1. 实证方法

与传统意义上的实证研究方法不同，本书基于某技术环节的综合评估指标体系，以及评估方法在该技术环节技术支撑点上的应用结果，开展实证工作。利用文献调研和统计分析法实证指标体系选取的代表性和必要性；通过开展实际水污染治理工程的综合评估，实证评估方法的可操作性；比较分析技术支撑点综合评估结果，实证评估结果的可靠性。具体包括以下五个方面。

1）指标体系的代表性实证

依据 2.4 节指标筛选方法，经过频度分析、重要性判断、可测性判断、可比性检验、独立性检验来验证指标体系选取的合理性。统计所实证 6 个技术环节的指标体系和综合评估结果，经过频度分析、重要性判断、可测性判断检查指标设置的必要性。

采用极差分析法，通过计算指标层变异系数开展离散度分析，判断指标的可比性。变异系数常用标准偏差系数，又称离散系数，见式（4-1）。当指标的变异系数≤0.1 时，数据具有较小的变异性和较高的稳定性，表示该指标不具有可比性。

$$CV = \frac{S}{\bar{x}} \times 100\% \qquad (4-1)$$

$$S = \sqrt{\frac{\sum_{i=1}^{n}(x_i - \bar{x})^2}{n-1}} \qquad (4-2)$$

式中，S 为样本的标准偏差；x_i 为综合评估的指标得分；$\bar{x}$ 为指标的平均数。

斯皮尔曼等级相关系数，即斯皮尔曼相关系数，它利用单调方程评价两个统计变量的相关性。通过相关分析，计算斯皮尔曼相关系数式（4-3），斯皮尔曼相关分析在 0.01 或 0.05 水平双侧检验显著性，当 $|\rho| > 0.5$ 时认为综合评估指标体系中的两个指标显著相关。

$$\rho = \frac{\sum_i (x_i - \bar{x})(y_i - \bar{y})}{\sqrt{\sum_i (x_i - \bar{x})^2 (y_i - \bar{y})^2}} \qquad (4-3)$$

式中，x_i、y_i 为综合评估的指标得分；$\bar{x}$、$\bar{y}$ 为指标的平均数。

通过上述系统检验的指标，方能成为技术评估指标体系所接受的指标。

2）标杆值的先进性实证

利用文献调研法，在国内外公开的监测数据、检测报告、验收报告、技术报告、统计公报、论文和著作等资料中查阅该类技术指标相关数据，检验评估指标标杆值的先进性。

3）权重的合理性实证

分别统计技术支撑点综合评估在目标层、准则层、要素层、指标层指标的得分情况，采用极差分析计算各层次指标变异系数，逐级分析指标层离散度的变化情况，检验技术综合评估方法权重设置的合理性。例如，指标层指标的离散度高，而要素层指标离散度低，说明指标层权重设置不够合理。同理依次检验要素层、准则层指标权重设置的合理性。出现权重设置不合理的情况后，需根据 3.4 节"赋值指标权重"重新设计指标权重。

4）评估方法的可操作性实证

依据所需实证的技术类别，分别选取典型工程应用案例，获取相关数据信息。采用经过指标体系的代表性、标杆值的先进性、权重的合理性检验并优化的技术评估指标体系，运用第 3 章介绍的技术综合评估方法开展综合评估，通过综合评估过程来检验技术综合评估方法的可操作性。

5）评估结果的可靠性实证

统计各类技术环节技术支撑点的综合评估结果，利用雷达图、三维坐标图对各类技术的综合评估结果进行表达和分析。根据对综合评估方法的适用情况和目标可达性分析，能够助力技术推广、研判技术发展趋势、引导技术集成，从而对综合评估方法的可靠性进行实证。

2. 实证内容

实证内容包括两个方面：水污染治理技术综合评估指标体系指标的代表性、标杆值的先进性、权重的合理性实证以及综合评估方法的可操作性和评估结果的可靠性实证。

3. 实证总结

从评估方法的可操作性，标杆、权重确定方法的合理性等方面总结水污染治理技术综合评估方法的适用性。

4.1.3 反馈优化阶段

实证检验过程中，技术综合评估指标设置的代表性、标杆值的先进性、权重的合理性等方面出现检验不通过情况时，应针对具体问题提出优化建议，使构建的综合评估指标体系符合评估要求。

4.2 城镇生活污染控制技术系统实证

城镇生活污染控制技术系统包括集镇水环境综合治理技术系列、污水高标准处理技术系列、污泥安全处理处置技术系列。本书以集镇水环境综合治理技术系列中的城镇生活污水处理技术环节为例，开展技术综合评估指标体系和评估方法的实证与优化。

4.2.1 指标体系的代表性

城镇生活污水处理技术综合评估指标体系共设置 18 个指标层指标。依据 2.4 节指标筛选方法，通过频度分析、重要性判断、可测性判断、可比性检验，检查指标体系的合理性，结果见表 4-2。其中 COD 去除率、氨氮去除率、TP 去除率、工程建设投资、总运行成本、抗冲击负荷能力 6 个指标通过了频度分析、重要性判断、可测性判断和可比性检验。

根据相关检验和分析，COD 去除率、氨氮去除率、TP 去除率、SS 去除率、污泥产量、工程建设投资、总运行成本、抗冲击负荷能力等指标选取具有代表性。但 SS 去除率、占地面积、水质稳定达标率、对气候适应能力、COD 削减量、SS 削减量、氨氮削减量、TP 削减量、设备故障率、技术创新类型、技术就绪度等指标频度较低，不符合指标筛选要求。文献检索"水质稳定达标率、运行稳定性"的频度分别为 35、86，可知对于城镇生活污水处理技术来说运行稳定性更具有代表性，最终只保留了"运行稳定性"这一指标。

根据《城镇污水处理厂污染物排放标准》（GB 18918—2002），规定了各级出水的 TN 浓度。同时通过文献调研法，搜索"总氮去除率、污水处理厂"两个关键词，统计总氮去除率的文献出现频度为 142。因此，应增加"TN 去除率"指标。

依据 2.4 节指标筛选方法要求，经济类指标中除了应包括运行成本、建设投资等负向指标，还应包括运行收益等正向指标。通过文献调研法搜索"运行收益、污水处理厂"等相关关键词汇，出现频度为 112，具有代表性。因此，应增加"吨水运行收益"指标。

通过文献调查固体废物产率，发现文献频度为 0。由于城镇生活污水处理厂的主要固体废物是污泥，检索污泥产量，其文献频度为 168。因此，应将"污泥产量"修改为"吨水污泥产生量"。

表 4-2　城镇生活污水处理技术的指标筛选验证

序号	指标名称	频度分析	重要性判断	可测性判断	可比性检验	指标合理性
1	COD 去除率	285	+++	可测	0.10	√
2	氨氮去除率	135	+++	可测	0.33	√
3	TP 去除率	628	++	可测	0.17	√
4	SS 去除率	14	+	可测	0	—
5	污泥产量	0	+++	可测	0	—
6	工程建设投资	181	+++	可测	1.05	√
7	占地面积	21	+	可测	0.64	
8	总运行成本	263	++	可测	0.46	√
9	水质稳定达标率	8	+	可测	0.14	—
10	抗冲击负荷能力	117	+++	可测	0	√
11	对气候适应能力	0	+	不可测	0.17	
12	COD 削减量	35	+	可测	0.37	
13	SS 削减量	2	+	可测	0.42	
14	氨氮削减量	15	++	可测	0.06	
15	TP 削减量	6	+	可测	0.14	
16	设备故障率	0	+	可测	0.53	
17	技术创新类型	0	+	可测	0.20	
18	技术就绪度	0	+	可测	0.105	

根据城镇生活污水处理技术环节 9 个技术支撑点的综合评估结果，分别对 18 项指标开展极差分析，计算各指标变异系数，结果见图 4-3。分析发现，13 个指标的变异系数大于 0.1，说明指标的选取和定义能够用于描述同类技术不同实施工程的技术、环境、经济三个维度的具体特征。抗冲击负荷能力和 SS 去除率的变异系数为 0。由于这两个指标采用五级赋值法，说明其赋值标准制定不够合理，对于不同实施工程的指标评估结果无明显区别。因此，结合指标频度分析、重要性判断、可测性判断、可比性检验结果，得到应删除抗冲击负荷能力和 SS 去除率两个指标的结论。

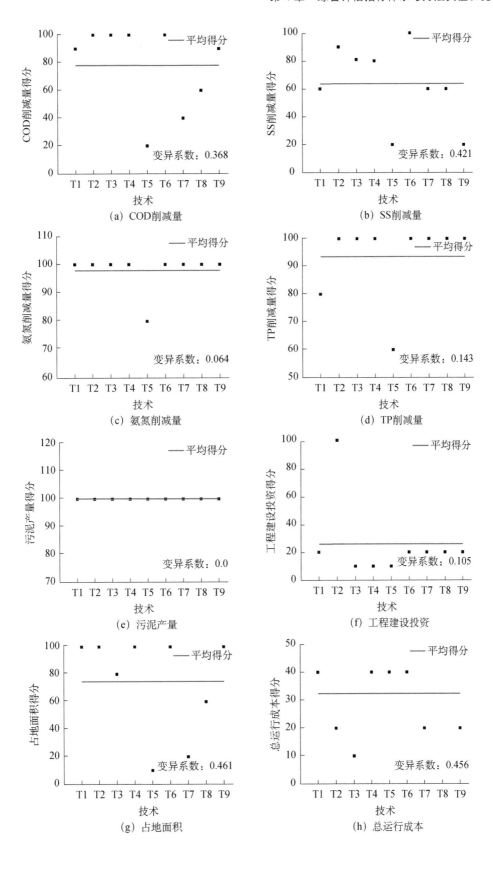

(a) COD削减量

(b) SS削减量

(c) 氨氮削减量

(d) TP削减量

(e) 污泥产量

(f) 工程建设投资

(g) 占地面积

(h) 总运行成本

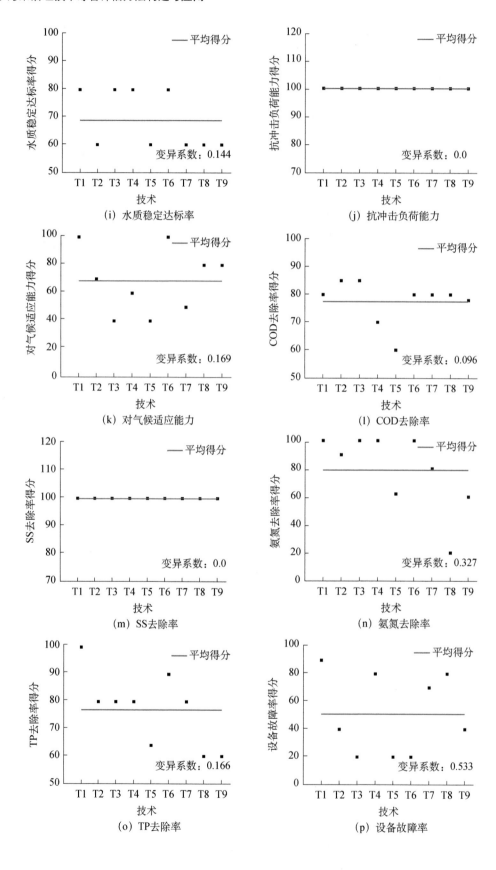

（i）水质稳定达标率

（j）抗冲击负荷能力

（k）对气候适应能力

（l）COD去除率

（m）SS去除率

（n）氨氮去除率

（o）TP去除率

（p）设备故障率

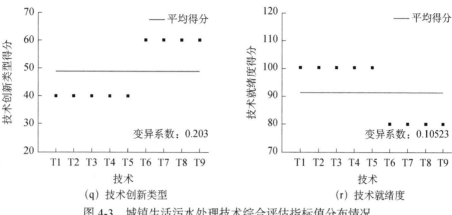

图 4-3 城镇生活污水处理技术综合评估指标值分布情况

根据城镇生活污水处理技术环节 9 个技术支撑点的综合评估结果，对其中 6 个定量指标进一步进行独立性检验，见表 4-3。发现总运行成本与工程建设投资的相关性最大，负荷率与工程建设投资和总运行成本也存在较大相关性。其余指标斯皮尔曼相关分析在 0.01 或 0.05 水平双侧检验中均不显著，通过独立性检验。

表 4-3　城镇生活污水处理技术综合评估指标的斯皮尔曼相关分析

指标	COD 去除率	TP 去除率	氨氮去除率	工程建设投资	总运行成本	负荷率
COD 去除率	1	−0.539	0.121	0.143	−0.086	−0.002
TP 去除率	−0.539*	1	−0.693**	−0.007	0.097	0.257
氨氮去除率	0.121	−0.693**	1	0.05	−0.043	−0.068
工程建设投资	0.143	−0.007	0.05	1	0.81**	0.685**
总运行成本	−0.086	0.097	−0.043	0.81**	1	0.542*
负荷率	−0.002	0.257	−0.068	0.685**	0.542*	1

*相关性在 0.05 水平上显著（双侧）；**相关性在 0.01 水平上显著（双侧）。

将 TP 去除率、COD 去除率、氨氮去除率、总运行成本、工程建设投资、抗冲击负荷能力 6 个入选指标向专家征求相关意见，专家建议增加负荷率、TN 去除率、吨水运行收益、吨水污泥产生量 4 个指标，建议将工程建设投资、总运行成本、抗冲击负荷能力的指标名称改为吨水投资成本、吨水运行费用、负荷率，保持指标含义与指标名称之间的一致性。

因此，经过城镇生活污水处理技术综合评估指标筛选，确定其评估指标体系包含 10 个指标：TN 去除率、TP 去除率、COD 去除率、氨氮去除率、吨水运行费用、吨水投资成本、吨水污泥产生量、吨水运行收益、运行稳定性、负荷率。城镇生活污水处理技术综合评估指标体系建议如图 4-4 所示。

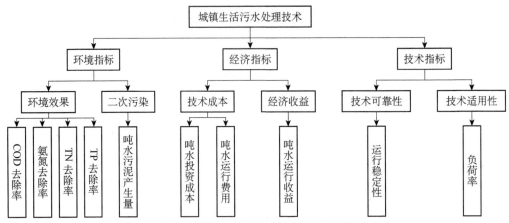

图 4-4 城镇生活污水处理技术综合评估指标筛选结果

4.2.2 标杆值先进性

通过文献检索调查城镇生活污水处理技术定量指标最大值：COD 去除率的最大值为 98.27%，氨氮去除率的最大值为 99.40%，SS 去除率的最大值为 95.58%，TP 去除率最大值为 98.93%。吨水污泥产生量，即污泥产量为 0.26kg/m³。具体见表 4-4。

总运行成本最小值为 0.1 元/m³。2019 年 36 个大中城市的污水处理厂运行成本为 0.83～2.41 元/m³，平均成本为 1.37 元/m³。根据污水处理厂管理规范，需定期对运行设备检修，防止运行过程中发生故障，故设备故障率设置为小于 5 天/年，因此标杆值合理。与 A/O 技术相比，相同运行工况条件下 A/O-MBBR 组合技术能够提高 50% 的日处理能力，具有较强的抗冲击负荷能力，则抗冲击负荷能力标杆值设置为"能处理负荷超过设计水量 50% 的进水"合理。污水处理厂应正常运行，按照设计要求和出水水质要求稳定达标排放，水质稳定达标率的标杆值设置为 100%，亦合理。依据《水专项研发技术成果评估方法指导意见》对技术创新类型、技术就绪度的分区段赋值要求，技术创新类型的标杆值为原始创新，技术就绪度的标杆值为 9 级，标杆值合理。工程建设投资标杆值的最小值为 0.25 万元/m³，标杆值合理。文献调查占地面积最大值为 0.41m²/m³，标杆值为 ≤0.5 m²/m³，合理。城镇生活污水常规水质指标的入厂浓度范围：COD 一般在 200～400mg/L，NH₃-N 在 30～50mg/L，SS 在 200mg/L 左右，我国城镇生活污水处理厂大多执行的是《城镇污水处理厂污染物排放标准》（GB 18918—2002）一级 A 的排放标准，COD 削减量、SS 削减量、氨氮削减量、TP 削减量标杆值范围合理。因此，各指标标杆值取值均合理。

表 4-4 城镇生活污水处理技术指标标杆值对比情况

指标层		原标杆值	文献调查标杆值（最大）	文献调查标杆值（最小）
水质稳定达标率（D1*）	%	100	100	—
抗冲击负荷能力（D2）（原指标名称）负荷率（现指标名称）	%	能处理负荷超过设计水量 50% 的进水	150	10
对气候适应能力（D3*）		能在 0℃ 以下正常工作	合理	—

续表

指标层			原标杆值	文献调查标杆值（最大）	文献调查标杆值（最小）
生物处理技术	COD 去除率（D4）	%	≥90	98.27	0.11
	SS 去除率（D5*）	%	97	95.58	—
	氨氮去除率（D6）	%	≥90	99.40	0.99
	TP 去除率（D7）	%	≥90	98.93	0.85
	TN 去除率（新增指标）	%	—	1.593	99.07
设备故障率（D8*）		天/年	≤5	合理	—
技术创新类型（D9*）		定性	原始创新	合理	—
技术就绪度（D10*）		级	9	合理	—
工程建设投资（D11）（原指标名称）吨水投资成本（现指标名称）		万元/m³	≤0.25	0.52	0.25
占地面积（D12*）		m²/m³	≤0.5	0.41	—
总运行成本（D13）（原指标名称）吨水运行费用（现指标名称）		元/m³	≤0.8	3.0	0.1
COD 削减量（D14*）		mg/L	≥210	合理	—
SS 削减量（D15*）		mg/L	≥140	合理	—
氨氮削减量（D16*）		mg/L	≥20	合理	—
TP 削减量（D17*）		mg/L	≥2.4	合理	—
污泥产量（D18）（原指标名称）吨水污泥产生量（现指标名称）		kg/m³	≤0.4	0.26	0
运行稳定性（新增指标）		%	—	100	0
吨水运行收益		元/m³	—	13.7	0.014

*该指标在指标体系代表性实证过程中已经建议删除或更改。

4.2.3　权重的合理性

对城镇生活污水处理技术 9 个技术支撑点关键点 T1～T9 的要素层、准则层和目标层的评估得分开展极差分析，判断数据离散度，见图 4-5～图 4-7。由图 4-5 可知，要素层技术可靠性指标和二次污染指标得分的变异系数小于 0.1。一个原因是指标层权重设置不够合理，如技术可靠性指标由水质稳定达标率、抗冲击负荷能力、对气候适应能力三个指标层指标构成，其权重设置导致评估工程之间的要素层指标的评估结果无区分度。另一个原因是相应指标层指标的评价方法不合理，如要素层负效应指标只对应单一的固体废物产率指标层指标，该指标由于评价方法不合理本身就没有通过可比性检验。同理，指标层的问题也导致了准则层中环境指标的变异系数小于 0.1。

综合得分的变异系数为 0.105，且指标层、要素层、准则层和目标层指标变异系数的中位数逐渐减小，见图 4-7。主要原因是准则层环境指标的离散度较低（小于 0.1），其权重较高，导致评估综合得分的离散度达不到要求。因此，需要调整吨水污泥产生量指标的赋值标准，提高该指标的可比性后，再适当调整环境指标的权重，最终提高评估结果的可比性。

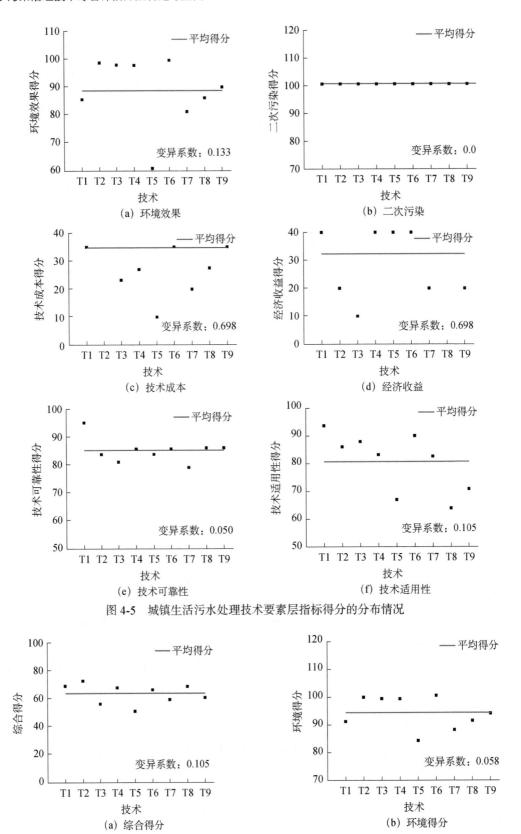

图 4-5 城镇生活污水处理技术要素层指标得分的分布情况

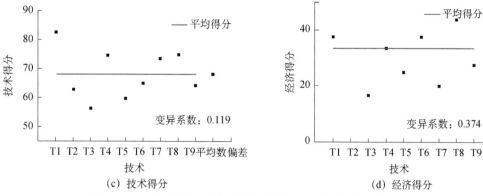

图 4-6　城镇生活污水处理技术准则层和综合得分的分布情况

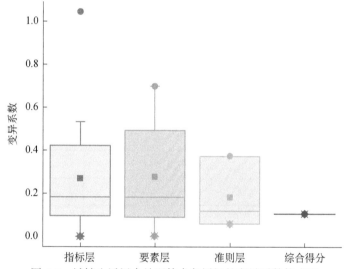

图 4-7　城镇生活污水处理技术各层级的变异系数箱式图

根据修改完善的城镇生活污水处理技术的综合评估指标体系重新计算权重。依据 3.4 节赋值指标权重，采用层次分析法计算准则层、要素层指标权重，采用熵权法计算指标层指标权重。

1）准则层权重

构建准则层判断矩阵，如表 4-5 所示。

表 4-5　准则层判断矩阵

三维	环境	经济	技术
环境	1	2	6
经济	1/2	1	5
技术	1/6	1/5	1

准则层共有环境、经济、技术三个指标，将这三个指标构建成一个三阶判断矩阵。判

断矩阵的最大特征值为 3.029，根据最大特征值求得 CI 值为 0.015，查表得到三阶矩阵的 RI 值为 0.58；通过 CI 值和 RI 值计算得到 CR 值为 0.025，CR 值小于 0.1，故该矩阵通过一致性检验。

根据判断矩阵算得准则层环境指标权重为 0.457、经济指标权重为 0.324、技术指标权重为 0.219。

2）要素层权重

分别对要素层指标构建判断矩阵以确定权重，见表 4-6～表 4-8。由于二阶矩阵具有一致性而无需进行一致性检验。根据判断矩阵算得环境准则中环境效果权重为 0.677、二次污染权重为 0.323，经济准则中技术成本权重为 0.731、经济收益权重为 0.269，技术准则中技术可靠性权重为 0.550、技术适用性权重为 0.450。

表 4-6　环境准则下要素层判断矩阵

环境	环境效果	二次污染
环境效果	1	3
二次污染	1/3	1

表 4-7　经济准则下要素层判断矩阵

经济	技术成本	经济收益
技术成本	1	4
经济收益	1/4	1

表 4-8　技术准则下要素层判断矩阵

技术	技术可靠性	技术适用性
技术可靠性	1	5
技术适用性	1/5	1

3）指标层权重

利用熵权法对指标层指标的权重进行计算，结果见表 4-9。

表 4-9　指标层指标权重

准则层	要素层	指标层	指标层权重
环境	环境效果	COD 去除率	0.071
		氨氮去除率	0.479
		TN 去除率	0.139
		TP 去除率	0.311

续表

准则层	要素层	指标层	指标层权重
环境	二次污染	吨水污泥产生量	1.000
经济	技术成本	吨水投资成本	0.493
		吨水运行费用	0.507
	经济收益	吨水运行收益	1.000
技术	技术可靠性	运行稳定性	1.000
	技术适用性	负荷率	1.000

4）权重计算结果

将准则层、要素层和指标层各指标的权重汇总，见表 4-10。

表 4-10　各层指标权重汇总

准则层	准则层权重	要素层	要素层权重	指标层	指标层权重
环境	0.457	环境效果	0.677	COD 去除率	0.071
				氨氮去除率	0.479
				TN 去除率	0.139
				TP 去除率	0.311
		二次污染	0.323	吨水污泥产生量	1.000
经济	0.324	技术成本	0.731	吨水投资成本	0.493
				吨水运行费用	0.507
		经济收益	0.269	吨水运行收益	1.000
技术	0.219	技术可靠性	0.550	运行稳定性	1.000
		技术适用性	0.450	负荷率	1.000

4.2.4　评估方法的可操作性

通过实地调研走访辽宁省某污水处理厂，该水厂采用两段曝气生物滤池技术。收集了该污水处理厂 2018 年 1 月至 2020 年 7 月运行数据，得到城市生活污水处理技术综合评估相关指标原始数据，依据原始数据得到指标赋值情况如下。

（1）COD 去除率：COD 平均去除率为 81.19%。

（2）氨氮去除率：氨氮平均去除率为 70.34%。

（3）TN 去除率：TN 平均去除率为 68.61%。

（4）TP 去除率：TP 平均去除率为 74.06%。

（5）吨水污泥产生量：指工程项目运行过程中污泥的单位产生量，平均吨水污泥产生量为 0.28kg/m³。

（6）吨水投资成本：污水处理厂 I 期、II 期共投资 3.8 亿元，提标改造投资 6.04 亿元，总设计规模 40 万 m³/d，其中一期规模 20 万 m³/d，二期规模 20 万 m³/d。总体吨水投资成本为 0.246 万元/m³。

（7）吨水运行费用：吨水运行费用为 1.03 元/m³。

（8）吨水运行收益：吨水运行收益为 2.63 元/m³。

（9）运行稳定性：工程运行稳定性为 87.89%。

（10）负荷率：指工程运行的水力负荷，平均负荷率为 90.4%。

依据 3.5 节计算与分析，按上述城镇生活污水处理技术的综合评估指标体系对该污水处理技术开展综合评估，指标得分见表 4-11。要素层得分如下：环境效果 70.80 分、二次污染 98.77 分、技术成本 98.37 分、经济收益 57.76 分、技术可靠性 82.02 分、技术适用性 64.32 分。准则层得分分别为：环境指标 79.84 分、经济指标 87.45 分、技术指标 74.06 分。

综合评估得分为 81.04 分。评估结果的雷达图如图 4-8 所示。从要素层分析，可以发现，该污水处理厂二次污染、技术成本的得分相对较高，技术可靠性指标得分也较高。这些评估结果与现场调研了解的情况相符。由于该污水处理厂所属东北地区，该区域污水处理厂收益均较低，相应指标经济收益得分较低，评估结果与现场调研得到的结论一致。目前污水处理厂的水力运行负荷率为 90.4%，尚可提升污水处理量，负荷率得分 64.32，与现场调研结论一致。

表 4-11 辽宁省某污水处理厂工程 A²O 技术综合评估得分情况

目标层	综合评估得分	准则层	得分	要素层	得分	指标层	得分
辽宁省某污水处理厂工程 A²O 技术	81.04	环境指标	79.84	环境效果	70.80	COD 去除率	78.79
						氨氮去除率	68.48
						TN 去除率	68.36
						TP 去除率	73.90
				二次污染	98.77	吨水污泥产生量	98.77
		经济指标	87.45	技术成本	98.37	吨水投资成本	98.37
						吨水运行费用	98.58
				经济收益	57.76	吨水运行收益	57.76
		技术指标	74.06	技术可靠性	82.02	运行稳定性	82.02
				技术适用性	64.32	负荷率	64.32

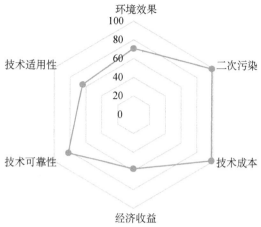

（a）要素层评估得分雷达图

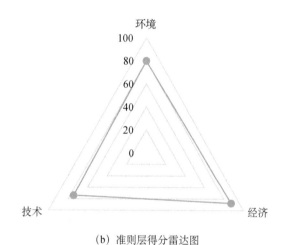

（b）准则层得分雷达图

图 4-8 城镇生活污水处理技术要素层和准则层得分雷达图

4.2.5 评估结果的可靠性

1. 评估目标的可达性分析——助力技术推广

图 4-9 是城镇生活污水处理技术环节 9 个技术支撑点要素层得分雷达图。由图 4-9 可知，城镇生活污水处理技术在二次污染、环境效果、技术可靠性、技术适用性方面有优势，但在工程建设、运营维护方面尚有提升空间。在城镇生活污水处理技术的 9 个技术支撑点中，T1 技术整体表现突出，在环境类、技术类要求较高的场景下具有较大优势，适于技术推广与商业化应用。

2. 评估目标的可达性分析——研判发展趋势

图 4-10 是城镇生活污水处理技术环节 9 个技术支撑点准则层得分雷达图。城镇生活污水处理技术在三个维度的得分情况由大到小是环境>技术>经济，说明城镇污水处理技术

在保证污染物去除上普遍具有较强的优势，但经济维度整体得分偏低。因此，城镇生活污水处理技术今后的发展方向是降低技术成本、提升技术的经济效益。

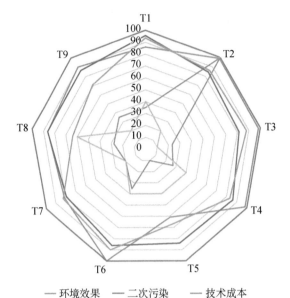

图 4-9　城镇生活污水处理技术要素层指标得分雷达图

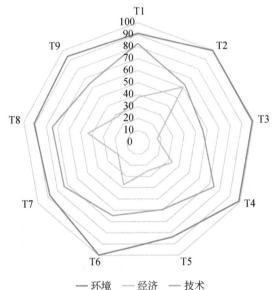

图 4-10　城镇生活污水处理技术准则层指标得分雷达图

3. 评估目标的可达性分析——引导技术集成

根据水污染治理技术综合评估方法，对 T1～T9 技术支撑点的综合评估结果进行排序，见图 4-11。所评 9 个支撑技术点中，T1、T8、T2 的技术综合得分达到 70 分以上，效果良好，可作为推荐技术。T3、T5 技术得分低于 60 分，不适合作为城镇污水处理的主体技术。当然也可从 T3、T5 技术支撑点的技术、经济、环境三个维度上分析技术短板，寻求技术突破。由此可知，利用污水处理技术综合评估结果，能够判断技术先进性和整体现状，为筛选优势技术提供重要的判断依据。

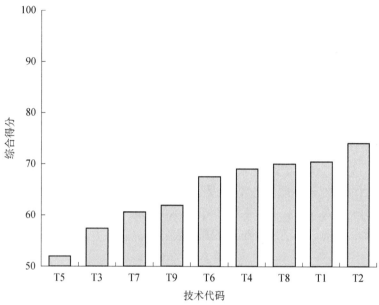

图 4-11　城镇生活污水处理技术支撑点综合评估得分排名情况

4.3　农业面源污染控制技术系统实证

农业面源污染控制技术系统包括农村生活污染治理技术系列、种植业污染治理技术系列及养殖业污染治理技术系列。本书以农村生活污水处理技术为例，开展技术综合评估指标体系和评估方法的实证与优化。

4.3.1　指标体系的代表性

农村生活污水处理技术综合评估指标体系共设置 12 个指标层指标。依据 2.4 节指标筛选方法，通过频度分析、重要性判断、可测性判断、可比性检验、独立性检验，检查指标体系的代表性，结果见表 4-12。通过检验与分析，得到指标体系设置合理的结论。

表 4-12　农村生活污水处理技术指标筛选验证

序号	指标名称	频度分析	重要性判断	可测性判断	可比性检验	独立性检验	指标合理性
1	运行管理难易程度	69	+++	不可测	0.10	相关性不显著	√
2	使用寿命	1	++	可测	0.08	相关性不显著	√
3	技术可靠性	2	+++	不可测	0.23	相关性不显著	√
4	TN 去除率	176	+++	可测	0.25	相关性不显著	√

续表

序号	指标名称	频度分析	重要性判断	可测性判断	可比性检验	独立性检验	指标合理性
5	TP 去除率	192	+++	可测	0.17	相关性不显著	√
6	COD 去除率	592	+++	可测	0.11	相关性不显著	√
7	氨氮去除率	192	+++	可测	0.15	相关性不显著	√
8	二次污染	20	++	不可测	0.08	相关性不显著	√
9	基建投资	91	+++	可测	0.32	相关性不显著	√
10	占地面积	21	++	可测	0.56	相关性不显著	√
11	运行费用	57	+++	可测	0.20	相关性不显著	√
12	经济收益	1	++	可测	0.15	相关性不显著	√

根据农村生活污水处理技术环节 32 个技术支撑点的综合评估结果，开展极差分析，结果见图 4-12。分析发现，二次污染、使用寿命 2 个指标变异系数小于 0.1，说明这两个指标在技术评估中，对于不同实施工程没有区别，需要优化指标赋值标准。其余 10 个指标的变异系数均大于等于 0.1，说明这 10 个指标的选取和定义能够用于描述同类技术不同实施工程的技术、环境、经济三个维度的具体特征。

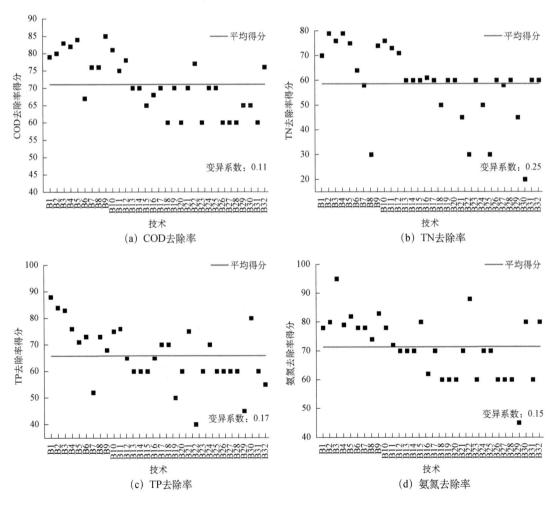

(a) COD 去除率

(b) TN 去除率

(c) TP 去除率

(d) 氨氮去除率

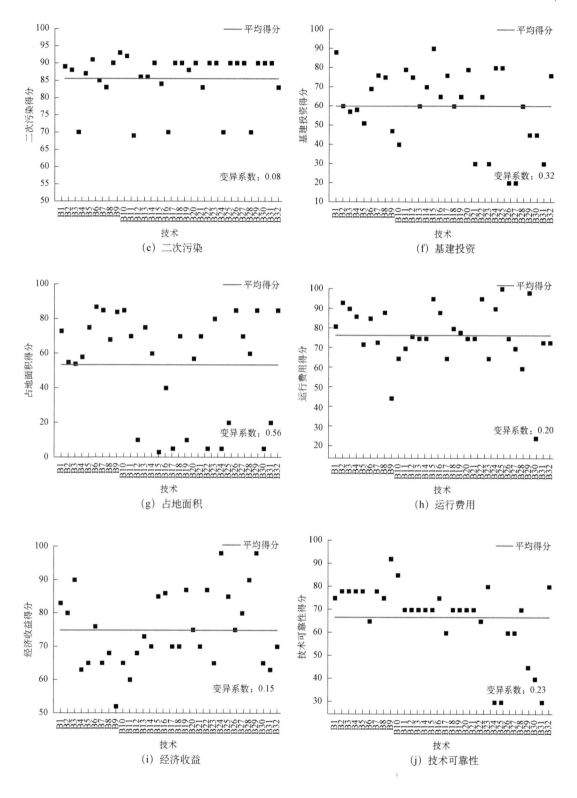

(e) 二次污染

(f) 基建投资

(g) 占地面积

(h) 运行费用

(i) 经济收益

(j) 技术可靠性

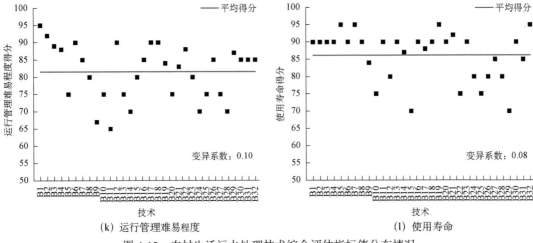

图 4-12 农村生活污水处理技术综合评估指标值分布情况

利用 SPSS 软件，对全国 32 个农村生活污水处理技术工程案例的综合评估指标值开展斯皮尔曼相关分析，得到表 4-13。分析发现 COD 去除率与氨氮去除率的 r 值达到 0.766，经济收益与运行费用的 r 值达到 0.615，具有较高相关性，不能通过独立性检验。其余尽管也有相关性相对较高的指标未被去除，原因如下：COD 去除率与氨氮去除率指标同属于衡量污染物去除能力的指标，同等重要，可不删除；经济收益与运行费用属于经济指标的正、负效应指标，同等重要，可不删除。综上，农村生活污水处理技术可不删减指标数量，根据频度调查结果，保持原指标体系结构，见图 4-13。

表 4-13 农村生活污水处理技术评估指标的斯皮尔曼相关分析

指标	运行管理难易程度	使用寿命	技术可靠性	TN去除率	TP去除率	COD去除率	氨氮去除率	二次污染	基建投资	占地面积	运行费用	经济收益
运行管理难易程度	1.000	0.154	−0.013	0.105	0.205	0.106	0.136	−0.076	0.004	−0.080	0.370*	0.149
使用寿命	0.154	1.000	0.439*	0.156	0.235	0.198	0.162	−0.255	0.020	0.241	−0.210	−0.293
技术可靠性	−0.013	0.439	1.000	0.599**	0.246	0.585**	0.447*	−0.026	−0.051	0.408*	−0.200	−0.361*
TN 去除率	0.105	0.156	0.599**	1.000	0.451**	0.511**	0.334	−0.118	−0.045	0.192	−0.129	−0.249
TP 去除率	0.205	0.235	0.246	0.451**	1.000	0.411*	0.422*	−0.099	−0.025	−0.036	−0.052	−0.265
COD 去除率	0.106	0.198	0.585**	0.511**	0.411*	1.000	0.766**	−0.010	0.172	0.060	0.112	−0.230
氨氮去除率	0.136	0.162	0.447*	0.334	0.422*	0.766**	1.000	−0.056	0.196	−0.060	0.077	−0.203
二次污染	−0.076	−0.255	−0.026	−0.118	−0.099	−0.010	−0.056	1.000	−0.384*	0.148	−0.240	−0.329
基建投资	0.004	0.020	−0.051	−0.045	−0.025	0.172	0.196	−0.384*	1.000	−0.323	0.364*	0.230
占地面积	−0.080	0.241	0.408*	0.192	−0.036	0.060	−0.060	0.148	−0.323	1.000	−0.286	−0.281

续表

指标	运行管理难易程度	使用寿命	技术可靠性	TN去除率	TP去除率	COD去除率	氨氮去除率	二次污染	基建投资	占地面积	运行费用	经济收益
运行费用	0.370*	−0.210	−0.200	−0.129	−0.052	0.112	0.077	−0.240	0.364*	−0.286	1.000	0.615**
经济收益	0.149	−0.293	−0.361*	−0.249	−0.265	−0.230	−0.203	−0.329	0.230	−0.281	0.615**	1.000

*相关性在 0.05 水平上显著（双侧）；**相关性在 0.01 水平上显著（双侧）。

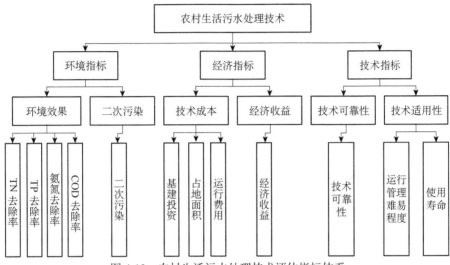

图 4-13 农村生活污水处理技术评估指标体系

4.3.2 标杆值先进性

通过文献检索调查标杆值的最大值，对评估指标标杆值的先进性进行实证。对于定性指标，则需要依据专家评判法评定指标的标杆值。通过文献调查检索农村生活污水处理技术定量指标的最大值。TN 的最大去除率可达 97.84%，氨氮的最大去除率可达 99.40%，COD 的最大去除率可达 88.93%，TP 最大去除率可达 96.20%。吨水基建投资指标最低值为 1500 元，吨水占地面积为 0.66m²，吨水运行费用为 0.21 元。文献调查的标杆值均在原指标标杆值范围内（表 4-14），标杆值设置合理。

表 4-14 农村生活污水处理技术标杆值实证

指标层	标杆值	文献调查标杆值
运行管理难易程度	管理简单，运维工作量小，日常无需人为调控，可长期（1 个月）自主稳定运行	运行管理简单，无需人为调控
使用寿命	技术配套的关键设施设备可供正常运行 10 年以上	设计运行时间 20 年
技术可靠性	①市场成熟度高，有运行超过 5 年的企业，运行良好；②有成熟的技术保障和支撑，有稳定运行的示范工程；③技术就绪度达到 9 级	技术就绪度 9 级

续表

指标层	标杆值	文献调查标杆值
TN 去除率	农村生活污水处理后满足：①削减95%以上；②最终≤15mg/L；③削减效率提升≥50%	削减效率97.84%
TP 去除率	农村生活污水处理后满足：①削减95%以上；②最终≤0.5mg/L；③削减效率提升≥50%	削减效率96.20%
COD 去除率	农村生活污水处理后满足：①削减95%以上；②最终≤50mg/L；③削减效率提升≥50%	削减效率88.93%
氨氮去除率	农村生活污水处理后满足：①削减95%以上；②最终≤8mg/L；③削减效率提升≥50%	削减效率99.40%
二次污染	在处理过程中，没有额外的污染物排放，污染监测数据提升<2%	无二次污染
基建投资	技术平均吨水基建投资≤2000元	1500元
占地面积	技术平均吨水占地面积≤1m²	0.66m²
运行费用	技术平均吨水运行费用≤0.25元	0.21元
经济收益	技术应用后，无追加环保投入，且有一定的经济收益，无能耗	有植物收割收益

4.3.3 权重的合理性

对农村生活污水处理技术 32 个技术支撑点关键点 B1～B32 的要素层、准则层和目标层的评估得分开展极差分析，判断数据离散度，见图 4-14～图 4-16。

由图 4-14 可知，要素层技术可靠性和技术适用性的评估得分普遍较高，其中技术可靠性的分值差别较大，变异系数>0.1；技术适用性的分值差别较小，变异系数小于 0.1。技术适用性包括运行管理难易程度和使用寿命两个指标层指标，其中使用寿命指标没有通过可比性检验（变异系数小于 0.1），其权重设置非常高（0.751）；尽管运行管理难易程度通过了可比性检验，但其权重相比较小（0.249），导致要素层指标离散度不够。因此，需重新设置使用寿命的赋分标准，降低使用寿命指标权重，提高运行管理难易程度的权重。

由图 4-15 可知，准则层的环境指标（权重为 0.460）和技术指标（权重为 0.325）得分离散性不够好，变异系数均小于 0.1，经济指标变异系数大于 0.1（权重为 0.215）。由于环境指标要素层指标离散性较好，说明因其权重设置不够合理而导致准则层变异系数小于 0.1。与要素层技术指标离散度不高原因一样，准则层离散度不够是技术适用性权重过高所致。

综合得分的变异系数小于 0.1，指标层、要素层、准则层和目标层的变异系数的中位数逐渐减小，见图 4-16。主要原因是准则层环境和技术指标的离散度较低（小于 0.1），两者权重又均高于经济指标，导致评估综合得分的离散度达不到要求。因此，根据上述分析，需要细化使用寿命的赋值标准，提高该指标的可比性后，再适当调整环境指标的权重，最终提高评估结果的可比性。权重调整结果见表 4-15。

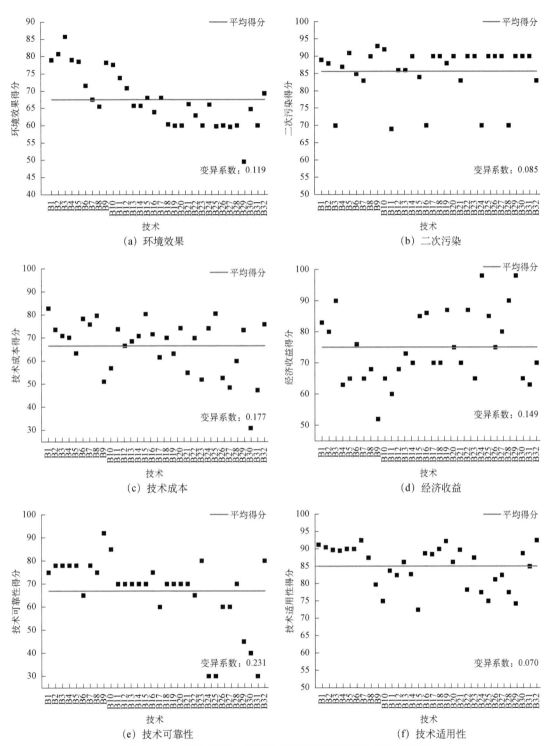

图 4-14　农村生活污水处理技术要素层指标得分的分布情况

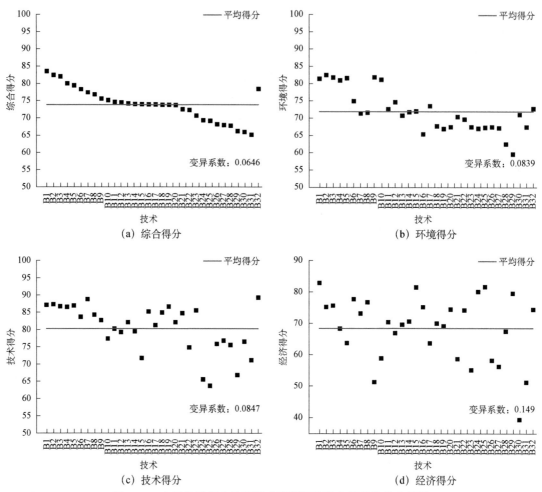

图 4-15　农村生活污水处理技术准则层和综合得分的分布情况

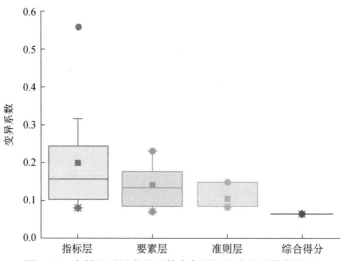

图 4-16　农村生活污水处理技术各层级的变异系数箱式图

表 4-15　农村生活污水处理技术各层指标权重汇总

准则层	准则层权重	要素层	要素层权重	指标层	指标层权重
环境指标	0.460	环境效果	0.751	TN 去除率	0.198
				TP 去除率	0.231
				COD 去除率	0.226
				氨氮去除率	0.345
		二次污染	0.249	二次污染	1.000
经济指标	0.215	技术成本	0.751	基建投资	0.430
				占地面积	0.135
				运行费用	0.435
		经济收益	0.249	经济收益	1.000
技术指标	0.325	技术可靠性	0.249	技术可靠性	1.000
		技术适用性	0.752	运行管理难易程度	0.249
				使用寿命	0.751

4.3.4　评估方法的可操作性

收集华北某流域综合治理工程——农村截污治污工程（污水处理站工程）实施资料，得到农村生活污水处理技术（MBR）综合评估相关指标原始数据，依据原始数据得出指标赋值情况如下。

（1）运行管理难易程度。本工程 MBR 技术采用平板膜膜组件，清洗频次为 2～3 月/次。管理简单，运维工作量小，可长期（2～3 月/次）自主稳定运行。

（2）使用寿命。工程体现核心技术的构筑物是生物池及膜池（合建），膜组件浸没在膜生物反应器的混合液中，在水泵产生的负压条件下，生化处理过的清水透过膜汇集到集水管，全部污泥和绝大部分游离细菌被膜截留，实现泥水分离过程。被截留的活性污泥经过污泥回流泵回流到缺氧区和好氧区，剩余污泥由泵打至污泥脱水系统。膜组件是必须定期需要更换的耗材。工程采用了膜通量为 15L/(m^2·h)的平板膜，设备数量为 8 套。膜组件的更换频率为 5 年/次。

（3）技术可靠性。MBR 技术市场成熟度高，技术就绪度可达到 9 级。

（4）TN 去除率。根据工程的进水平均水质为 60mg/L，出水设计水质按照北京地标一级 B 执行，TN 出水水质为 15mg/L。TN 去除率为 75%以上。

（5）TP 去除率。农村污水处理工程的进水平均水质为 7mg/L，TP 出水水质为 0.3mg/L。TP 去除率为 95.7%以上。

（6）COD 去除率。根据工程资料，进水 COD 为 420mg/L，出水 COD 为 30mg/L。COD 去除率为 92.86%。

（7）氨氮去除率。根据该农村生活污水工程资料，进水氨氮为 47mg/L，出水氨氮为 1.5mg/L。氨氮去除率为 96.8%。

（8）二次污染。在 MBR 处理过程中，有少量污泥排放。处理站正常运行过程中，污水的臭味会散发到大气中，影响周围环境。其中主要为 NH_3、H_2S 及臭气，该工程将有臭味散失的构筑物（格栅间、沉淀调蓄池、生物池等）均加盖并设置除臭装置。噪声来源于厂内传动机械工作时发出的噪声，有鼓风机、污水泵、污泥泵的噪声，还有厂区内外车辆的噪声。处理站在设备选型上采用了低噪声设备，并采取相应的隔音、减振措施后，厂内使用的机械产生的噪声值见表 4-16。目前再生水厂各方向厂界噪声预测值均可满足《工业企业厂界环境噪声排放标准》（GB 12348—2008）标准要求，对外界影响很小。

表 4-16　工程机械运行噪声值

名称	噪声/dB(A)	备注
鼓风机	≤80	采用隔音罩
污水泵	60~80	在水下运行
污泥泵	60~80	在水下运行
汽车	75~90	

（9）基建投资。根据工程设计资料，工程基建投资共 12201.4 万元。污水处理站 1 处理规模为 2700m³/d，基建投资为 2539.29 万元；污水处理站 2 处理规模为 3600m³/d，基建投资为 3073.98 万元；污水处理站 3 处理规模为 2200m³/d，基建投资为 1828.21 万元；污水处理站 4 处理规模 500m³/d，基建投资为 1188.02 万元；污水处理站 5 处理规模为 950m³/d，基建投资为 3571.89 万元。该工程建设其他费用 1446.87 万元，预备费为 409.45 万元，建设项目总投资 14057.7 万元，总处理水规模为 9950m³/d，吨水基建投资为 1.41 万元。

（10）占地面积。根据农村生活污水初步设计报告，污水处理站 1 处理规模为 2700m³/d，占地面积 4644m²；污水处理站 2 处理规模为 3600m³/d，占地面积 6160m²；污水处理站 3 处理规模为 2200m³/d，占地面积 3850m²；污水处理站 4 处理规模 500m³/d，占地面积 1200m²；污水处理站 5 处理规模为 950m³/d，占地面积 1500m²。吨水占地面积如下：污水处理站 1 为 1.72m²；污水处理站 2 为 1.71m²；污水处理站 3 为 1.75m²；污水处理站 4 为 2.4m²；污水处理站 5 为 1.58m²，平均吨水占地面积为 1.83m²。

（11）运行费用。根据农村生活污水处理工程运行资料，吨水运行费用如下：污水处理站 1 为 2.27 元；污水处理站 2 为 2.59 元；污水处理站 3 为 2.37 元；污水处理站 4 为 6.25 元；污水处理站 5 为 4.67 元，平均吨水运行费用为 3.63 元。

（12）经济收益。根据农村生活污水处理工程运行资料，采用 MBR 技术应用后无经济收益，能耗较高，平均吨水电费 0.65 元。吨水电费如下：污水处理站 1 为 0.58 元；污水处理站 2 为 0.66 元；污水处理站 3 为 0.58 元；污水处理站 4 为 0.71 元；污水处理站 5 为 0.71 元。

依据 3.5 节计算与分析，按上述农村生活污染治理技术的综合评估指标体系开展综合评估。各指标得分见表 4-17。要素层得分分别为：技术适用性 75.49 分、技术可靠性 95.00 分、环境效果 86.50 分、二次污染 75.00 分、技术成本 52.29 分和经济收益 65.00 分。准则层得分分别为：技术指标 80.35 分、环境指标 83.64 分、经济指标 55.45 分。

综合评估得分为 76.49 分。雷达图见图 4-17（b）。分析准则层指标发现，技术指标和环境指标得分较高，但在经济指标上得分较低。评估结果也与现场调研的结果一致。

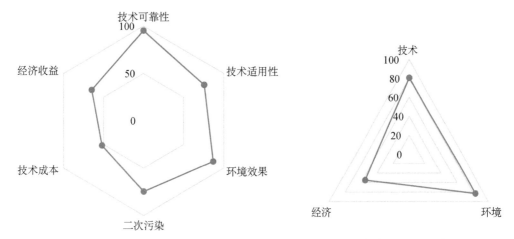

(a) 要素层评估得分雷达图　　　　　　　　　(b) 准则层得分雷达图

图 4-17　农村生活污水处理技术要素层和准则层得分雷达图

表 4-17　农村生活污水处理技术综合评估得分情况

目标层	综合评估得分	准则层	得分	要素层	得分	指标层	得分
农村生活污水处理技术（MBR）	76.47	环境指标	83.64	环境效果	86.50	TN 去除率	70.00
						TP 去除率	91.00
						COD 去除率	88.00
						氨氮去除率	92.00
				二次污染	75.00	二次污染	75.00
		经济指标	55.45	技术成本	52.29	基建投资	50.00
						占地面积	83.00
						运行费用	45.00
				经济收益	65.00	经济收益	65.00
		技术指标	80.35	技术可靠性	95.00	技术可靠性	95.00
				技术适用性	75.49	运行管理难易程度	92.00
						使用寿命	70.00

4.3.5　评估结果的可靠性

1. 评估目标的可达性分析——助力技术推广

图 4-18 为农村生活污水处理技术环节 32 个技术支撑点要素层得分雷达图。由图 4-18 可知，该类技术在环境效果、二次污染、技术成本与技术适用性方面具有较高优势，适用于对污染物减排要求较高的场景。农村生活污染防治工作普遍希望采用高效率污染减排、低技术成本、较强技术可操作性的生活污水治理技术，此次分析的 32 个技术支撑点技术中，B1、B32 具备这些优势，可作为推动技术的工程化和产业化应用的备选技术。

2. 评估目标的可达性分析——研判发展趋势

图 4-19 为农村生活污水处理技术环节 32 个技术支撑点准则层得分雷达图。农村生活污水

处理技术在技术维度上表现优秀。环境维度得分相对比较稳定，主要在65分以上，多为70分，对比标杆得分尚有提升空间。经济维度得分差别较大，最小40分，最大80分，说明该技术在应用过程中经济维度上不能保持稳定，某些技术支撑点仍需要在降低成本上开展攻关。

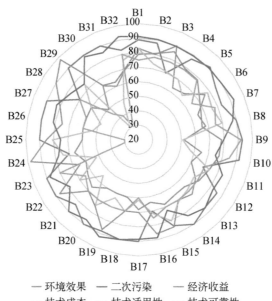

图 4-18　农村生活污水处理技术要素层得分雷达图

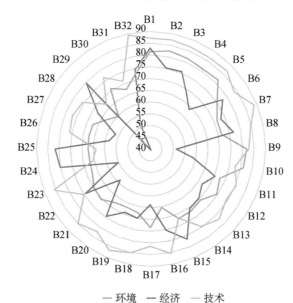

图 4-19　农村生活污水处理技术评估工程在准则层得分的雷达图

3. 评估目标的可达性分析——引导技术集成

对32个农村生活污水处理技术支撑点的综合评估结果排序，见图4-20。该技术环节的技术支撑点普遍具有较好的实施效果，所评32个支撑技术综合得分均在65分以上，多数得分在 70～80 分。建议从 5 个综合得分在 80 分以上的支撑技术中筛选可进一步推广的技术。综合评估结果可为技术选择、技术集成、技术预测提供参考依据。

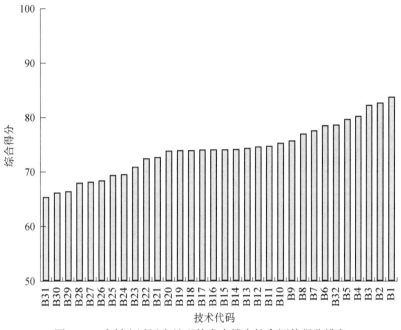

图 4-20 农村生活污水处理技术支撑点综合评估得分排名

4.4 受损水体修复技术系统实证

受损水体修复技术系统包括受损河流修复技术系列、受损湖泊修复技术系列及城市水体修复技术系列。本书主要开展了受损河流修复技术系列中的河流大型洲滩与河口湿地修复技术，以及受损湖泊修复技术系列中的湖滨带与缓冲带修复技术、湖滨大型湿地建设与水质净化技术、蓝藻水华控制技术进行技术综合评估指标体系和评估方法的实证与优化。

4.4.1 受损河流修复技术系列

本节对河流大型洲滩与河口湿地修复技术综合评估结果进行实证。

1. 指标体系的代表性

河流大型洲滩与河口湿地修复技术综合评估指标体系共设置 17 个指标层指标。依据 2.4 节指标筛选方法，通过频度分析、重要性判断、可测性判断、可比性检验，检查指标体系的代表性，结果见表 4-18。

通过文献检索，发现创收效益频度不高，根据创收效益的定义"创收效益是指技术运行过程中除去维护费用后所产生的经济效益"，应修改为经济收益更通俗易懂，使用频率更高。此外，需将 COD 和氨氮两个指标改成 COD 浓度和氨氮浓度，否则易理解成两种污染物的去除率。其他指标通过检验，设置合理。

表 4-18　河流大型洲滩与河口湿地修复技术指标筛选结果

序号	指标名称	频度分析	重要性判断	可测性判断	可比性检验	指标合理性
1	运行管理难易程度	27	+++	可测	0.158	√
2	应用推广程度	4	++	可测	0.204	√
3	技术操作难易程度	84	+++	可测	0.076	√
4	生态类群	677	++	可测	0.307	√
5	物种数量	1876	++	可测	0.194	√
6	生物量	4340	++	可测	0.169	√
7	建设成本	82	+++	可测	0.147	√
8	维护成本	83	+++	可测	0.100	√
9	经济收益	2	+	可测	0.363	√
10	COD 浓度	8478	+++	可测	0.239	√
11	氨氮浓度	5038	+++	可测	0.140	√
12	植物覆盖率	22	+	可测	0.190	√

基于全国河流大型洲滩与河口湿地修复技术的 17 个技术支撑点的综合评估结果，分别对 12 个指标开展极差分析，计算指标层指标变异系数，结果见图 4-21。分析发现，指标层指标技术操作难易程度的变异系数小于 0.1，需要调整指标的赋值标准。其余指标的变异系数均大于等于 0.1，评估结果的离散度较大，说明指标的选取和定义能够用于描述同类技术不同实施工程的技术、环境、经济三个维度的具体特征。

利用 SPSS 软件，对河流大型洲滩与河口湿地修复技术的 17 个技术支撑点的综合评估指标值开展斯皮尔曼相关分析，得到表 4-19。通过分析发现 "技术操作难易程度" 与 "运行管理难易程度" 之间 r 值达到 0.688，相关性较高，生物量与物种数量、植被覆盖率之间也存在较高的相关性。但是鉴于这些指标之间相关性没有必然联系，均予以保留。

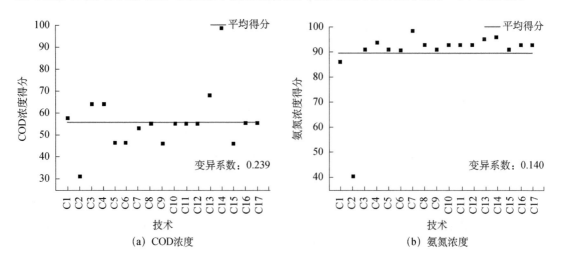

(a) COD浓度　　　　　　　　(b) 氨氮浓度

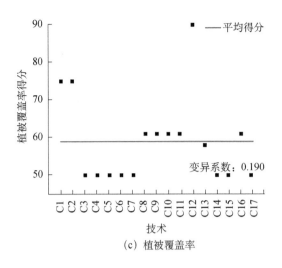

（c）植被覆盖率

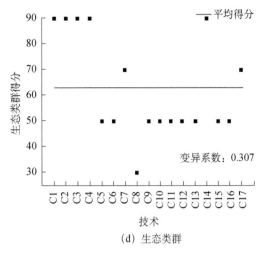

（d）生态类群

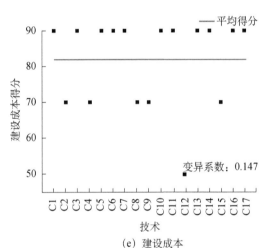

（e）建设成本

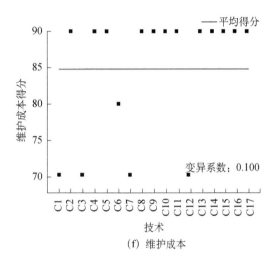

（f）维护成本

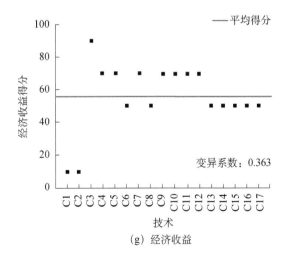

（g）经济收益

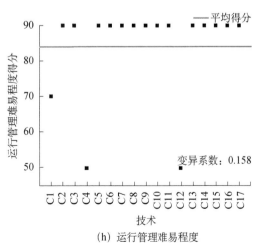

（h）运行管理难易程度

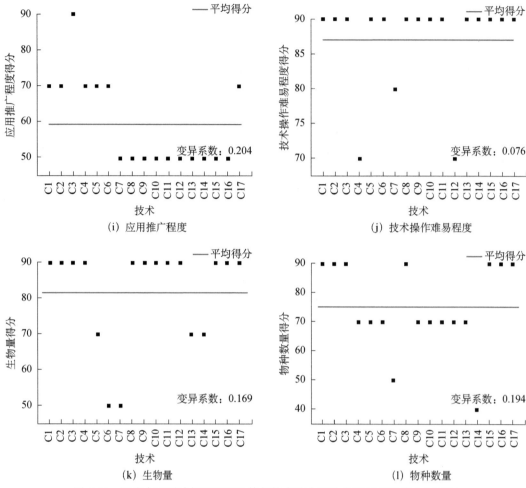

图 4-21　河流大型洲滩与河口湿地修复技术综合评估指标层指标值分布情况

氨氮浓度与物种数量，以及 COD 浓度之间具有中等相关性，但氨氮浓度与物种数量和 COD 浓度之间负相关的原因难以做出合理判断。可能的原因是氨氮来自植物体的腐败分解，或者这些指标之间并无直接联系，因此建议保留。生态类群与应用推广程度中等相关，尚不明确其中的联系，建议保留。

表 4-19　河流大型洲滩与河口湿地修复技术评估指标的斯皮尔曼相关分析

指标	运行管理难易程度	应用推广程度	技术操作难易程度	生物量	物种数量	COD浓度	氨氮浓度	植被覆盖率	生态类群	建设成本	维护成本	经济收益
运行管理难易程度	1	−0.18	0.688**	−0.29	0.03	−0.32	−0.02	−0.32	−0.29	0.42	0.39	−0.06
应用推广程度	−0.18	1	0.07	0.03	0.36	−0.03	−0.520*	−0.28	0.574*	0.17	−0.28	−0.04
技术操作难易程度	0.688**	0.07	1	0.05	0.40	−0.12	−0.45	0.01	−0.19	0.42	0.39	−0.41

续表

指标	运行管理难易程度	应用推广程度	技术操作难易程度	生物量	物种数量	COD浓度	氨氮浓度	植被覆盖率	生态类群	建设成本	维护成本	经济收益
生物量	-0.29	0.03	0.05	1	0.646**	0.04	-0.34	0.516*	0.02	-0.46	0.19	0.02
物种数量	0.03	0.36	0.40	0.646**	1	-0.14	-0.595*	0.25	0.01	-0.17	0.04	-0.42
COD浓度	-0.32	-0.03	-0.12	0.04	-0.14	1	0.543*	-0.09	0.33	0.30	-0.09	0.08
氨氮浓度	-0.02	-0.520*	-0.45	-0.34	-0.595*	0.543*	1	-0.28	-0.05	0.18	0.13	0.25
植被覆盖率	-0.32	-0.28	0.01	0.516*	0.25	-0.09	-0.28	1	-0.20	-0.36	-0.07	-0.24
生态类群	-0.29	0.574*	-0.19	0.02	0.01	0.33	-0.05	-0.20	1	0.16	-0.28	-0.10
建设成本	0.42	0.17	0.42	-0.46	-0.17	0.30	0.18	-0.36	0.16	1	-0.10	0.00
维护成本	0.39	-0.28	0.39	0.19	0.04	-0.09	0.13	-0.07	-0.28	-0.10	1	-0.19
经济收益	-0.06	-0.04	-0.41	0.02	-0.42	0.08	0.25	-0.24	-0.10	0.00	-0.19	1

*相关性在 0.05 水平上显著（双侧）；**相关性在 0.01 水平上显著（双侧）。

通过对指标选取过程的检验与分析，最终得到的指标体系如图 4-22 所示，共 12 个指标。

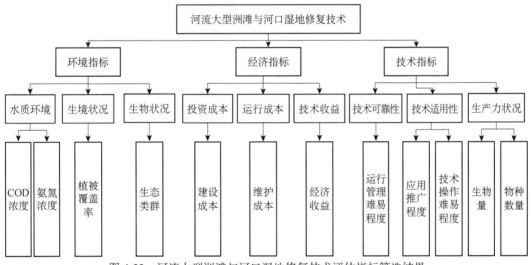

图 4-22　河流大型洲滩与河口湿地修复技术评估指标筛选结果

2. 标杆值的先进性

通过文献检索调查标杆值的最大值，对评估指标标杆值的先进性进行实证，具体见表 4-20。根据《地表水环境质量标准》（GB 3838—2002），I 类水体氨氮浓度≤0.15mg/L，COD 浓度≤15mg/L，标杆取值合理。对于定性指标，由于赋值方法涉及的标杆区间范围较为广泛，尽管标杆值范围合理，却不易操作，难以准确赋值，可进一步细化标杆范围。

表 4-20 河流大型洲滩与河口湿地修复技术标杆值实证

D 层指标		标杆值	文献调查标杆值
运行管理难易程度（D1）	定性	技术简单，自动运行无需额外人工管理（简易）	合理
应用推广程度（D2）	定性	技术具有广泛的适用性，易普及推广，已在不同流域中应用（跨流域推广）	合理
技术操作难易程度（D3）	定性	技术简单，易操作（简易）	合理
生态类群（植物、底栖、鱼类、鸟类、浮游生物）（D4）	定性	技术实施后涉及 5 个生态类群及以上，群落结构完整而丰富（5 类群及以上）	合理
氨氮浓度（D5）	mg/L	0.15	0.15
物种数量（D6）	定性	技术实施后现场物种数量显著升高（丰富）	丰富
生物量（D7）	定性	技术实施后现场生物量明显升高（高）	生物量明显升高
建设成本（D8）	定性	技术建设成本低，易施工，损耗小（低）	合理
维护成本（D9）	定性	技术维护成本低，无需额外投入（低）	维护成本低
经济收益（D10）	定性	技术创收效益高（高）	技术创收效益高
COD 浓度（D11）	mg/L	15	15
植被覆盖率（D12）	%	100%	100

3. 权重的合理性

根据河流大型洲滩与河口湿地修复技术 17 个技术支撑点 C1～C17 的要素层、准则层和目标层的评估得分，开展极差分析，判断数据离散度，见图 4-23～图 4-25。由图 4-23可知，各层级指标变异系数的中位数均大于 0.1，说明在指标层设置合理的情况下，权重的赋值合理。

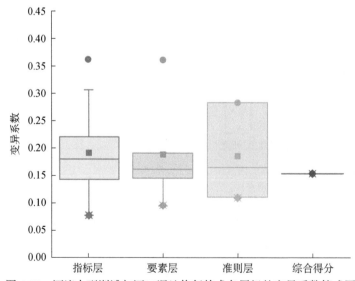

图 4-23 河流大型洲滩与河口湿地修复技术各层级的变异系数箱式图

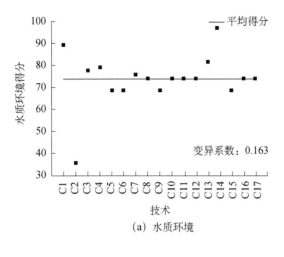

（a）水质环境

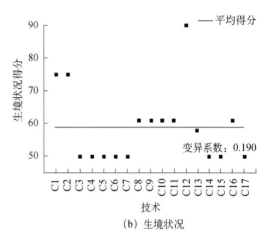

（b）生境状况

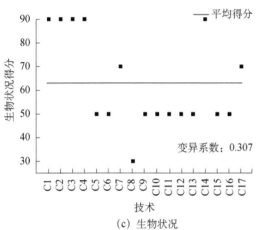

（c）生物状况

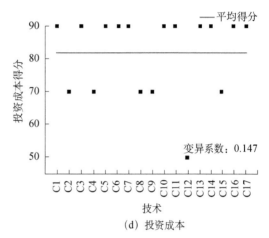

（d）投资成本

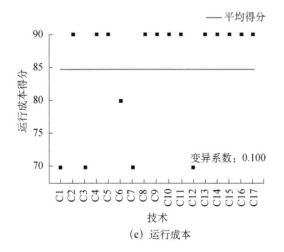

（e）运行成本

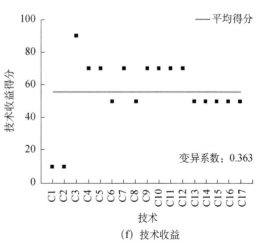

（f）技术收益

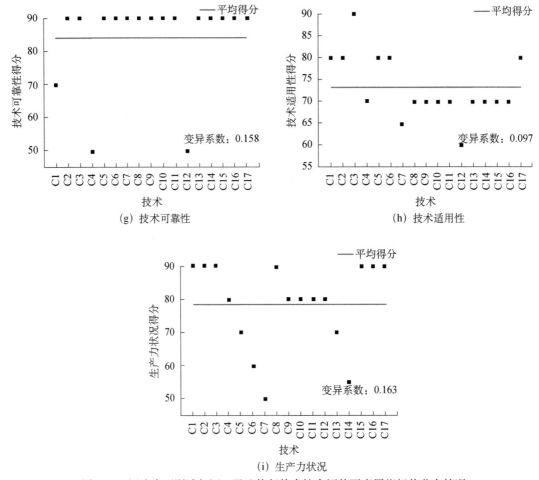

图 4-24 河流大型洲滩与河口湿地修复技术综合评估要素层指标值分布情况

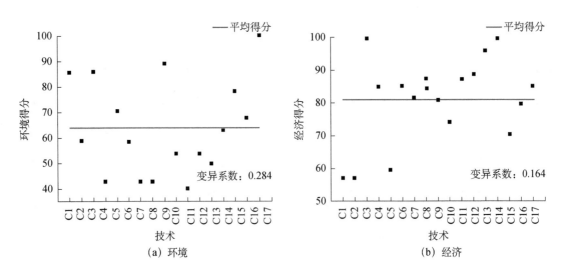

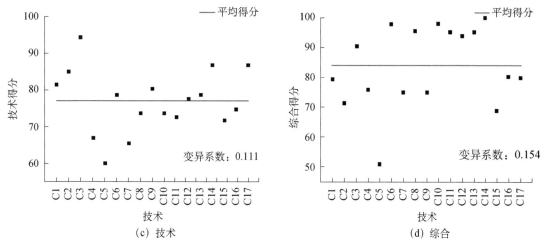

图 4-25　河流大型洲滩与河口湿地修复技术综合评估准则层和目标层综合得分的分布情况

　　按照指标体系代表性检验，去掉个别指标后，需要重新设置指标权重。按照 3.5 节计算与分析，采用熵权法计算指标层指标权重，层次分析法计算准则层、要素层指标权重。将准则层、要素层和指标层各指标的权重汇总，见表 4-21。

表 4-21　河流大型洲滩与河口湿地修复技术综合评估各层指标权重汇总

准则层	准则层权重	要素层	要素层权重	指标层	指标层权重
环境指标	0.332	水质环境	0.500	COD 浓度	0.507
				氨氮浓度	0.493
		生境状况	0.251	植被覆盖率	1.000
		生物状况	0.249	生态类群	1.000
经济指标	0.248	投资成本	0.334	建设成本	1.000
		运行成本	0.333	维护成本	1.000
		技术收益	0.333	经济收益	1.000
技术指标	0.420	技术可靠性	0.183	运行管理难易程度	1.000
		技术适用性	0.410	应用推广程度	0.506
				技术操作难易程度	0.494
		生产力状况	0.407	生物量	0.500
				物种数量	0.500

4. 评估方法的可操作性

　　通过实地调研走访位于辽宁省沈阳市某河河口人工湿地，收集到该人工湿地监测数据，得到受损河流修复技术综合评估相关指标原始数据，依据原始数据得到指标赋值情况如下。

　　运行管理难易程度：定期收割及补植植物及其他水生植物，运行管理难度简单。

　　应用推广程度：技术具有广泛的适用性，较易普及推广，已在同一流域中应用。

技术操作难易程度：人工湿地采用潜流和表流相结合的湿地处理技术，技术简单，易操作（简易）。

生物量：技术实施后现场生物量明显升高。

物种数量：技术实施后现场物种数量显著升高（丰富）。

COD 浓度：监测周期内 COD 浓度平均值为 38.58mg/L。

氨氮浓度：监测周期内氨氮浓度平均值为 10.23mg/L。

植被覆盖率：工程实施后植被覆盖率提升到 75%。

生态类群：技术实施后涉及 5 个生态类群及以上，群落结构完整而丰富（5 类群及以上）。

建设成本：技术建设成本较低，较易施工，损耗较小（较低）。

维护成本：技术维护成本低，无需额外投入。

经济收益：无技术创收效益。

依据 3.5 节计算与分析，按上述河流大型洲滩与河口湿地修复技术的综合评估指标体系开展综合评估，各指标得分见表 4-22。要素层得分如下：水质环境 35.83 分、生境状况 75.00 分、生物状况 90.00 分、投资成本 70.00 分、运行成本 90.00 分、技术收益 10.00 分、技术可靠性 90.00 分、技术适用性 79.89 分、生产力状况 90.00 分。准则层得分如下：环境指标 59.11 分、经济指标 56.67 分、技术指标 85.85 分。综合评估得分为 70.36 分。要素层和准则层雷达图如图 4-26 所示。

表 4-22　辽宁省沈阳市某河口人工湿地综合评估得分情况

目标层	综合评估得分	准则层	得分	要素层	得分	指标层	得分
辽宁省沈阳市某河口人工湿地	70.36	环境指标	59.11	水质环境	35.83	COD 浓度	31.00
						氨氮浓度	41.00
				生境状况	75.00	植被覆盖率	75.00
				生物状况	90.00	生态类群	90.00
		经济指标	56.67	投资成本	70.00	建设成本	70.00
				运行成本	90.00	维护成本	90.00
				技术收益	10.00	经济收益	10.00
		技术指标	85.85	技术可靠性	90.00	运行管理难易程度	90.00
				技术适用性	79.89	应用推广程度	70.00
						技术操作难易程度	90.00
				生产力状况	90.00	生物量	90.00
						物种数量	90.00

5. 评估结果的可靠性

1）评估目标的可达性分析——助力技术推广

图 4-27 为河流大型洲滩与河口湿地修复技术环节 17 个技术支撑点要素层得分雷达图。由图 4-27 可知，河流大型洲滩与河口湿地修复技术环节在生物状况、技术适用性、

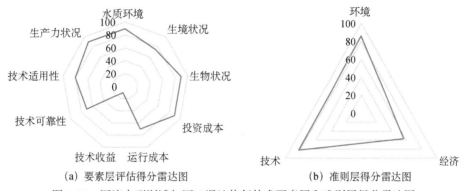

（a）要素层评估得分雷达图　　　（b）准则层得分雷达图

图 4-26　河流大型洲滩与河口湿地修复技术要素层和准则层得分雷达图

技术可靠性、运行成本方面表现突出。对于要求运行成本低、技术适用性、生物与生境状况高的场景，C1、C3、C5 技术支撑点有较强的适用性。

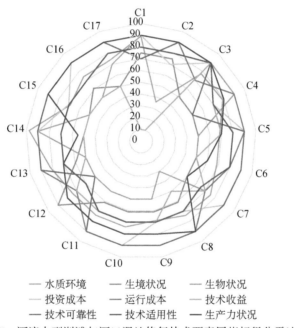

—— 水质环境　　　—— 生境状况　　　—— 生物状况
—— 投资成本　　　—— 运行成本　　　—— 技术收益
—— 技术可靠性　　—— 技术适用性　　—— 生产力状况

图 4-27　河流大型洲滩与河口湿地修复技术要素层指标得分雷达图

2）评估目标的可达性分析——研判发展趋势

图 4-28 为河流大型洲滩与河口湿地修复技术环节 17 个技术支撑点准则层得分雷达图。由图 4-28 可知，多数河流大型洲滩与河口湿地修复技术支撑点在三个维度上的得分情况是经济>技术>环境。该类技术在经济方面优势明显，但在环境方面尚有较大发展空间。

3）评估目标的可达性分析——引导技术集成

对 17 个河流大型洲滩与河口湿地修复技术支撑点的综合评估结果排序，见图 4-29。

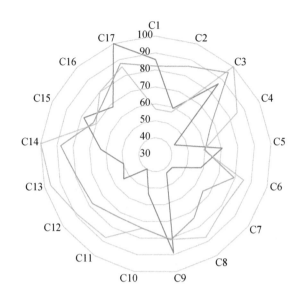

—环境 — 经济 — 技术

图 4-28 河流大型洲滩与河口湿地修复技术准则层得分雷达图

该技术环节中不同技术支撑点的综合评估结果差异较大，说明其工程运行效果也存在明显差异。C14 技术支撑点的综合评估得分接近 100 分，C6、C8、C10～C13 技术支撑点得分在 90 分以上，上述技术具有非常明显的技术优势。C5 的综合表现较弱，在技术、经济、环境维度上均表现不佳，不建议在将来的污染治理工程中采用。由此可见，水污染治理技术综合评估方法有利于从多维度上筛选优势技术，便于技术的集成与凝练。综合评估结果可为技术选择、技术集成、技术预测提供参考依据。

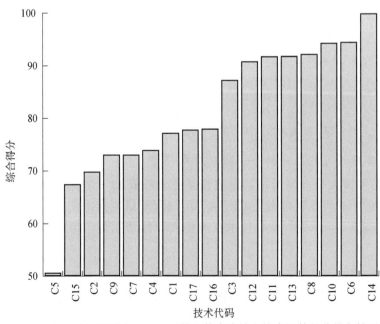

图 4-29 河流大型洲滩与河口湿地修复技术支撑点综合评估得分排名情况

4.4.2 受损湖泊修复技术系列

1. 湖滨带与缓冲带修复技术

1）指标体系的代表性

湖滨带与缓冲带修复技术综合评估指标体系共设置 14 个指标层指标，其中 4 个为可替代指标。依据 2.4 节指标筛选方法，通过频度分析、重要性判断、可测性判断、可比性检验，检查指标体系的代表性，结果见表 4-23。通过检验与分析，指标体系设置合理。

表 4-23　湖滨带与缓冲带修复技术指标筛选结果

序号	指标名称	频度分析	重要性判断	可测性判断	可比性检验	指标合理性
1	技术就绪度	176	++	可测	0.063	√
2	运行管理难易程度	27	++	可测	0.071	√
3	大规模推广难易程度	26	++	可测	0.100	√
4	水力负荷	1339	++	可测	0.076	√
5	植物成活率*	147	++	可测	—	√
6	岸坡/基底稳定性	417	+++	可测	0.069	√
7	建设费用	82	+++	可测	0.100	√
8	运行维护费用	83	+++	可测	0.106	√
9	TN 去除率*	180	+++	可测	—	√
10	TP 去除率	76	+++	可测	0.106	√
11	水生植被覆盖率（湖滨带）*	22	+++	可测	—	√
12	陆生植被覆盖率（缓冲带）	22	+++	可测	0.067	√
13	生物多样性提升率*	29	++	可测	—	√
14	本土物种增加率	0	++	可测	—	√

*表示该指标为可替代指标。

利用建立的湖滨带与缓冲带修复技术综合评估指标体系、权重和标杆，计算全国该技术环节的 25 个技术支撑点的基础数据，得到综合评估指标得分。选取 10 个指标层指标开展极差分析，计算各指标变异系数，如图 4-30 所示。分析发现，指标层指标技术就绪度、运行管理难易程度、岸坡/基底稳定性水生植被覆盖率（湖滨带）、本土物种增加率和水力负荷的变异系数小于 0.1，需要调整指标的赋值标准。其余指标的变异系数均大于等于 0.1，评估结果的离散度较大，可以用于描述其同类技术不同实施工程的指标特征。

利用 SPSS 软件，对湖滨带与缓冲带修复技术 25 个技术支撑点的综合评估指标得分开展斯皮尔曼相关分析，得到表 4-24。通过分析发现，技术就绪度与植物成活率和运行管理难易程度显著相关，但是鉴于无从分析指标之间的相互关系，予以保留。

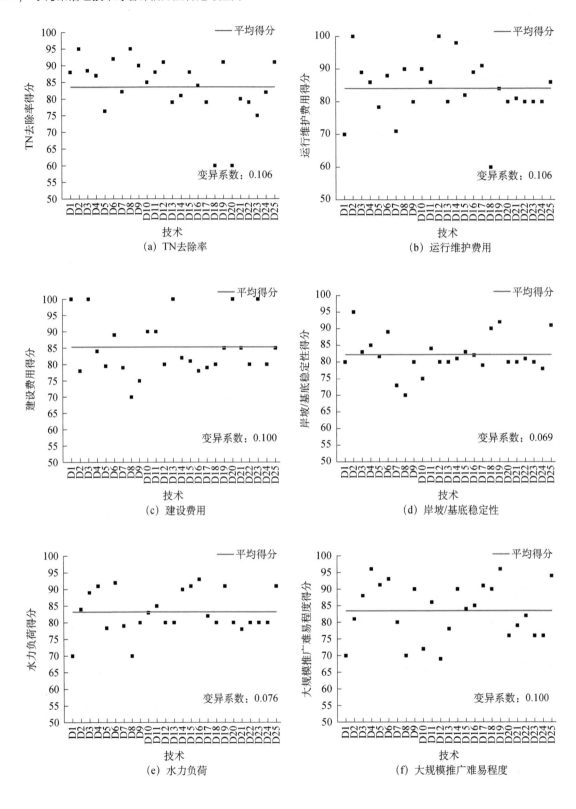

(a) TN去除率

(b) 运行维护费用

(c) 建设费用

(d) 岸坡/基底稳定性

(e) 水力负荷

(f) 大规模推广难易程度

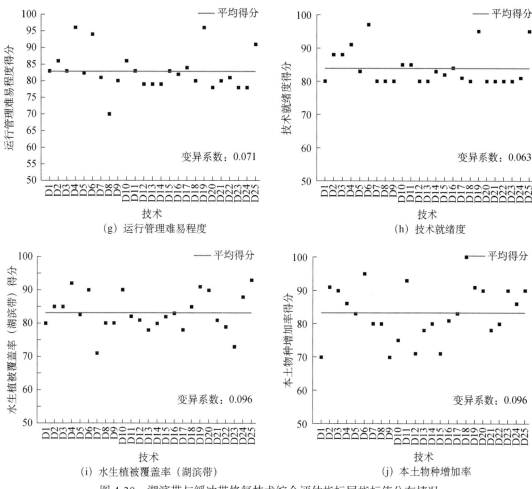

图 4-30　湖滨带与缓冲带修复技术综合评估指标层指标值分布情况

本土物种增加率与很多指标相关，不建议采用。

去掉本土物种增加率指标后，个别指标仍存在相关性，如植物存活率与大规模推广难易程度、运行管理难易程度等，其相关性的原因尚不能很好分析。因此，建议保留。最终得到的指标体系如图 4-31 所示，共 9 个指标。

表 4-24　湖滨带与缓冲带修复技术评估指标的斯皮尔曼相关分析

指标	技术就绪度	运行管理难易程度	大规模推广难易程度	植物存活率	岸坡/基底稳定性	建设费用	运行维护费用	TN去除率	陆生植被覆盖率（缓冲带）	本土物种增加率
技术就绪度	1	0.789**	0.638**	0.807**	0.653**	0.11	0.481*	0.477*	0.707**	0.492*
运行管理难易程度	0.789**	1	0.615**	0.615**	0.597**	0.10	0.25	0.421*	0.512**	0.26
大规模推广难易程度	0.638**	0.615**	1	0.598**	0.673**	−0.12	0.05	0.07	0.38	0.477*

续表

指标	技术就绪度	运行管理难易程度	大规模推广难易程度	植物存活率	岸坡/基底稳定性	建设费用	运行维护费用	TN去除率	陆生植被覆盖率（缓冲带）	本土物种增加率
植物存活率	0.807**	0.615**	0.598**	1	0.639**	0.11	0.499*	0.33	0.537**	0.38
岸坡/基底稳定性	0.653**	0.597**	0.673**	0.639**	1	0.10	0.11	0.27	0.565**	0.582**
建设费用	0.11	0.10	−0.12	0.11	0.10	1	−0.17	−0.18	0.18	0.12
运行维护费用	0.481*	0.25	0.05	0.499*	0.11	−0.17	1	0.535**	0.18	0.03
TN去除率	0.477*	0.421*	0.07	0.33	0.27	−0.18	0.535**	1	0.30	−0.03
陆生植被覆盖率（缓冲带）	0.707**	0.512**	0.38	0.537**	0.565**	0.18	0.18	0.30	1	0.529**
本土物种增加率	0.492*	0.26	0.477*	0.38	0.582**	0.12	0.03	−0.03	0.529**	1

*相关性在 0.05 水平上显著（双侧）；**相关性在 0.01 水平上显著（双侧）。

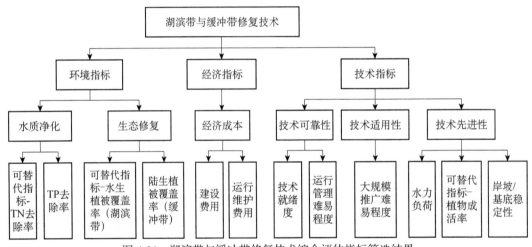

图 4-31　湖滨带与缓冲带修复技术综合评估指标筛选结果

2）标杆值的先进性

通过文献调查湖滨带与缓冲带修复技术定量指标的最大值，开展标杆值先进性实证，见表 4-25。依据《水专项研发技术成果评估方法指导意见》对技术创新类型、技术就绪度的分区段赋值要求，技术创新类型的标杆值为原始创新，技术就绪度的标杆值为 9 级，标杆值合理。运行管理难易程度与大规模推广难易程度为定性指标，标杆区间合理。表面流人工湿地水力负荷可为 0.1m³/(m²·d)，标杆值合理。高植物成活率表明技术稳定性更强，标杆值合理。经济类指标在建设费用、运行费用偏低时，得分较高。TN 最高去除率为 99.9%，TP 去除率为 95.3%，标杆值合理。当水生系统稳定后，水生植被覆盖率（湖滨带）将达 60%以上。陆生植被覆盖率（缓冲带）达到 90%，缓冲带稳定。本土物种增加率应在 200%以上，生物多样性提升率最高可达到 550%。标杆值设置合理。

表 4-25　湖滨带与缓冲带修复技术标杆值实证

D 层指标		10 分	文献调查标杆值
技术就绪度（D1）	定性	9 级	9 级
运行管理难易程度（D2）	定性	技术简单，自动运行无需额外人工管理（简易）	无需人工管理
大规模推广难易程度（D3）	定性	技术具有广泛的适用性，易普及推广，已在不同流域中应用（跨流域推广）	容易普及推广
水力负荷（D4-1）	m³/(m²·d)	≥0.1	0.1
植物成活率（D4-2）	定性	技术实施后植株极易成活	植物易成活
岸坡/基底稳定性（D5）	定性	极稳定	稳定
建设费用（D6）	定性	低	投资低
运行维护费用（D7）	%	低	运行费用低
TN 去除率（D8-1）	%	≥80	
TP 去除率（D8-2）	%	≥80	
水生植被覆盖率（湖滨带）（D9-1）	%	≥60	
陆生植被覆盖率（缓冲带）（D9-2）	%	≥90	
本土物种增加率（D10-1）	%	≥200	
生物多样性提升率（D10-2）	%	≥550	

3）权重的合理性

根据湖滨带与缓冲带修复技术 25 个技术支撑点 D1～D25 的要素层、准则层和目标层的评估得分，开展极差分析，判断数据离散度，见图 4-32。由图 4-32 可知，要素层指标生态修复、经济成本、技术可靠性、技术先进性的变异系数均小于 0.1，这些指标的分值普遍较高，技术支撑点之间综合评估得分无明显区别。鉴于这些指标得分与指标层得分和指标的权重相关，建议优化权重和修订指标的赋分方法。由此可知，该技术准则层和目标层指标变异系数也不能满足要求。

由于湖滨带与缓冲带修复技术的本土物种增加率与指标体系中其他指标的相关性较强，建议在删减该指标后，依据层次分析法和熵权法重新确定权重值，并进一步开展权重合理性分析。

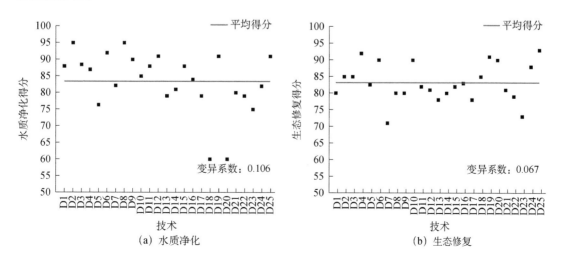

（a）水质净化　　　　　（b）生态修复

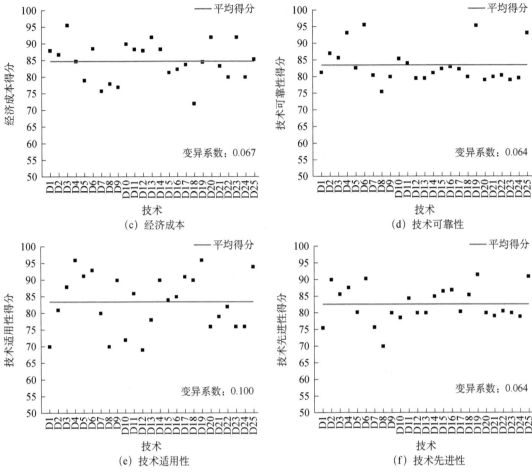

图 4-32　湖滨带与缓冲带修复技术综合评估要素层指标值分布情况

　　重新计算修订后的湖滨带与缓冲带修复技术综合评估指标体系权重。按照 3.5 节计算与分析,采用熵权法计算指标层指标权重,层次分析法计算准则层、要素层指标权重。将准则层、要素层和指标层各指标的权重汇总,见表 4-26。

表 4-26　湖滨带与缓冲带修复技术综合评估各层指标权重汇总

准则层	准则层权重	要素层	要素层权重	指标层	指标层权重
环境指标	0.334	水质净化	0.650	TN 去除率	1.000
		生态修复	0.350	陆生植被覆盖率	1.000
经济指标	0.333	经济成本	1.000	建设费用	0.600
				运行维护费用	0.400
技术指标	0.333	技术可靠性	0.490	技术就绪度	0.550
				运行管理难易程度	0.450
		技术适用性	0.250	大规模推广难易程度	1.000
		技术先进性	0.260	植物成活率	0.450
				岸坡/基底稳定性	0.550

4）评估方法的可操作性

通过实地调研走访江苏省某缓冲带支浜生态拦截示范工程，收集到该示范工程监测数据，得到湖滨带与缓冲带修复技术综合评估相关指标原始数据，依据原始数据得到指标赋值情况如下。

技术就绪度：该示范工程的技术系统已完成工程建设及验收、得到第三方评估认可，并进行了推广应用，技术就绪度当前为 7 级。

运行管理难易程度：定期维护排桩、定期更换基质、定期收割、补植浮床植物及其他水生植物；定期清除垃圾杂草等，运行管理难度一般。

大规模推广难易程度：该示范工程采用的技术系统在"入湖河道乌溪港水环境综合整治工程"等项目中得到推广应用。

植物成活率：该技术系统实施后植株极易成活。

岸坡/基底稳定性：对大坡度、水土和养分流失严重、土壤渗透性差等的支浜边坡进行修复，岸坡/基底稳定性可达到稳定级别。

TN 去除率：对 TN 的去除效果可达到 60% 以上。

陆生植被覆盖率：植被覆盖率在 50%～60%。

建设费用：从一次性投资来看，与地方类似支浜生态化改造工程投资相比，该技术投资低于地方工程投资。

运行维护费用：年维护成本约 0.7 万元/km²，运行维护费用处于中等水平。

依据 3.5 节计算与分析，对各指标赋值得分与相应权重相乘得到各指标评估得分。各指标得分见表 4-27。要素层得分如下：水质净化 90 分、生态修复 90 分、经济成本 80 分、技术可靠性 80 分、技术适用性 80 分、技术先进性 90 分。准则层得分如下：环境指标 90 分、经济指标 80 分、技术指标 82.6 分。综合评估得分为 84.3 分。要素层和准则层雷达图如图 4-33 所示。

表 4-27　江苏省某缓冲带支浜生态拦截示范工程综合评估得分情况

目标层	综合评估得分	准则层	得分	要素层	得分	指标层	得分
江苏省某缓冲带支浜生态拦截示范工程	84.3	环境指标	90	水质净化	90	TN 去除率	90
				生态修复	90	陆生植被覆盖率	90
		经济指标	80	经济成本	80	建设费用	80
						运行维护费用	80
		技术指标	82.6	技术可靠性	80	技术就绪度	80
						运行管理难易程度	80
				技术适用性	80	大规模推广难易程度	80
				技术先进性	90	植物成活率	90
						岸坡/基底稳定性	90

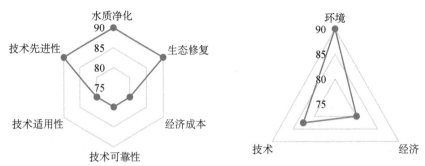

(a) 要素层评估得分雷达图　　　　　　(b) 准则层得分雷达图

图 4-33　湖滨带与缓冲带修复技术要素层和准则层得分雷达图

5）评估结果的可靠性

（1）评估目标的可达性分析——助力技术推广。

图 4-34 是湖滨带与缓冲带修复技术环节在要素层得分雷达图。由图 4-34 可知，湖滨带与缓冲带修复技术在生态修复、经济成本、技术可靠性、技术适用性方面上具有明显优势，在统计 25 个技术支撑点中 D6、D25 表现最好，适用于经济成本较低、水质净化、技术可靠性较高的场景。通过雷达图对比同类技术支撑点在评价指标上的表现，从中选出优秀技术，便于因地制宜的推广应用。

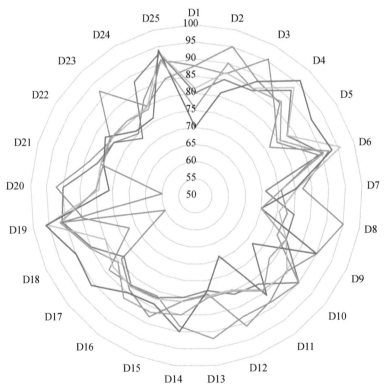

——水质净化　——生态修复　——经济成本　——技术可靠性　——技术适用性　——技术先进性

图 4-34　湖滨带与缓冲带修复技术要素层指标得分雷达图

（2）评估目标的可达性分析——研判发展趋势。

图 4-35 是湖滨带与缓冲带修复技术环节准则层得分雷达图。除个别技术支撑点外，湖滨带与缓冲带修复技术在三个维度的得分情况普遍在 75 分以上，说明该技术在技术、经济、环境上具有普遍优势。

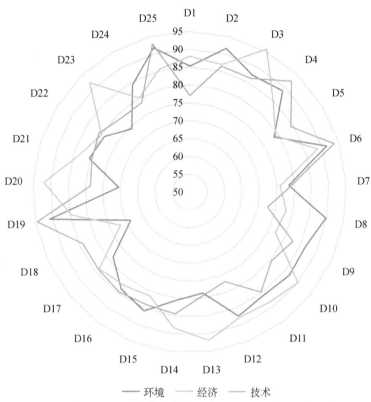

图 4-35　湖滨带与缓冲带修复技术评估工程在准则层得分的雷达图

（3）评估目标的可达性分析——引导技术集成。

对 25 个湖滨带与缓冲带修复技术支撑点的综合评估结果排序，见图 4-36。25 个技术支撑点中，23 个（92%）技术的综合得分超过 80 分，该类技术具有非常好的技术适用性。

2. 湖滨大型湿地建设与水质净化技术

1）指标体系的代表性

湖滨大型湿地建设与水质净化技术综合评估指标体系共设置 10 个指标层指标，其中 2 个为可替代指标。依据 2.4 节指标筛选方法，通过频度分析、重要性判断、可测性判断、可比性检验，检查指标体系的代表性，结果见表 4-28。通过检验与分析，指标体系设置合理。

基于湖滨大型湿地建设与水质净化技术的 25 个技术支撑点的综合评估结果，分别对 8 个指标开展极差分析，计算指标层指标变异系数，结果见图 4-37。分析发现，指标层技

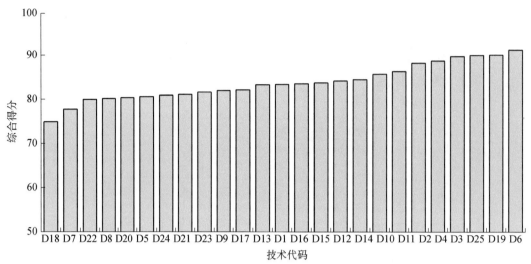

图 4-36 湖滨带与缓冲带修复技术支撑点综合评估得分排情况

术类指标，技术就绪度、运行管理难易程度、大规模推广难易程度的变异系数较小，其赋分标准需要调整。其他指标的变异系数均大于 0.1，评估结果的离散度较大，说明指标的选取和定义能够用于描述同类技术不同实施工程的技术、环境、经济三个维度的具体特征。

表 4-28 湖滨大型湿地建设与水质净化技术指标筛选结果

序号	指标名称	频度分析	重要性判断	可测性判断	可比性检验	指标合理性
1	技术就绪度	176	++	可测	0.087	√
2	运行管理难易程度	27	++	可测	0.079	√
3	大规模推广难易程度	4	++	可测	0.079	√
4	水力负荷	3907	++	可测	0.195	√
5	植被成活率*	32	++	可测	—	√
6	建设费用	82	+++	可测	0.105	√
7	运行维护费用	83	+++	可测	0.144	√
8	TN 去除率	180	+++	可测	0.144	√
9	TP 去除率	76	+++	可测	0.153	√
10	植被恢复率（等效）*	207	++	可测	—	√

*表示该指标为可替代指标，在开展指标体系代表性检验过程中，未选取带*指标。

利用 SPSS 软件，对湖滨大型湿地建设与水质净化技术全国 13 个技术支撑点的综合评估指标得分开展斯皮尔曼相关分析，得到表 4-29。通过分析发现，大规模推广难易程度与运行管理难易程度的 r 值达到 0.796，相关性高。由于大规模推广难易程度是技术适用性指标，运行管理难易程度是技术可靠性指标，评价的侧重点不同，不建议做删减处理。尽管运行维护费用和建设费用之间也具有强相关性，但两者属于经济成本的不同范畴，应予以保留。

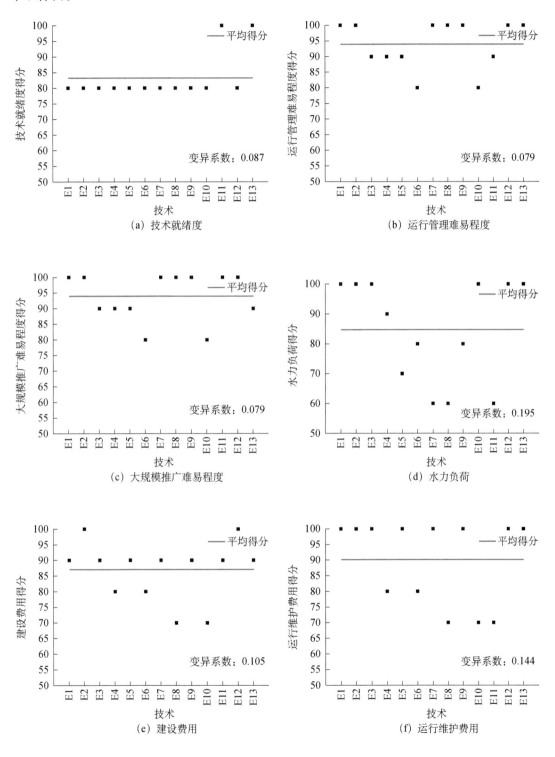

（a）技术就绪度

（b）运行管理难易程度

（c）大规模推广难易程度

（d）水力负荷

（e）建设费用

（f）运行维护费用

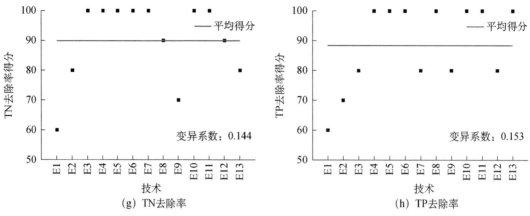

图4-37　湖滨大型湿地建设与水质净化技术综合评估指标层指标值分布情况

表4-29　湖滨大型湿地建设与水质净化技术评估指标的斯皮尔曼相关分析

指标	技术就绪度	运行管理难易程度	大规模推广难易程度	水力负荷	建设费用	运行维护费用	TN去除率	TP去除率
技术就绪度	1	0.03	0.03	−0.09	0.12	−0.16	−0.03	0.38
运行管理难易程度	0.03	1	0.796**	0.05	0.53	0.54	−0.776**	−0.583*
大规模推广难易程度	0.03	0.796**	1	−0.25	0.53	0.25	−0.54	−0.583*
水力负荷	−0.09	0.05	−0.25	1	0.31	0.38	−0.37	−0.40
建设费用	0.12	0.53	0.53	0.31	1	0.760**	−0.39	−0.662*
运行维护费用	−0.16	0.54	0.25	0.38	0.760**	1	−0.44	−0.681*
TN去除率	−0.03	−0.776**	−0.54	−0.37	−0.39	−0.44	1	0.561*
TP去除率	0.38	−0.583*	−0.583*	−0.40	−0.662*	−0.681*	0.561*	1

*相关性在0.05水平上显著（双侧）；**相关性在0.01水平上显著（双侧）。

通过检验与分析，最终得到的指标体系如图4-38所示，共9个指标。

2）标杆值的先进性

通过文献调查湖滨大型湿地建设与水质净化技术定量指标的最大值，开展标杆值先进性实证，见表4-30。依据《水专项研发技术成果评估方法指导意见》对技术创新类型、技术就绪度的分区段赋值要求，技术创新类型的标杆值为原始创新，技术就绪度的标杆值为9级，标杆值合理。运行管理难易程度与大规模推广难易程度为定性指标，标杆区间合理。表面流人工湿地水力负荷可为0.1m³/(m²·d)，标杆值合理。高植物成活率表明技术稳定性更强，标杆值合理。经济类指标在建设费用、运行费用偏低时，得分较高。

TN、TP平均去除率分别为50%、30%，最高分别可达97.3%、57.32%，标杆值合理。

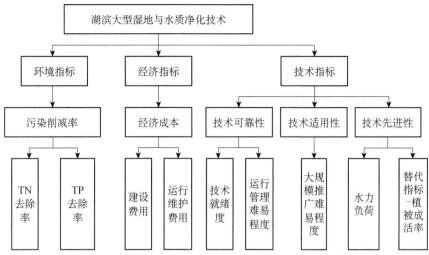

图 4-38　湖滨大型湿地建设与水质净化技术综合评估指标筛选结果

表 4-30　湖滨大型湿地建设与水质净化技术标杆值实证

D 层指标		10 分	文献调查标杆值
技术就绪度（D1）	定性	9 级	9 级
运行管理难易程度（D2）	定性	技术简单，自动运行无需额外人工管理（简易）	操作建议无人工管理
大规模推广难易程度（D3）	定性	技术具有广泛的适用性，易普及推广，已在不同流域中应用（跨流域推广）	易推广
水力负荷（D4-1）	m³/(m²·d)	≥0.1	0.1
植被成活率（D4-2）	定性	技术实施后植株极易成活	植物易成活
建设费用（D5）	定性	低	低
运行维护费用（D6）	定性	低	低
TN 去除率（D7）	%	>40%	97.3
TP 去除率（D8）	%	>50%	57.32
植被恢复率（等效）（D7/8）	%	50	60

3）权重的合理性

根据湖滨大型湿地建设与水质净化技术 13 个技术支撑点 E1～E13 的要素层、准则层和目标层的评估得分，开展极差分析，判断数据离散度。如图 4-39 所示，技术可靠性和技术适用性的变异系数均低于 0.1，原因是指标层技术类指标的赋值标准过于宽泛，导致指标评估得分的离散度不够，具体见技术就绪度、运行管理难易程度、大规模推广难易程度指标的可比性检验（图 4-37）。由此可知，准则层和目标层的离散度也必然不能满足要求。因此，需要重新建立相关指标的赋值标准，并通过层次分析和熵权法重新确定指标权重。

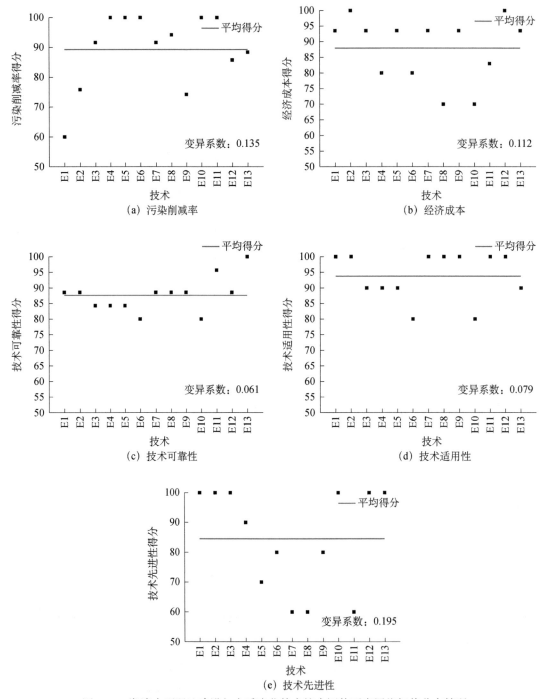

图 4-39　湖滨大型湿地建设与水质净化技术综合评估要素层指标值分布情况

　　依据 3.5 节计算与分析，采用层次分析法计算准则层、要素层指标权重，采用熵权法计算指标层指标权重。将准则层、要素层和指标层各指标的权重汇总，见表 4-31。

表 4-31　湖滨大型湿地建设与水质净化技术综合评估各层指标权重汇总

准则层	准则层权重	要素层	要素层权重	指标层	指标层权重
环境指标	0.410	污染削减率	1.000	TN 去除率	0.580
				TP 去除率	0.420
经济指标	0.220	经济成本	1.000	建设费用	0.650
				运行维护费用	0.350
技术指标	0.370	技术可靠性	0.438	技术就绪度	0.568
				运行管理难易程度	0.432
		技术适用性	0.281	大规模推广难易程度	1.000
		技术先进性	0.281	水力负荷/植被成活率	1.000

4）评估方法的可操作性

通过实地调研走访太湖流域某湖泊草型生态系统恢复和重构技术优化与示范工程，收集该示范工程监测数据，得到湖滨大型湿地建设与水质净化技术综合评估相关指标原始数据，依据原始数据得到指标赋值情况如下。

技术就绪度：该示范工程的技术系统已完成工程建设及验收、得到第三方评估认可，并进行了推广应用，技术就绪度当前为 7 级。

运行管理难易程度：定期维护排桩、定期更换基质、定期清除垃圾杂草等，运行管理难度一般。

大规模推广难易程度：技术具有一定的适用性，易普及推广，已建示范工程。

水力负荷：检测周期内水力负荷平均值为 0.08m³/(m²·d)，达到合理运行范围。

TN 去除率：监测周期内月 TN 平均值为 0.77mg/L，工程实施后示范区 TN 浓度比该湖泊未实施生态修复之前水域 TN 均值（1.35mg/L）降低了 43%。

TP 去除率：监测周期内月 TP 平均值为 0.09mg/L，工程实施后示范区 TP 浓度比该湖泊未实施生态修复之前水域 TP 均值（0.11mg/L）降低了 18%。

建设费用：生态修复及生境条件改善费用低于 80 元/m²，水生植物种植、恢复费用低于 50 元/m²。

运行维护费用：年稳定运行维持管理费低于 10 元/m²。

依据 3.5 节计算与分析，对各指标赋值得分与相应权重相乘得到各指标评估得分。各指标数据值情况综合如表 4-32。要素层得分如下：污染削减率 100 分、经济成本 80 分、技术可靠性 80 分、技术适用性 80 分、技术先进性 90 分。准则层得分如下：环境指标 100 分、经济指标 80 分、技术指标 82.8 分。综合评估得分为 89.24 分。要素层和准则层雷达图如图 4-40 所示。

表 4-32 湖滨大型湿地建设与水质净化技术综合评估得分情况

目标层	综合评估得分	准则层	得分	要素层	得分	指标层	得分
湖滨大型湿地建设与水质净化技术	89.24	环境指标	100	污染削减率	100	TN 去除率	100
						TP 去除率	100
		经济指标	80	经济成本	80	建设费用	80
						运行维护费用	80
		技术指标	82.8	技术可靠性	80	技术就绪度	80
						运行管理难易程度	80
				技术适用性	80	大规模推广难易程度	80
				技术先进性	90	水力负荷/植被成活率	90

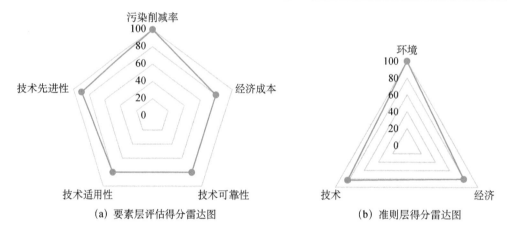

(a) 要素层评估得分雷达图　　　　(b) 准则层得分雷达图

图 4-40 湖滨大型湿地建设与水质净化技术要素层和准则层得分雷达图

5）评估结果的可靠性

（1）评估目标的可达性分析——助力技术推广。

图 4-41 为湖滨大型湿地建设与水质净化技术环节 13 个技术支撑点在要素层指标得分的雷达图。由图 4-41 可知，该类技术在技术先进性、经济成本、技术适用性、技术可靠性方面具有较好表现。共统计 13 个技术支撑点结果可知，E3、E10、E13 技术尤其突出，具有湖滨污染物削减率高、经济成本较低的优势。通过雷达图对比，可以迅速找出同类型技术不同技术支撑点，便于技术的选取。

（2）评估目标的可分析——研判发展趋势。

图 4-42 为湖滨大型湿地建设与水质净化技术环节 13 个技术支撑点在准则层指标得分的雷达图。湖滨大型湿地建设与水质净化工程技术除 E3 外，其他工程应用过程中在技术、经济、环境三个维度上很难同时满足高标准要求，具体见图 4-42。有些工程在环境维度上表现很好，在经济和技术上却不理想；有些技术在经济和技术上表现良好，在经济维度上的得分却相对较低。说明该技术在实施过程中易受运行管理水平和水质情况的影响而不能稳定发挥作用。

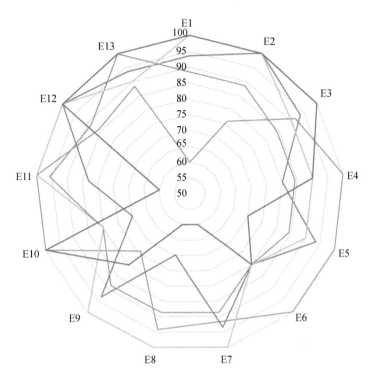

图 4-41 湖滨大型湿地建设与水质净化技术要素层得分雷达图

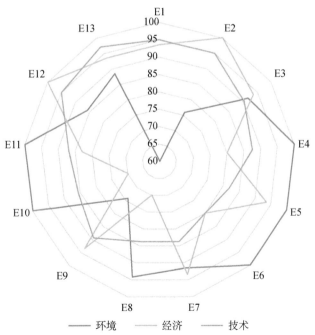

图 4-42 湖滨大型湿地建设与水质净化技术评估工程在准则层得分的雷达图

（3）评估目标的可达性分析——引导技术集成。

对 13 个湖滨大型湿地建设与水质净化技术支撑点的综合评估结果排序，见图 4-43。

所评 13 项技术支撑点普遍具有较高得分，最低得分也达到 80 分，近一半在 90 分以上，说明该技术在湖泊水体修复上具有明显优势，技术、经济、环境综合表现出色。综合评估结果可为技术选择、技术集成、技术预测提供参考依据。

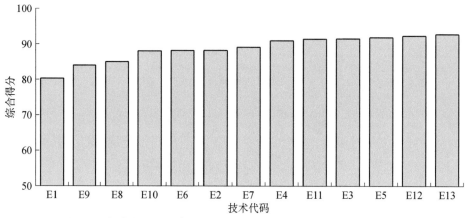

图 4-43　湖滨大型湿地建设与水质净化技术支撑点综合评估得分排名

3. 蓝藻水华控制技术

1）指标体系的代表性

蓝藻水华控制技术综合评估指标体系共设置 10 个指标层指标，其中 2 个为可替代指标。依据 2.4 节指标筛选方法，通过频度分析、重要性判断、可测性判断、可比性检验，检查指标体系的代表性，结果见表 4-33。通过检验与分析，指标体系设置合理。

基于蓝藻水华控制技术全国 6 个技术支撑点的综合评估结果，分别对 8 个指标开展极差分析，计算指标层指标变异系数，结果见表 4-33 和图 4-44。分析发现，建设费用和技术收益 2 个指标的变异系数大于 0.1，适于描述同类技术不同实施工程的技术、环境、经济三个维度的具体特征。其余指标的变异系数均小于 0.1，个别指标甚至很小，技术之间无明显区分，需重新考虑优化指标赋值标准。

表 4-33　蓝藻水华控制技术指标筛选结果

序号	指标名称	频度分析	重要性判断	可测性判断	可比性检验	指标合理性
1	技术就绪度	176	++	可测	0.064	√
2	运行管理难易程度	27	++	可测	0.038	√
3	大规模推广难易程度	4	++	可测	0.054	√
4	叶绿素 a 去除率	0	+++	可测	0.047	√
5	藻泥（饼）含水率*	0	+++	可测	—	√
6	二次污染概率*	0	+++	可测	—	√
7	建设费用	82	+++	可测	0.113	√
8	运行维护费用	83	+++	可测	0.078	√

续表

序号	指标名称	频度分析	重要性判断	可测性判断	可比性检验	指标合理性
9	技术收益	451	++	可测	0.113	√
10	透明度提升率	299	+++	可测	0.086	√

*表示该指标为可替代指标，在开展指标体系代表性检验过程中，技术特异性指标只选取叶绿素 a 去除率作为评价指标。

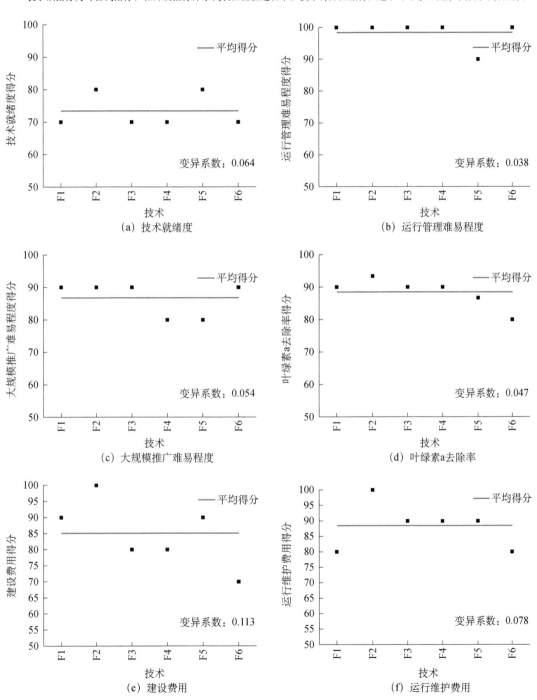

（a）技术就绪度　　（b）运行管理难易程度　　（c）大规模推广难易程度　　（d）叶绿素a去除率　　（e）建设费用　　（f）运行维护费用

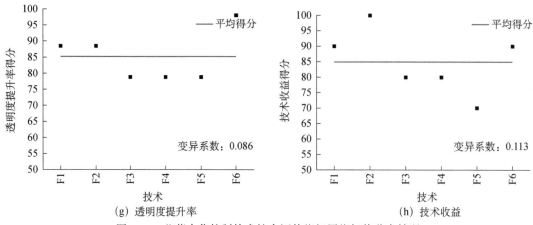

图 4-44　蓝藻水华控制技术综合评估指标层指标值分布情况

利用 SPSS 软件，对蓝藻水华控制技术的全国 6 个技术支撑点的综合评估指标值开展斯皮尔曼相关分析，见表 4-34。通过分析蓝藻水华控制技术的综合评估指标之间的相关性发现，尽管建设费用与技术就绪度，技术收益与大规模推广难易程度和透明度提升率等指标之间的相关性较高，但从指标的定义上无法分析这些指标之间存在的相关关系。因此，相关性高的指标也未被删除。基于此，蓝藻水华控制技术的综合评估指标体系的构建是合理的。

表 4-34　蓝藻水华控制技术评估指标的斯皮尔曼相关分析

指标	技术就绪度	运行管理难易程度	大规模推广难易程度	叶绿素 a 去除率	建设费用	运行维护费用	技术收益	透明度提升率
技术就绪度	1.00	−0.63	−0.25	0.22	0.75**	0.67*	0.00	−0.11
运行管理难易程度	−0.63*	1.00	0.63	0.42	−0.27	−0.14	0.67*	0.42
大规模推广难易程度	−0.25	0.63*	1.00	0.22	0.00	−0.22	0.75**	0.67*
叶绿素 a 去除率	0.22	0.42	0.22	1.00	0.66	0.66*	0.44	−0.16
建设费用	0.75**	−0.27	0.00	0.66*	1.00	0.56*	0.26	−0.08
运行维护费用	0.67*	−0.14	−0.22	0.66*	0.56*	1.00	0.00	−0.45
技术收益	0.00	0.67*	0.75**	0.44	0.26	0.00	1.00	0.81**
透明度提升率	−0.11	0.42	0.67*	−0.16	−0.08	−0.45	0.81**	1.00

*相关性在 0.05 水平上显著（双侧）；**相关性在 0.01 水平上显著（双侧）。

通过检验与分析，最终得到的指标体系如图 4-45 所示，共 8 个指标。

2）标杆值的先进性

通过文献调查蓝藻水华控制技术定量指标的最大值，开展标杆值先进性实证，见表 4-35。依据《水专项研发技术成果评估方法指导意见》对技术创新类型、技术就绪度的分区段赋值要求，技术创新类型的标杆值为原始创新，技术就绪度的标杆值为 9 级，标杆值合理。运行管理难度与大规模推广难易程度为定性指标，标杆区间合理。巢湖蓝藻水华应急项目一期工程年运行 180 天，处理藻水 900 万 m³，对叶绿素 a、总磷的去除率不低于 95%

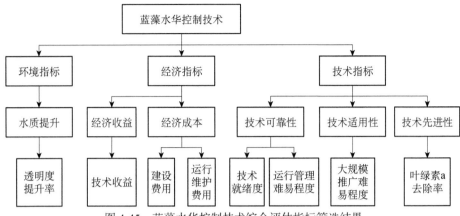

图 4-45 蓝藻水华控制技术综合评估指标筛选结果

和 85%。蓝藻聚集区域开展蓝藻打捞处置工作，由泵机抽吸至船载藻水分离系统，藻浆经絮凝浓缩后固液分离得到藻渣，藻渣经叠螺脱水机进一步脱水形成半固态藻泥（含水率小于 80%）。透明度提升率应不小于 70%。标杆值设置合理。

表 4-35 蓝藻水华控制技术标杆值实证

D 层指标		10 分	文献调查标杆值
技术就绪度（D1）	定性	9 级	9 级
运行管理难易程度（D2）	定性	技术简单，自动运行无需额外人工管理（简易）	无人工管理
大规模推广难易程度（D3）	定性	技术具有广泛的适用性，易普及推广，已在不同流域中应用（跨流域推广）	易普及推广
叶绿素 a 去除率（D4）	%	≥80	95
藻泥（饼）含水率（D4）	%	<85	80
二次污染概率（D4）	定性	低	低
建设费用（D5）	定性	低	低
运行维护费用（D6）	定性	低	低
技术收益（D7）	定性	高	高
透明度提升率（D8）	%	≥70	70

3）权重的合理性

根据蓝藻水华控制技术 6 个技术支撑点 F1～F6 的要素层、准则层和目标层的评估得分，开展极差分析，判断数据离散度，见图 4-46。由图 4-46 可知，除经济收益要素层指标的变异系数大于 0.1 外，水质净化、经济成本、技术可靠性、技术适用性和技术先进性 5 个指标的变异系数均小于 0.1，这些指标的分值普遍较高，技术实施工程之间的区分度不明显。鉴于这些指标得分与指标层得分和指标的权重相关，需重新考虑权重和指标的赋值区间度。由此可知，准则层和目标层指标的离散度也较小，不能满足评估要求。因此，该技术指标体系需要在重新完善相关指标赋分标准的前提下，再次检验权重的合理性。

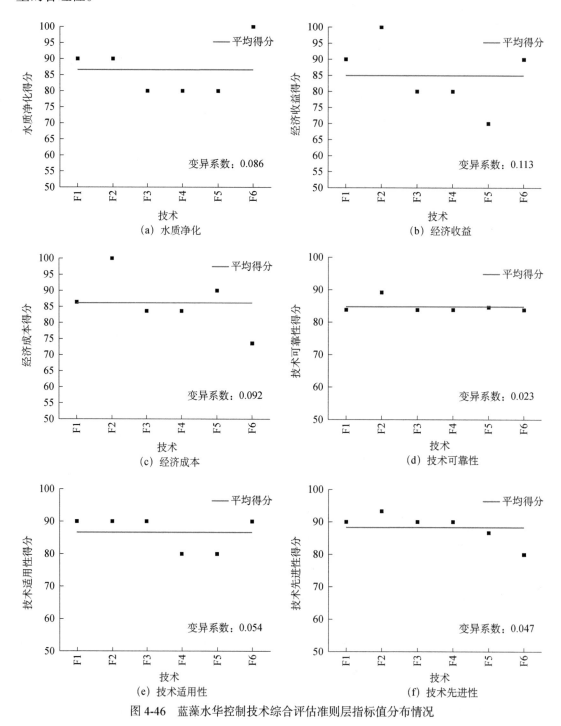

图4-46　蓝藻水华控制技术综合评估准则层指标值分布情况

依据3.5节计算与分析，采用层次分析法计算准则层、要素层指标权重，采用熵权法计算指标层指标权重。将准则层、要素层和指标层各指标的权重汇总，见表 4-36。

表 4-36　蓝藻水华控制技术综合评估各层指标权重汇总

准则层	准则层权重	要素层	要素层权重	指标层	指标层权重
环境指标	0.340	水质提升	1.000	透明度提升率	1.000
经济指标	0.210	经济收益	0.220	技术收益	1.000
		经济成本	0.780	建设费用	0.640
				运行维护费用	0.360
技术指标	0.450	技术可靠性	0.430	技术就绪度	0.540
				运行管理难易程度	0.460
		技术适用性	0.260	大规模推广难易程度	1.000
		技术先进性	0.310	叶绿素 a 去除率	1.000
				藻泥（饼）含水率	
				二次污染概率	

4. 评估方法的可操作性

通过某净化能力增强技术示范工程，收集到该示范工程监测数据，得到蓝藻水华控制技术综合评估相关指标原始数据，依据原始数据得到指标赋值情况如下。

技术就绪度：该示范工程的技术系统已完成工程建设及验收、得到第三方评估认可，并进行了推广应用，技术就绪度当前为 9 级。

运行管理难易程度：难度不大，非自动运行，需人工管理。

大规模推广难易程度：技术具有一定的适用性，易普及推广，已建示范工程。

叶绿素 a 去除率：沿岸带生态修复区示范工程对叶绿素 a 去除率为 24.3%。

透明度提升率：沿岸带生态修复区示范工程中水体的透明度平均提高 35.3%。

技术收益：以实验区内放养鱼类成活率 80%、鲢单价 3.6 元/kg、鳙单价 8 元/kg 计算，去除苗种、人工管理和网具折旧（使用年限为 5 年）等所有成本，可获得总净收益 307 万元，亩①均收益 0.15 万元。

建设费用：工程建设总投资为 240.7 万元。

运行维护费用：该工程日常运行维护费用低。

依据 3.5 节计算与分析，将各指标赋值得分与相应权重相乘得到各指标评估得分。各指标得分见表 4-37。要素层得分如下：水质提升 60 分、经济收益 90 分、经济成本 87.2 分、技术可靠性 90.8 分、技术适用性 80 分、技术先进性 60 分。准则层得分如下：环境类指标 60 分、经济类指标 87.82 分、技术类指标 78.44 分。综合评估得分为 74.14 分。各指标数据值情况综合如表 4-37 和图 4-47 所示。

---

① 1 亩 ≈ 666.67m²。

表 4-37 净化能力增强技术示范工程综合评估得分情况

目标层	综合评估得分	准则层	得分	要素层	得分	指标层	得分
净化能力增强技术	74.14	环境指标	60	水质提升	60	透明度提升率	60
		经济指标	87.82	经济收益	90	技术收益	90
				经济成本	87.2	建设费用	80
						运行维护费用	100
		技术指标	78.44	技术可靠性	90.8	技术就绪度	100
						运行管理难易程度	80
				技术适用性	80	大规模推广难易程度	80
				技术先进性	60	叶绿素 a 去除率	60

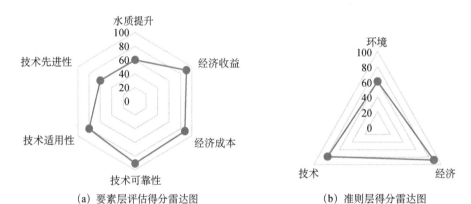

（a）要素层评估得分雷达图   （b）准则层得分雷达图

图 4-47 蓝藻水华控制技术要素层和准则层得分雷达图

5. 评估结果的可靠性

1）评估目标的可达性分析——助力技术推广

图 4-48 是蓝藻水华控制技术环节技术支撑点要素层得分雷达图。由图 4-48 可知，在 6 个技术支撑点中，F6 在经济收益、技术先进性、水质提升、技术可靠性方面优势明显，可适用于对技术要求较高的湖泊水体蓝藻污染控制需求。其他技术支撑点在要素层得分情况也普遍高于 70 分，说明蓝藻水华控制技术在控制湖泊蓝藻方面具有优势，雷达图利于技术比选与技术优势的明确展现。

2）评估目标的可达性分析——研判发展趋势

蓝藻水华控制技术实施工程在三个维度上的得分均超过 75，整体表现较好，具体见图 4-49。在技术维度上发挥稳定，在 5 个技术支撑点上均达到 85 分左右。环境维度上各实施工程有明显差别，3 个技术支撑点的得分在 75 分左右，明显低于 F6 的 100 分，仍然有进一步提升的空间。

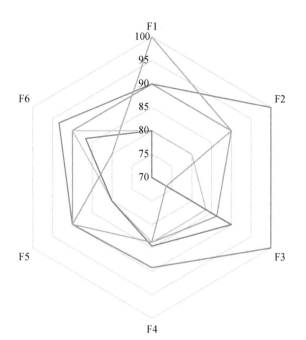

图 4-48　蓝藻水华控制技术要素层得分雷达图

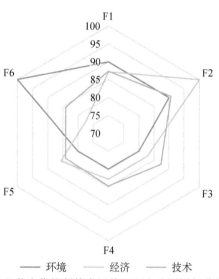

图 4-49　蓝藻水华控制技术评估工程在准则层得分的雷达图

3）评估目标的可达性分析——引导技术集成

对 6 个蓝藻水华控制技术支撑点的综合评估结果排序，见图 4-50。F2 的综合得分达到 92.41 分，具有较大技术优势，其余技术支撑点综合评估得分也均在 80 分以上，且总体差别不大。综合评估方法有利于在整体层面上筛选优势技术，有利于技术的集成与凝练。综合评估结果可为技术选择、技术集成、技术预测提供参考依据。

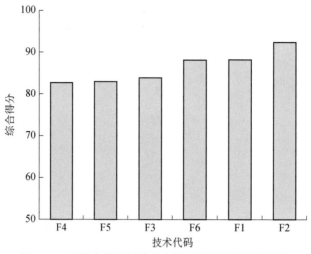

图 4-50 蓝藻水华控制技术支撑点综合评估得分排名

4.5 结论与建议

4.5.1 结论

1. 水污染治理技术综合评估方法具备适用性

本章构建了流域区域关键技术综合评估指标体系和评估方法的实证流程和实证方法。以城镇生活污染控制技术系统中的城镇生活污水处理技术，农业面源污染控制技术系统中的农村生活污水处理技术、受损水体修复技术系统中受损河流修复技术系列中的河流大型洲滩与河口湿地修复技术、受损湖泊修复技术系列中的湖滨带与缓冲带修复技术、湖滨大型湿地建设与水质净化技术、蓝藻水华控制技术为例，开展综合评估指标体系和评估方法的实证与优化，证实了水污染治理技术综合评估方法的指标体系设置流程和评估程序具有可操作性和结果的可靠性，能够为优化集成流域水污染治理实施模式和技术路线图研究提供技术支持。

2. 水污染治理技术综合评估的结论科学

通过实证工作，发现综合评估方法能够反映出所评技术在技术、经济、环境三个维度上的本质特征，说明《水污染治理技术综合评估导则》所制定的评估方法，包括指标的选择，权重和标杆值的确定方法是合理的，从实证的结果与评估结果的一致性上也说明了综合评估方法的可靠性。因此，综合评估的结果是科学的。

4.5.2 建议

由于本书所涉及的水污染治理技术类别和技术环节有限，尚未覆盖到所有技术类别，今后还需要进一步丰富其他技术类别的评价指标体系。此外，尽管本章所实证技术的评估指标体系和指标权重比较合理，但由于个别技术支撑点的数量不够丰富，实证结论仍然存在进一步优化的空间，如指标选取的独立性、指标的赋值标准、权重的大小等尚可随着技术支撑点的增加和评估应用而逐步提高指标体系、标杆、权重的合理性。

方法应用与实践篇

第 5 章　综合评估方法应用

"十一五"至"十三五"期间，水专项等国家重点科研项目在太湖流域、辽河流域、京津冀地区开展了一系列关键技术的研究和示范工程并取得了积极效果。但"十一五"以来水污染治理技术的进步情况、应用情况还需要客观、定量、系统地评估。本章针对典型流域水污染治理技术研发及应用情况，采用"水污染治理技术综合评估方法"通过客观地选取评估数据，定量的数值计算，新颖的结果表现形式，开展了城镇污水、农业面源、水体修复等污染治理技术的综合评估，为同行在水污染治理技术领域开展综合评估提供案例参考，为分析技术短板、总结技术先进性和分析技术的发展情况提供依据。

5.1　受损水体修复技术综合评估应用

5.1.1　城市水体修复技术——水体水质提升技术综合评估应用

1. 工程简介

依托"北京大兴区某湿地工程"开展水体水质提升技术综合评估。根据大兴区某河黑臭水体污染特性，在对河道实施截污治污及内源污染治理工程后，开展湿地工程。湿地工程用于控制农灌沟渠及城区部分流域面源。湿地设计处理规模 2.4 万 m^3/d，湿地面积 14.13 万 m^2。湿地工程采用前置塘+潜流湿地+表流湿地技术，技术流程参见图 5-1。通过引水工程向人工湿地引水，并利用一体化取水泵站在末端进行提水，引入人工湿地。支流经过灌渠、提水泵站、前置塘、一级潜流湿地、二级潜流湿地、垂直湿地和末端表流湿地处理后，流入主河道中。湿地工程共种植芦苇 16451 m^2、千屈菜 15201 m^2、再力花 14042 m^2、黄菖蒲 11043 m^2、香蒲 15081 m^2、花叶芦竹 15133 m^2、水葱 13246 m^2、菖蒲 15360 m^2 和泽泻 12309 m^2。这种湿地系统与自然湿地最接近，污染水体中的绝大部分有机污染物的去除是依靠生长在植物水下部分的茎、秆上的生物膜来完成。国内外相关研究成果表明，岸边带湿地（>20cm 宽）能拦截 85%以上的来自陆源的污染物，减少面源污染对水体的污染。此外，水生植物也通过吸收底质和水体中营养物质净化水体水质，每公顷香蒲、菖蒲年平均去除约 2000kg 氮、约 240kg 磷；每公顷水葱、荷花年平均能去除约 300kg 氮、约 60kg 磷。工程建设前后，湿地运行效果优秀，景观效应明显，工程实施前后效果见图 5-2。

2. 评估指标体系及权重

1）指标体系

水体水质提升技术综合评估指标体系共计 14 个评估指标，详见图 5-3。

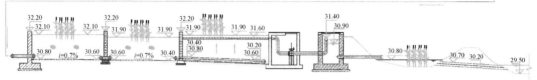

图 5-1　大兴区某湿地工程技术流程图

尺寸单位标高为绝对标高，以 m 计

（a）湿地工程实施前情况图　　　　　　　　（b）湿地工程实施后情况图

图 5-2　大兴区某湿地工程情况图

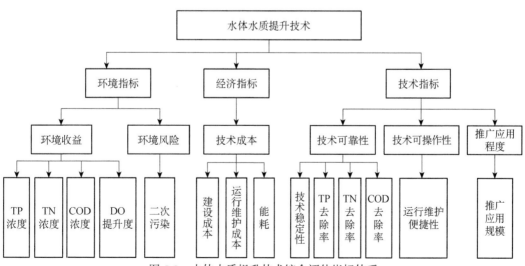

图 5-3　水体水质提升技术综合评估指标体系

2）指标标杆赋值规则

水体水质提升技术标杆赋值规则见表 5-1。

表 5-1　水体水质提升技术标杆赋值规则

指标层指标	0~30分	30~60分	60~80分	80~90分	90~100分	标杆值
技术稳定性（D1）	不稳定 污染物阻断率波动程度>30%	较不稳定 污染物阻断率波动程度25%~30%	一般 污染物阻断率波动程度20%~25%	较稳定 污染物阻断率波动程度15%~20%	稳定 污染物阻断率波动程度<15%	最大值：100 最小值：0
TP 去除率（D2）	<20%	20%~35%	35%~50%	50%~65%	>65%	最大值：100 最小值：0
TN 去除率（D3）	<20%	20%~35%	35%~50%	50%~65%	>65%	最大值：100 最小值：0
COD 去除率（D4）	<20%	20%~35%	35%~50%	50%~65%	>65%	最大值：100 最小值：0
运行维护便捷性（D5）	差	较差	一般	良好	优	最大值：100 最小值：0
推广应用规模（D6）	推广应用案例小于2个	推广应用案例2个	推广应用案例3个	推广应用案例4个	推广应用案例5个及以上	最大值：100 最小值：0
建设成本（D7）	>1000 元/m³	900~1000 元/m³	700~900 元/m³	500~700 元/m³	<500 元/m³	最大值：100 最小值：0
运行维护成本（D8）	高	较高	一般	较低	低	最大值：100 最小值：0
能耗（D9）	高	较高	一般	较低	低	最大值：100 最小值：0
TP 浓度（D10）	>0.5	0.4~0.5	0.3~0.4	0.2~0.3	<0.2	最大值：100 最小值：0
TN 浓度（D11）	>5	4~5	3~4	2~3	<2	最大值：100 最小值：0
COD 浓度（D12）	>60	50~60	40~50	30~40	<30	最大值：100 最小值：0
DO 提升度（D13）	<20%	20%~40%	40%~60%	60%~80%	>80%	最大值：100 最小值：0
二次污染（D14）	严重污染 直接向水体投加药剂引入外来污染	较严重污染 原位修复技术材料引入污染	一般污染 旁路物化处理引入外来污染	微污染 植物死亡引入微量氮磷污染	无污染 不引入任何污染物	最大值：100 最小值：0

3. 评估结果

收集大兴区某湿地工程实施情况资料，得到相关指标的原始数据，依据原始数据得出指标赋值情况如下。

1）技术稳定性

根据收集 2019 年 7 月 1 日至 10 月 15 日水处理前后水质数据进行分析，污染物阻断率波动程度最大为 17%，属于较稳定程度，评分为 82 分。

2）TP 去除率

经咨询湿地运营公司后获得湿地 TP 去除率为 86%，去除率较高，湿地出水浓度可稳定达标，评分为 100 分。

3）TN 去除率

湿地工程进水 TN 浓度为 7.67mg/L，出水 TN 浓度为 4.21mg/L，TN 去除率为 45%，评分为 75 分。

4）COD 去除率

湿地工程 COD 进水浓度范围 156.55～315.28mg/L，COD 出水浓度范围 22.04～38.17mg/L，COD 平均去除率为 88%，评分为 90 分。

5）运行维护便捷性

经咨询湿地工程运营人员，人工湿地的运营工作主要在定期植物的收割与管理，管理难度较低，便于维护，评级为优，评分为 95 分。

6）推广应用规模

人工湿地技术适用非常广泛，是普遍的污水处理技术，使用案例遍布全国。推广应用案例 5 个及以上，评分为 100 分。

7）建设成本

经过现场调研，湿地安装工程费 90.67 万元，设备购置费 580.46 万元，处理规模 2.4 万 m³/d，湿地面积 14.13 万 m²，建设成本为 279 元/m³，建设成本较低，评分为 95 分。

8）运行维护成本

湿地的运行维护费用发生在湿地植物补种、动力费用、人力费用等方面，较其他水体修复技术维护成本低廉，评分为 80 分。

9）能耗

湿地在运营过程中产生的能源消耗主要发生在末端提水段，具体位于湿地东南角设置的一体化取水泵站，设计规模为 2.4 万 m³/d，提升高度为 2.2m。末端提升后，利用湿地之间地势高差，自流入各湿地之间，人工湿地区块间并不涉及能耗。评分为 80 分。

10）TP、TN、COD 浓度

据调查，2019 年度湿地出水水质 TP 浓度为 0.05mg/L，TN 浓度为 0.2mg/L，COD 浓度为 22mg/L。TP 出水浓度<0.2mg/L，TN 出水浓度<2mg/L，COD 浓度<30mg/L，评分为 95 分。

11）DO 提升度

指水体生态功能恢复技术改善的 DO 的增加量。湿地拥有一级潜流湿地、二级潜流湿地、垂直流湿地、表流湿地，水力下降高度为 1m，潜水推流设备对溶解氧浓度提升起到了重要作用，因此，DO 提升度评分为 80 分。

12）二次污染

大兴区湿地工程产生的二次污染在于湿地植物未及时收割时产生的植物残体，经调查人工湿地采用的湿地植物及时收割维护，并未对周边环境产生较多影响，评分为75分。

对各指标赋值得分与相应权重相乘得到各指标评估得分，参见表 5-2。

准则层指标包括技术指标（88.61 分）、经济指标（83.04 分）、环境指标（85.73 分），总评估得分为 86.41 分，综合评估结果见表 5-2，雷达图见图 5-4。

技术类要素指标包括技术可靠性（85.54 分）、技术可操作性（95.00 分）、推广应用程度（100.00 分）；经济类要素指标包括技术成本（83.04 分）；环境类要素指标包括环境收益（90.20 分）、环境风险（75.00 分）。

表 5-2　水体水质提升技术综合评估结果

目标层	综合评估得分	准则层	得分	要素层	得分	指标层	得分
水体水质提升技术	86.41	环境指标	85.73	环境收益	90.20	TP 浓度	95.00
						TN 浓度	95.00
						COD 浓度	95.00
						DO 提升度	80.00
				环境风险	75.00	二次污染	75.00
		经济指标	83.04	技术成本	83.04	建设成本	95.00
						运行维护成本	80.00
						能耗	80.00
		技术指标	88.61	技术可靠性	85.54	技术稳定性	82.00
						TP 去除率	100.00
						TN 去除率	75.00
						COD 去除率	90.00
				技术可操作性	95.00	运行维护便捷性	95.00
				推广应用程度	100.00	推广应用规模	100.00

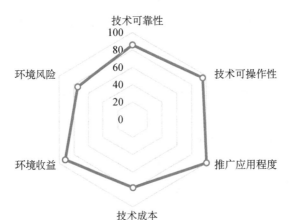

图 5-4　水体水质提升技术要素层得分雷达图

5.1.2 城市黑臭水体整治成套技术综合评估应用

1. 工程简介

依托"天津静海区某黑臭水体整治项目"开展城市黑臭水体整治成套技术综合评估。该工程于 2016～2017 年按照分区域、分水体依次进行水体整治，避免多处施工导致水体整治质量降低。2016 年 12 月至 2017 年 10 月，该工程完成清淤 57501.39m³，铺设截污管道 2647m，新建污水处理站 2 座（规模分别为 100m³/d 和 300m³/d），种植树木 5728 株，绿化 2547.33m³，建造生态浮岛 800m²，新增曝气机 10 台。2017 年 7～8 月，生态净化工程共完成种植沉水植物 14100m²，种植挺水植物 2850m²，种植生态浮岛 1200m²，种植人工水草 10200 束，新增曝气机 10 台。到 2017 年底前静海区该黑臭水体实现河面无大面积漂浮物，河岸无垃圾，无违法排污口；到 2019 年底前该黑臭水体基本得到消除，实现水体无异味、水质有效提升、人居环境明显改善、公众满意度显著提高。

2. 评估指标体系及权重

1）指标体系

城市黑臭水体整治成套技术综合评估指标体系共计 11 个评估指标，见图 5-5。

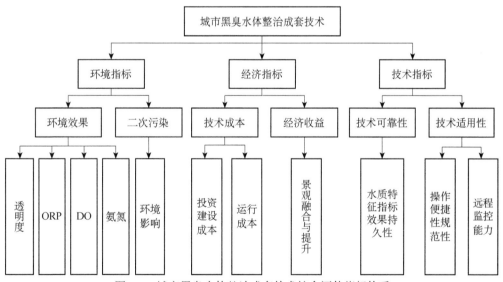

图 5-5 城市黑臭水体整治成套技术综合评估指标体系

2）指标标杆赋值规则

城市黑臭水体整治成套技术标杆赋值规则见表 5-3。

3. 评估结果

该工程的水质评估数据来源于实测数据，其他指标主要来源于住房和城乡建设部城市黑臭水体整治效果评估工作过程中收集的资料。综合评估结果见表 5-4。

表 5-3 城市黑臭水体整治成套技术指标赋值方法及标杆值

准则层	要素层	基本指标	类型	标杆值	0~20分	20~40分	40~60分	60~80分	80~100分
环境指标	环境效果	透明度/cm	定量指标	≥25	<5	[5, 10)	[10, 15)	[15, 25)	≥25
		ORP/mV	定量指标	≥50	<-400	[-400, -200)	[-200, -100)	[-100, 50)	≥50
		DO/(mg/L)	定量指标	≥2.0	<0.1	[0.1, 0.2)	[0.2, 1.0)	[1.0, 2.0)	≥2.0
		氨氮/(mg/L)	定量指标	≤8.0	>20	(15, 20]	(11.5, 15]	(8, 11.5)	≤8.0
	二次污染	环境影响	定性指标	未采取有显著环境影响的工程措施（如不使用微生物增菌剂、不采用曝气增氧，无需清淤）	—	工程实施方案中未考虑环境影响	初步考虑了各种环境影响，并采取了一定的影响防治措施	充分考虑各种环境影响，并采取了合理有效的影响防治措施	未采取有显著环境影响的工程措施（如不使用微生物增菌剂，不采用曝气增氧，无需清淤）
经济指标	技术成本	投资建设成本	定量指标	周期设施投资建设成本在100~200元/m²水面	—	周期设施建设成本高于300元/m²水面，或低于50元/m²水面	周期设施建设成本高于250元/m²水面，或低于75元/m²水面	周期设施建设成本高于200元/m²水面，或低于100元/m²水面	周期设施建设成本在100~200元/m²水面
		运行成本	定量指标	设施运行成本在30~50元/m²水面	—	设施运行成本高于150元/m²水面，或低于10元/m²水面	设施运行成本高于100元/m²水面，或低于20元/m²水面	设施运行成本高于50元/m²水面，或低于30元/m²水面	设施运行成本在30~50元/m²水面
	经济收益	景观融合与提升	定性指标	在水体治理效果良好的基础上，显著提升景观生态功能	无景观生态功能	有一定生态功能，无景观功能	有一定景观生态功能	有较好的景观生态功能	在水体治理效果良好的基础上，显著提升景观生态功能
技术指标	技术可靠性	水质特征指标效果持久性	定量指标	水质特征指标效果保持2年以上，建立长效稳定运行维护机制	—	未形成长效稳定运行维护机制	水质特征指标效果保持半年以上，建立长效稳定运行维护机制	水质特征指标效果保持1年以上，建立长效稳定运行维护机制	水质特征指标效果保持2年以上，建立长效稳定运行维护机制

续表

准则层	要素层	基本指标	类型	标杆值	0~20分	20~40分	40~60分	60~80分	80~100分
		操作便捷性规范性	定性指标	水体整治工程完成后，水体具有了稳定的自净能力，较好的流动性，维护便捷	维护较为复杂，且运行维护操作规程不规范	维护较为复杂，但形成了比较规范的运行维护操作规程	维护较为便捷，形成了比较规范的运行维护操作规程	水体具有了一定的自净能力，较好的流动性，维护便捷，形成了规范的运行维护操作规程	水体整治工程完成后，水体具有了稳定的自净能力，较好的流动性，维护便捷
技术指标	技术适用性	远程监控能力	定性指标	实现所有关键节点（城市水体沿线排污口、雨水排放点，以及潜在污水排放口）的水质在线监测，信息甄别与预报预警，构建智能管控综合平台	无远程监控能力	实现少量关键节点（10%~20%）的水质在线监测，信息甄别与预报预警	实现部分关键节点（20%~50%）的水质在线监测，信息甄别与预报预警	实现较多关键节点（50%以上）的水质在线监测，信息甄别与预报预警	实现所有关键节点（城市水体沿线排污口、雨水排放点，以及潜在污水排放口）的水质在线监测，信息甄别与预报预警，构建智能管控综合平台

表 5-4　城市黑臭水体整治成套技术综合评估结果

目标层	综合得分	准则层	得分	要素层	得分	指标层	得分
城市黑臭水体整治成套技术	78.00	环境指标	76.00	环境效果	100.00	透明度	100.00
						ORP	100.00
						DO	100.00
						氨氮	100.00
				二次污染	60.00	环境影响	60.00
		经济指标	82.50	技术成本	90.00	投资建设成本	80.00
						运行成本	100.00
				经济收益	60.00	景观融合与提升	60.00
		技术指标	74.29	技术可靠性	100.00	水质特征指标效果持久性	100.00
				技术适用性	64.00	操作便捷性规范性	80.00
						远程监控能力	40.00

依托天津静海某黑臭水体整治工程开展技术综合评估，该工程所采用的城市黑臭水体整治成套技术综合评估得分为 78 分，在环境效果、技术可靠性两个要素层得到满分，黑臭水体治理的水质目标已经全部达到，而在二次污染、经济收益两个要素层还存在明显的不足。环境影响、景观融合与提升、远程监控能力等指标存在明显的不足。

5.2　农村生活污水处理技术综合评估应用

1. 工程简介

依托"SBR+砂滤技术"开展农村生活污水处理技术综合评估。农村截污治污工程位于河南省南阳市新野县。全部为地埋式，2020 年 4 月建成投入使用，收集、处理附近 13 户居民、1 座旅游公厕和 1 家农家乐接待饭店产生的生活污水（厕所废水、洗衣废水、沐浴废水、餐厨废水），设计出水水质为河南省《农村生活污水处理设施水污染物排放标准》（DB41/1820—2019）一级标准。

厕所污水、生活杂排水等污水通过管网收集后进入预处理单元（格栅池），去除大部分悬浮物（SS）后进入污泥储存器（厌氧池）。采用气提泵将厌氧池内的污水提升至序批式反应器（SBR）（好氧池）进行生化处理反应后，经沉降阶段完全静止沉淀后，上层清水进入砂滤池进一步过滤后进入清水池，用于绿化回用，反应器内下层多余污泥经气提泵抽出返回污泥储存器（厌氧池）。全部工艺过程只设 2 个单元，曝气、气提和砂滤池冲洗共用同一台高压泵，SBR 装备中配设有组合填料。

2. 评估指标体系及权重

1）指标体系

农村生活污水处理技术综合评估指标体系共计 12 个评估指标，具体见图 5-6。

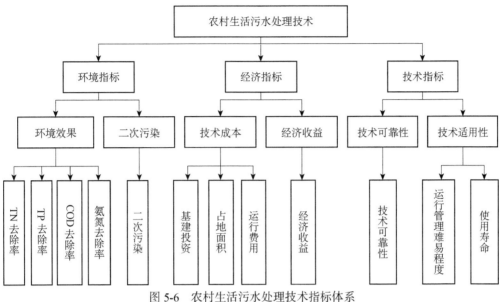

图 5-6　农村生活污水处理技术指标体系

2）指标标杆赋值规则

农村生活污水处理技术标杆赋值规则见表 5-5。

3. 评估结果

收集工程实施情况资料，得到农村生活污水处理技术（改良 SBR+砂滤技术）综合评估相关指标原始数据，依据原始数据得出指标赋值情况如下。

（1）运行管理难易程度：该工程水箱或者污水池内没有可移动的或带电的零部件，也无特别管路、阀门及水泵等易耗或者经常需要检修的产品，基本无需维修或者不需要进入水箱内检修。

（2）使用寿命：该技术模块化安装，设备处理规模 0.45～750m³/d，技术配套的关键设施设备可供正常运行 8～10 年。

（3）技术可靠性：根据出水水质要求，可增设砂滤模块、加碳模块、消毒模块、除臭模块、除磷模块。技术市场成熟度高，技术就绪度可达到 9 级。该技术在河南省信阳市有多处应用案例。

（4）TN 去除率：进水平均水质为 65mg/L，出水设计水质按照河南省《农村生活污水处理设施水污染物排放标准》（DB41/1820—2019）一级标准，TN 出水水质为 5mg/L。TN 去除率为 92.31%。

（5）TP 去除率：进水平均水质为 7mg/L，TP 出水水质为 0.5mg/L。TP 去除率为 92.86%。

表 5-5 农村生活污水处理技术标杆值赋值规则

指标	>90分	80~90分	70~80分	60~70分	<60分	备注	标杆值
运行管理难易程度	管理简单，运维工作量小，日常不需要人为调控，可长期（1个月）自主稳定运行	管理较简单，基本不需要人为调控，可中长期（2周~1个月）保持自主稳定运行	管理难度一般，运维工作量中等，需要同期人为调控，可短期自主（1~2周）保持自主稳定运行	管理较困难，运维工作量较大，需要经常人为调控，仅能保持短期（1周）自主稳定运行	管理困难，运维工作量极大，人为调控频繁，仅能保持极短时间（<1周）自主运行	该指标主要体现在站点的日常运维工作量以及运维频次上	最大值：100 最小值：0
使用寿命	技术配套的关键设施设备可供正常运行10年以上	技术配套的关键设施设备可供正常运行8~10年	技术配套的关键设施设备可供正常运行5~8年	技术配套的关键设施设备可供正常运行3~5年	技术配套的关键设施设备可供正常运行3年及以下	技术配套的关键设施设备指农污治理过程中体现核心技术的设施设备，属于一次性固定投资主体	最大值：100 最小值：0
技术可靠性	①市场成熟度高，有运行超过5年企业的技术；②有成熟的技术保障和支撑，有稳定运行的示范工程；③技术就绪度达到9级	①市场成熟度较高，有运行3~5年企业的技术；②有较成熟的技术保障和支撑，有较为稳定运行的示范工程；③技术就绪度达到8级	①有一定的市场，有运行1~3年的示范工程，有少量技术推广；②处于技术示范阶段，有较为充足的运行数据保障；③技术就绪度达到7级	①有正在运行中的示范工程，暂时未推广；②技术就绪度达到6级	①仅在试验中，还未进行示范；②技术就绪度在5级及以下	①②任意达到即视为满足。专家根据当地区域广规模、市场占有率和实际运行状况酌情增减分	最大值：100 最小值：0
TN去除率	农污处理后满足：①削减95%以上；②最终减效率<15mg/L；③削减效率提升>50%	农污处理后满足：①削减90%~95%；②最终减效15~20mg/L；③削减效率30%~50%	农污处理后满足：①削减80%~90%；②最终减效20~25mg/L；③削减效率20%~30%	农污处理后满足：①削减70%~80%（含）；②最终减效25~30mg/L；③削减效率10%~20%	农污处理后满足：①削减<70%；②最终减效>30mg/L；③削减效率<10%	满足条件之一，其中：①②指从污水源关到达；③指在处理全环节或某个环节应用前后相对于原先的提升效率	最大值：100 最小值：0
TP去除率	农污处理后满足：①削减95%以上；②最终减效<0.5mg/L；③削减效率提升>50%	农污处理后满足：①削减90%~95%；②最终减效0.5~1mg/L；③削减效率30%~50%	农污处理后满足：①削减80%~90%；②最终减效1~2mg/L；③削减效率20%~30%	农污处理后满足：①削减70%~80%；②最终减效2~5mg/L；③削减效率10%~20%	农污处理后满足：①削减<70%；②最终减效>5mg/L；③削减效率<10%	满足条件之一，其中：①②指从污水源关到达；③指在处理全环节或某个环节应用前后相对于原先的提升效率	最大值：100 最小值：0

续表

指标	>90分	80~90分	70~80分	60~70分	<60分	备注	标杆值
COD去除率	农污处理后满足：①削减95%以上；②最终减效率<50mg/L；③削减效率提升>50%	农污处理后满足：①削减90%~95%；②最终减效率50~75mg/L；③削减效率30%~50%	农污处理后满足：①削减80%~90%；②最终减效率75~100mg/L；③削减效率20%~30%	农污处理后满足①削减70%~80%；②最终减效率100~150mg/L；③削减效率10%~20%	农污处理后满足：①削减<70%；②最终减效率>150mg/L；③削减效率<10%	满足条件之一，其中①②指从污水源头到最终处理效果，③指任何处理全环节或某个环节应用全技术后相对于原先的提升效率	最大值：100 最小值：0
氨氮去除率	农污处理后满足：①削减95%以上；②最终减效率<8mg/L；③削减减效率提升>50%	农污处理后满足：①削减90%~95%；②最终减效率8~15mg/L；③削减效率30%~50%	农污处理后满足：①削减80%~90%；②最终减效率15~25mg/L；③削减效率20%~30%	农污处理后满足：①削减70%~80%；②最终减效率25~30mg/L；③削减效率10%~20%	农污处理后满足：①削减<70%；②最终减效率>30mg/L；③削减效率<10%	满足条件之一，其中①②指从污水源头到最终处理效果，③指任何处理全环节或某个环节应用全技术后相对于原先的提升效率	最大值：100 最小值：0
二次污染	在处理过程中，没有额外的污染物排放，污染数据提升<2%	在处理过程中，有微量污染物的排放，污染数据提升2%~5%	在处理过程中，有少量污染物的排放，污染监测数据提升5%~10%	在处理过程中，有一定量污染物的排放，污染监测数据提升10%~20%	在处理过程中，有显著量污染物的排放，污染监测数据提升≥20%	设施运行产生的额外排放，包括：臭气、噪声、额外增加能源产生的温室气体等，会对环境造成二次污染	最大值：100 最小值：0
基建投资	技术平均吨水基建投资≤2000元	2000<技术平均吨水基建投资≤4000元	4000<技术平均吨水基建投资≤6000元	6000<技术平均吨水基建投资≤8000元	技术平均吨水基建投资>8000元	吨水基建投资=点位总投资（设备费+人工费）/设施点位的处理规模，因不同地区技术推广应用的基建投资不同，取技术平均吨水基建投资	最大值：100 最小值：0
占地面积	技术平均吨水占地面积≤1m²	1m²<技术平均吨水占地面积≤2m²	2m²<技术平均吨水占地面积≤4m²	4m²<技术平均吨水占地面积≤6m²	技术平均吨水占地面积>6m²	占地面积指站点技术部分的面积，不包括其他绿植、草坪等空地	最大值：100 最小值：0

续表

指标	>90分	80~90分	70~80分	60~70分	<60分	备注	标杆值
运行费用	技术平均吨水运行费用≤0.25元	0.25<技术平均吨水运行投资≤0.5元	0.5<技术平均吨水运行投资≤0.75元	0.75<技术平均吨水运行投资≤1.0元	技术平均吨水运行投资>1.0元	吨水运行成本=点位总运行成本（固定成本+电费+折旧费）/点位处理规模，因不同地区处理规模、日常运行平均吨水基建投资存在差异，取其平均吨水基建投资	最大值：100 最小值：0
经济收益	技术应用后，无追加环保投入，且有一定的经济收益，无能耗	技术应用后无经济收益，也无追加环保投入，能耗较少，电能消耗低于0.2元/(t·d)	技术应用后无经济收益，也无追加环保投入，能耗中等，电能消耗0.2~0.4元/(t·d)	技术应用后无经济收益，也无追加环保投入，能耗较高，电能消耗0.4~0.8元/(t·d)	技术应用后无经济收益，也很少有直接经济效益产生，能耗很高，电能消耗高于0.8元/(t·d)	农村污水治理往往具有公共产品属性，很少有直接经济效益，所以只能通过分析定经济效益条件来确定经济效益	最大值：100 最小值：0

（6）COD 去除率：进水 COD 平均值为 425mg/L，出水 COD 为 30mg/L。COD 去除率为 92.94%。

（7）氨氮去除率：设计进水氨氮为 47mg/L，出水氨氮为 1.5mg/L，氨氮去除率为 96.81%。

（8）二次污染：厌氧池有少量污泥产生。

（9）基建投资：污水站设计规模 3m³/d，投资约为 4 万元（不含管网）。

（10）占地面积：污水站设计规模 3m³/d，占地面积 12m²。

（11）运行费用：运行成本为 0.55～0.7 元/m³，主要是电费和日常巡检维护费。

（12）经济收益：技术应用后无经济收益，也无追加环保投入，能耗较少，电能消耗低于 0.2 元/m³。

对各指标赋值得分与相应权重相乘得到各指标评估得分。各指标得分如下：运行管理难易程度（95.00 分）、使用寿命（82.00 分）、技术可靠性（96.00 分）、TN 去除率（92.00 分）、TP 去除率（93.00 分）、COD 去除率（93.00 分）、氨氮去除率（97.00 分）、二次污染（85.00 分）、基建投资（58.00 分）、占地面积（70.00 分）、运行费用（78.00 分）和经济收益（82.00 分）。

要素层得分如下：技术适用性（85.24 分）、技术可靠性（96.00 分）、环境效果（94.18 分）、二次污染（85.00 分）、技术成本（68.31 分）和经济收益（82.00 分）。

准则层得分如下：技术指标（87.92 分）、环境指标（91.89 分）、经济指标（71.72 分）。

综合评估得分为 86.27 分。各层级指标得分见表 5-6，雷达图见图 5-7。分析要素层指标发现，改良 SBR+砂滤技术的技术可靠性得分较高，环境效果得分高，在成本上得分较低，评估结果也与现场调研的结果一致。

表 5-6　农村生活污水处理技术综合评估得分

目标层	综合评估得分	准则层	得分	要素层	得分	指标层	得分
农村生活污水处理技术	86.27	环境指标	91.89	环境效果	94.18	TN 去除率	92.00
						TP 去除率	93.00
						COD 去除率	93.00
						氨氮去除率	97.00
				二次污染	85.00	二次污染	85.00
		经济指标	71.72	技术成本	68.31	基建投资	58.00
						占地面积	70.00
						运行费用	78.00
				经济收益	82.00	经济收益	82.00
		技术指标	87.92	技术可靠性	96.00	技术可靠性	96.00
				技术适用性	85.24	运行管理难易程度	95.00
						使用寿命	82.00

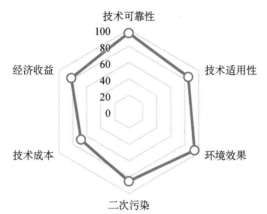

图 5-7　农村生活污水处理技术要素层得分雷达图

第 6 章　综合评估软件开发

综合评估软件是提高评估工作者工作效率，提升技术评估准确度的重要工具。本章从用户权限登录、数据录入、数据计算、数据输出这 4 个评估程序设计综合评估软件。已对 2011～2018 年全国污水处理厂数据进行评估，获取 4 万余条计算结果。通过对软件评估结果统计分析，得到全国不同地理区划城镇污水处理技术水平，获得不同地理区划的适用技术。

6.1　开发流程

基于大数据信息分析技术，建立评估数据库，开发水污染治理技术综合评估软件，可实现数据导入、实时查看评估结果，以雷达图、三维坐标图等形式直观表达评估结果，实时统计分析技术分类、综合得分、单项得分，手机端和 PC 端均可使用。软件开发流程见图 6-1。

6.2　功能介绍

基于综合评估方法，建立的水污染治理技术综合评估软件是对中试规模以上的废水处理技术和水体修复技术在环境、经济、技术领域的综合得分计算系统，该软件可以便捷、准确地完成综合评估得分计算，以数字结果直观展示评估结果。功能表现为：指标计算前原始数据导入、指标原始数据计算、指标数据无量纲化处理、指标层指标得分计算、要素层指标得分计算、准则层得分计算、技术综合得分计算等功能，见图 6-2。

6.3　系统操作流程

6.3.1　建立指标体系

1. 登录管理员账户

打开系统登录界面后，输入管理员用户名和密码，点击"登录"按钮。成功登录后，可进入管理后台界面。

2. 新建评估指标

根据技术领域需要，可建立指标，见图 6-3。

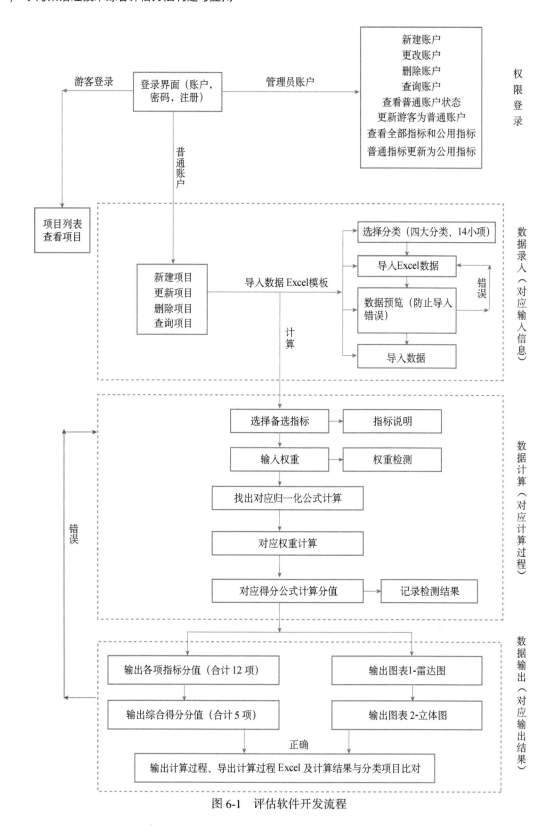

图 6-1 评估软件开发流程

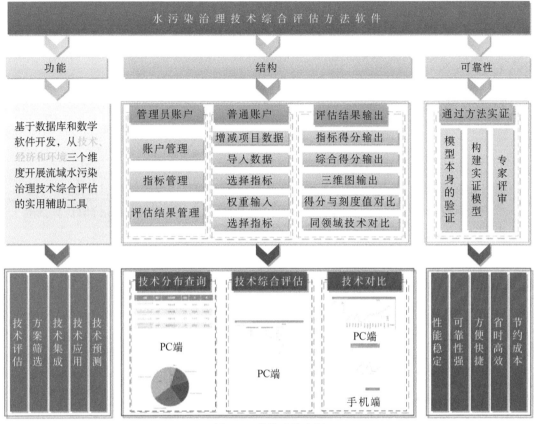

图 6-2 软件功能介绍

1）建立去除率指标

新建指标名称：××去除率。

准则层指标：环境指标。

要素层指标：环境效果。

指定公式：污染物去除率。

新建指标

指标名称	六价铬去除率
准则层指标	环境指标 ▼
要素层指标	环境效果 ▼
指定公式	污染物去除率 ▼
备注	

新建　　取消

图 6-3 新建指标界面

单击新建，如图 6-4 所示。

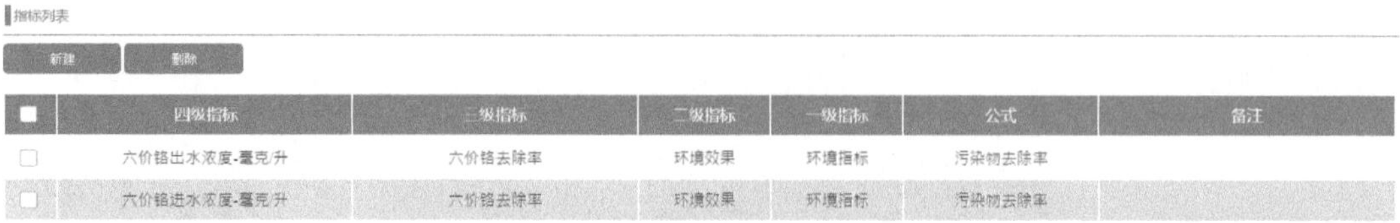

	四级指标	三级指标	二级指标	一级指标	公式	备注
	六价铬出水浓度-毫克/升	六价铬去除率	环境效果	环境指标	污染物去除率	
	六价铬进水浓度-毫克/升	六价铬去除率	环境效果	环境指标	污染物去除率	

图 6-4　新建指标建立成功界面

2）自定义指标建立

根据所需建立的指标输入指标名称、选择对应的准则层指标和要素层指标。

若指标为效益型指标（即正向影响指标，如 COD 去除率、产品直接价值折算数等），所选指定公式为正向影响指标归一化公式，见图 6-5。

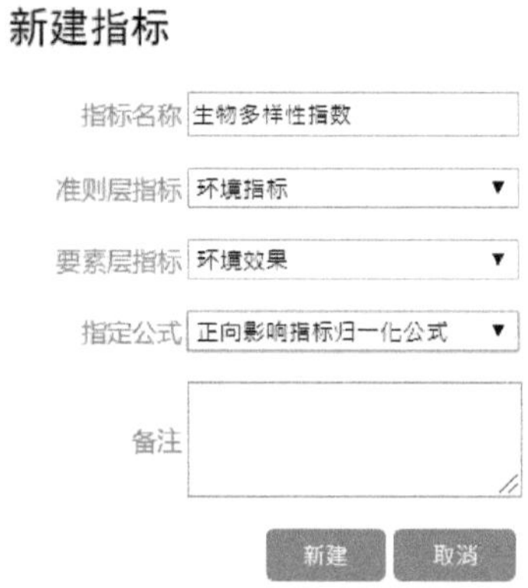

图 6-5　新建自定义指标（正向指标）界面

若指标为成本型指标（即负向影响指标，如工程投资单位折算数、直接运行成本单位折算数），所选指定公式为负向影响指标归一化公式，见图 6-6。

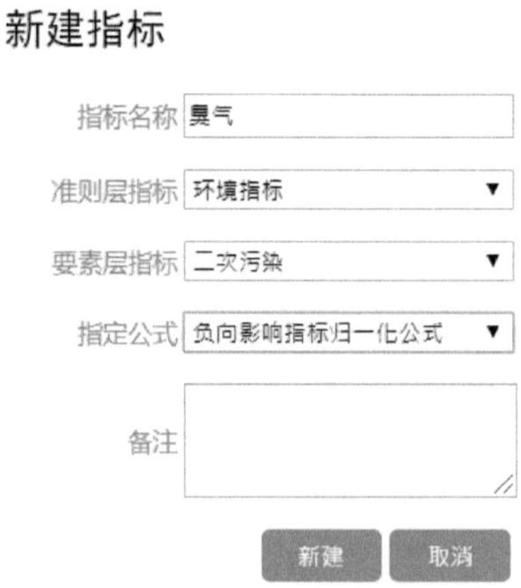

图 6-6　新建自定义指标（负向指标）界面

单击新建，如图 6-7 所示。

图 6-7　新建自定义指标（负向指标）成功界面

3. 新建指标体系

（1）单击子领域后对应的指标数量，即可进入该子技术领域的指标体系界面，如图 6-8 所示。

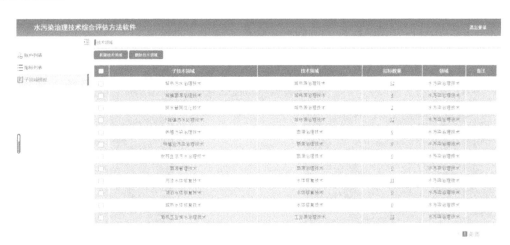

图 6-8　指标体系界面

（2）在"新增指标"中选择需使用的指标进入"原有指标"，从而构建该领域的指标体系，单击确定后，该领域指标体系可使用，如图 6-9 所示。

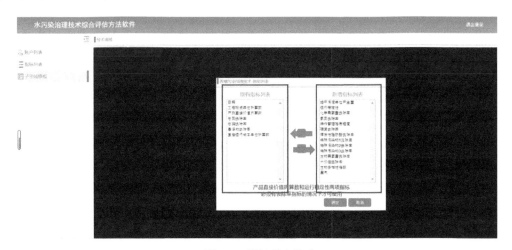

图 6-9　指标列表构建

6.3.2　注册用户

根据注册页提示填入信息即可注册。

6.3.3 项目评估

项目评估流程如图 6-10 所示。

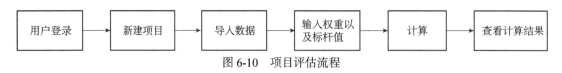

图 6-10 项目评估流程

1）新建项目

根据提示准确填写相关信息，否则会影响模板导入，见图 6-11。

图 6-11 新建项目界面

（1）当使用单项模板导入数据或使用批量模板时，用户未在该技术领域中建立过项目，则在导入前需要新建项目。

（2）当使用批量模板时用户在该技术领域中已新建过项目，则在导入前不需要新建项目。

2）导入数据

需使用固定模板导入，应严格遵循模板版本和格式，否则在导入的过程会产生错误，其中需要注意：

（1）模板中的指标应与该技术领域的指标体系中指标相对应，不可新增、删减或更改；

（2）新子领域模板的结构以及指标名称的字体字符应该与已有的模板保持一致；

（3）模板文件必须保存为 97-03 版本，文件拓展名为.xls；

（4）模板上技术领域名称以及指标名称不能有错别字；

（5）删除模板中指标列时应当删除表格，而不是只删除表格内的文字内容；

（6）注意单项导入模板中指标的单位；

（7）模板上的数据不可有空缺，否则数据不可导入；

（8）批量导入模板中项目信息（包括：项目名称、技术名称、地址）的位置不可随意改动；

（9）由于批量模板和单项模板指标名称和单位须保持一致，批量模板指标单位为月数据单位，用户需以手中的数据单位为准。

3）输入权重以及最大值最小值

（1）初始的最大值和最小值为系统中该子领域所有数据的最大值和最小值，可在此基础上修改为更适宜的标杆值用于评估计算。

（2）根据提示输入权重值，如图 6-12 所示。

图 6-12　权重值输入界面

6.3.4　查看结果

（1）选择项目，如图 6-13 所示。

日期	环境效果	二次污染	技术成本	技术收益	技术可靠性	技术难易度
201401	67.12	94.62	98.98	6.82	100	25
201402	67.12	94.62	98.98	6.82	100	25
201403	67.12	94.62	98.98	6.82	100	25
201404	67.12	94.62	98.98	6.82	100	25
201405	67.12	94.62	98.98	6.82	100	25
201406	67.12	94.62	98.98	6.82	100	25
201407	67.12	94.62	98.98	6.82	100	25
201408	67.12	94.62	98.98	6.82	100	25
201409	67.12	94.62	98.98	6.82	100	25
201410	67.12	94.62	98.98	6.82	100	25
201411	67.12	94.62	98.98	6.82	100	25

要素层指标得分

图 6-13　查看评估结果界面

（2）查看所选项目的要素层得分、准则层得分以及综合得分，如图 6-14 所示。

图 6-14　要素层指标得分界面

（3）可查看该项目评估过程中使用的标杆值和权重值，如图 6-15 所示。

图 6-15　标杆值及权重值查看界面

（4）项目查询及导出。

第一，可在地图上选择省份，查看该省份的项目数量。

第二，单击项目数量的示数后即可查看该省份项目的详细信息。

第三，根据省份筛选后的项目可根据项目名称、技术名称、技术领域等条件继续筛选查询，如图 6-16 所示。

图 6-16　同类技术评估结果查看界面

第四，查询得到项目评估结果可以导出，注意每次导出的项目都为同一子技术领域项目。

（5）系统综合评估结果。

采用综合评估软件可以完成某个技术的综合评估，得到目标层—准则层—要素层—指标层的得分情况，并利用三维坐标图、雷达图对评估结果进行表达，参见图 6-17。

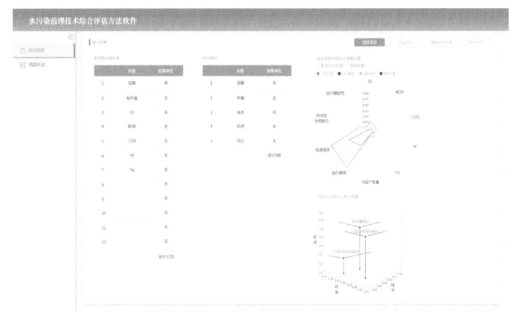

图 6-17　水污染治理技术综合评估结果图

通过本软件可以调取技术评估数据库，查询该项目在全国各地区的分布情况与得分情况。

6.4　综合评估软件在全国城镇污水处理厂技术评估的应用

综合评估软件可便捷、高效地计算大批量数据，通过对全国城镇污水处理厂 2011～2018 年的大批量运行数据评价分析，得到 4 万余条评估数据，采用统计分析、标尺对比等方法，客观反映全国污水处理技术水平，不同地理区划下污水处理技术水平及与全国水平的对比分析，基于技术评估结果与标尺对比，得到不同地理分区和设计规模条件下的适用技术。

6.4.1　全国城镇污水处理技术水平

1）全国城镇污水处理工艺环境指标数据分析

以 2011～2018 年全国城镇污水处理厂环境统计报表中污染物进口、出口浓度，污泥产生量以及污水处理量为基础，分别对 COD 去除率、氨氮去除率、TN 去除率、TP 去除率以及吨水污泥产生量进行计算，得到 A²/O 技术、A/O 技术、MBR 技术、SBR 技术、人工湿地技术、生物滤池技术、生物转盘技术、氧化沟技术和生物接触氧化技术污染物去除率情况以及污泥产生情况，参见表 6-1。

表 6-1　污水处理技术环境指标描述性统计

技术名称	类型	COD 去除率/%	TN 去除率/%	氨氮去除率/%	TP 去除率/%	吨水污泥产生量/（kg/m³）
A²/O	平均值	87.479	69.058	91.609	85.487	0.241
	中位数	89.054	70.182	94.792	89.593	0.140
	标准差	7.011	13.842	9.410	12.573	0.006
	最小值	14.008	1.593	6.047	0.850	0.000
	最大值	99.275	99.629	99.939	99.919	22.690
A/O	平均值	86.041	68.896	88.419	80.927	0.321
	中位数	87.940	71.343	92.053	86.667	0.125
	标准差	8.930	17.118	11.731	17.129	0.010
	最小值	23.846	3.051	19.940	1.163	0.001
	最大值	99.036	99.926	99.926	99.714	15.378
MBR	平均值	88.524	72.407	93.276	87.016	0.300
	中位数	90.260	74.534	96.268	90.813	0.129
	标准差	8.018	14.422	8.906	13.364	0.009
	最小值	3.000	1.781	17.167	5.105	0.000
	最大值	99.728	99.725	99.909	99.700	12.148
SBR	平均值	87.838	69.290	90.744	83.404	0.227
	中位数	88.849	70.894	93.631	86.598	0.126
	标准差	5.954	14.559	9.949	12.953	0.004
	最小值	46.063	0.508	5.991	0.503	0.000
	最大值	98.884	99.318	99.864	99.623	6.880
人工湿地	平均值	82.916	65.316	82.088	77.051	0.117
	中位数	84.483	64.882	84.085	79.310	0.073
	标准差	7.815	14.464	12.870	14.114	0.002
	最小值	45.000	13.529	8.481	18.561	0.000
	最大值	95.826	96.016	99.614	98.800	1.976
生物滤池	平均值	87.274	68.617	90.963	85.919	0.206
	中位数	89.233	70.975	94.077	89.474	0.135
	标准差	7.522	15.778	9.299	11.828	0.003
	最小值	41.181	6.667	37.166	12.000	0.000
	最大值	97.930	97.916	99.956	99.685	6.132
生物转盘	平均值	84.794	67.894	87.648	81.134	0.178

续表

技术名称	类型	COD 去除率/%	TN 去除率/%	氨氮去除率/%	TP 去除率/%	吨水污泥产生量/ （kg/m³）
生物转盘	中位数	86.431	72.144	90.054	84.530	0.112
	标准差	8.679	17.697	10.118	14.353	0.006
	最小值	22.222	3.636	37.303	10.400	0.004
	最大值	97.037	96.862	99.026	99.375	8.823
氧化沟	平均值	86.993	68.714	89.862	81.389	0.201
	中位数	88.257	70.015	92.543	85.108	0.119
	标准差	6.450	14.568	9.731	13.887	0.003
	最小值	44.873	11.111	12.021	3.106	0.000
	最大值	99.211	99.701	99.869	99.766	6.928
生物接触 氧化	平均值	84.465	67.629	84.952	78.422	0.218
	中位数	85.876	68.966	87.505	81.753	0.091
	标准差	7.328	15.654	11.294	16.128	0.814
	最小值	39.623	6.154	20.519	1.095	0.000
	最大值	97.262	99.760	99.760	99.507	10.188

由表 6-1 和图 6-18 可以看出 MBR 技术的 COD 平均去除率、TN 平均去除率、氨氮平均去除率和 TP 平均去除率在所评估的技术中都是最高的，分别为 88.524%、72.407%、93.276% 和 87.016%；而人工湿地技术的 COD 平均去除率、TN 平均去除率、氨氮平均去除率和 TP 平均去除率在所评估的技术中都是最低的，分别为 82.916%、65.316%、82.088% 和 77.051%。

从污染物去除率的大小分析，所评估技术对 COD 和氨氮的去除率均高于 80%；TN 的去除率主要集中在 65%～70% 范围内，MBR 技术对 TN 的去除率最高，达到 72.407%；TP 的去除率一般超过 80%，而人工湿地技术和生物接触氧化技术对 TP 的去除率为 75%～80%。

从污染物去除率的稳定性分析，各技术对 COD 的去除效果是最稳定的，其次是对氨氮的去除效果、对 TP 的去除效果，对 TN 的去除效果是最不稳定的。各技术之间横向进行比较，由图 6-18 可看出 A/O、人工湿地、生物接触氧化以及生物转盘技术的各污染物去除率波动较大、稳定性较差。

由图 6-19 可以看出，A/O 技术每处理万吨污水污泥产生量最大，为 3.21t，其次是 MBR 技术，为 3.00t；人工湿地技术每处理万吨污水污泥产生量最小，为 1.17t，其次是生物滤池技术，为 1.78t。A²/O 技术、SBR 技术、生物转盘技术、生物接触氧化技术和氧化沟技术每处理万吨污水污泥产生量都处于 2～2.5t。

2）城镇污水处理技术经济指标数据分析

以 2016～2018 年城镇污水处理厂环境统计报表中累计完成投资总额、运行费用、运行天数以及污水处理量为基础，分别对吨水投资成本、吨水运行费用、吨水运行收益进行计算，描述性统计见表 6-2。

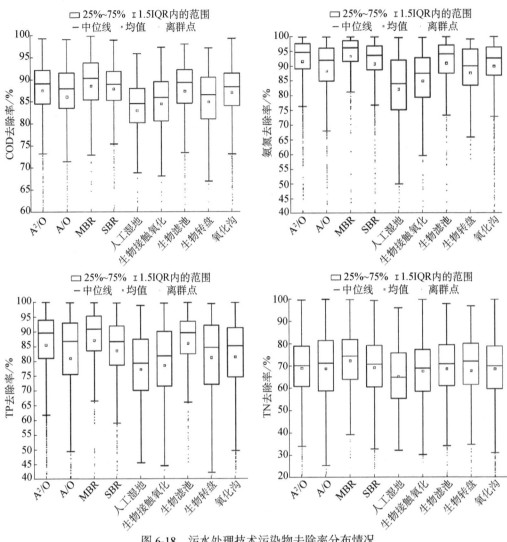

图 6-18　污水处理技术污染物去除率分布情况

IQR 表示四分位距

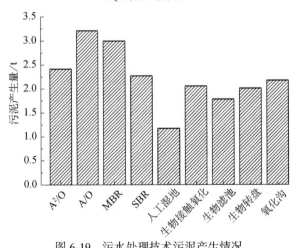

图 6-19　污水处理技术污泥产生情况

表 6-2　污水处理技术经济指标描述性统计

指标名称	类型	A²/O	A/O	MBR	SBR	人工湿地	生物滤池	生物转盘	氧化沟	生物接触氧化
吨水投资成本/（万元/m³）	平均值	0.52	0.83	1.41	0.53	0.98	0.58	0.81	0.51	0.88
	中位数	0.37	0.51	0.67	0.39	0.65	0.40	0.61	0.36	0.54
	标准差	0.01	0.01	0.03	0.01	0.01	0.01	0.01	0.01	1.02
	最小值	0.00	0.01	0.03	0.01	0.01	0.03	0.01	0.00	0.03
	最大值	14.99	24.45	30.95	4.37	10.95	6.98	7.95	9.55	10.29
吨水运行费用/（元/m³）	平均值	1.45	2.30	3.06	1.35	1.59	1.67	1.84	1.26	2.29
	中位数	1.00	1.22	1.72	1.00	1.10	1.04	1.19	0.91	1.42
	标准差	0.02	0.05	0.05	0.01	0.01	0.04	0.03	0.01	2.80
	最小值	0.05	0.02	0.31	0.08	0.10	0.16	0.24	0.07	0.09
	最大值	69.09	78.73	64.52	15.00	11.42	59.04	25.48	20.00	29.99
吨水运行收益/（元/m³）	平均值	4.08	4.59	4.84	4.12	3.11	4.14	3.50	3.75	3.91
	中位数	3.55	3.89	3.92	3.63	2.95	3.76	3.13	3.21	3.35
	标准差	0.04	0.03	0.05	0.03	0.01	0.02	0.02	0.03	3.33
	最小值	0.23	0.18	0.44	0.43	0.37	0.37	0.86	0.29	0.44
	最大值	136.99	33.23	67.78	47.16	11.40	28.69	10.08	77.19	51.33

　　由表 6-2 和图 6-20 可知，MBR 技术吨水投资成本与吨水运行费用都是最高的，分别为 1.41 万元/m³ 和 3.06 元/m³；氧化沟技术吨水投资成本与吨水运行费用都是最低的，分别为 0.51 万元/m³ 和 1.26 元/m³。其余技术投资成本均在 0.5 万～1.0 万元/m³，A²/O 技术、SBR 技术、生物滤池技术吨水投资成本属于较低水平；A/O 技术、生物接触氧化技术吨水运行费用处于较高水平。此外，MBR 技术的吨水运行收益也是最高的，为 4.84 元/m³，人工湿地技术的吨水运行收益最低，为 3.11 元/m³。

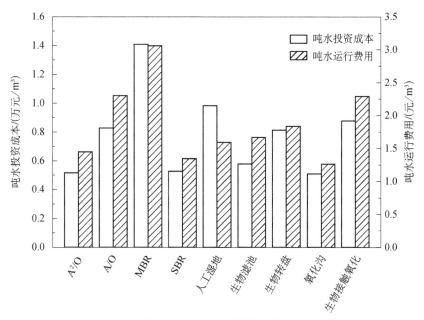

图 6-20　污水处理技术成本

3）城镇污水处理技术运行管理指标数据分析

以 2016～2018 年城镇污水处理厂环境统计报表中污染物进口、出口浓度，污水处理厂规模以及污水处理量为基础，分别对运行稳定性和负荷率进行计算。其中运行稳定性指技术运行稳定程度，用各污染物去除率变异系数的均值来表示，负荷率指技术实际处理污水量与设计污水处理量之比，描述性统计见表 6-3。

表 6-3　污水处理技术运行管理指标统计

指标名称	类型	A²/O	A/O	MBR	SBR	人工湿地	生物滤池	生物转盘	氧化沟	生物接触氧化
运行稳定性	平均值	0.90	0.87	0.91	0.90	0.87	0.90	0.87	0.89	0.88
	中位数	0.92	0.89	0.92	0.91	0.88	0.91	0.90	0.91	0.90
	标准差	0.06	0.08	0.07	0.06	0.06	0.07	0.07	0.06	0.07
	最小值	0.37	0.28	0.52	0.34	0.61	0.47	0.46	0.35	0.48
	最大值	0.99	0.98	0.99	0.99	0.98	0.99	0.97	0.99	0.99
负荷率/%	平均值	78.57	67.65	66.35	77.09	74.56	74.43	71.98	77.31	69.79
	中位数	80.78	70.10	68.46	79.61	79.42	79.49	72.59	80.85	71.52
	标准差	19.75	24.65	22.89	20.94	22.05	22.24	21.48	22.50	22.81
	最小值	37.09	20.46	17.95	30.04	25.39	23.39	23.97	23.13	24.38
	最大值	119.97	129.72	113.24	125.94	124.93	118.42	118.80	120.99	121.94

A²/O 技术、MBR 技术、SBR 技术和生物滤池技术的运行稳定性都达到了 0.90，其中 MBR 技术的运行稳定性最高（0.91）；A/O 技术、人工湿地技术、生物转盘技术和生物接触氧化技术的运行稳定性相比 MBR 技术相对较低，平均值为 0.87，这说明 MBR 技术对污染物去除效率最为稳定，A/O 技术、人工湿地技术、生物转盘技术和生物接触氧化技术对污染物的去除效率可能会随着污染物进水浓度、进水规模等因素波动较大。A²/O 技术的平均负荷率最高，为 78.57%；A/O 技术、MBR 技术和生物接触氧化技术的平均负荷率都低于 70%，其中 MBR 技术的平均负荷率最低（66.35%），这意味着 A/O 技术、MBR 技术和生物接触氧化技术实际处理污水量尚可进一步提升。

4）指标数据归一化处理

对指标数据进行归一化处理，其中 COD 去除率、TN 去除率、TP 去除率、氨氮去除率、吨水运行收益、负荷率属于正向指标，进行归一化处理；吨水污泥产生量、吨水投资成本、吨水运行费用和运行稳定性属于负向指标，进行归一化处理。经计算，污水处理技术的平均归一化结果如表 6-4 所示。

5）评估结果

将上述归一化结果权重结果，得到所评估技术各指标层指标评估得分表 6-5 所示、各要素层指标评估得分、各准则层指标评估得分以及综合评估得分，参见表 6-6。

表 6-4　指标数据归一化结果

技术名称	COD 去除率	TN 去除率	氨氮 去除率	TP 去除率	吨水污泥 产生量	吨水投资 成本	吨水运行 费用	吨水运行 收益	运行 稳定性	负荷率
A²/O	0.75	0.76	0.77	0.77	0.79	0.85	0.84	0.32	0.76	0.71
A/O	0.60	0.76	0.56	0.55	0.71	0.72	0.69	0.38	0.60	0.44
MBR	0.85	0.90	0.89	0.85	0.73	0.46	0.56	0.41	0.78	0.41
SBR	0.78	0.77	0.72	0.67	0.80	0.85	0.85	0.32	0.75	0.68
人工湿地	0.29	0.61	0.14	0.35	0.91	0.65	0.81	0.19	0.60	0.61
生物接触氧化	0.45	0.71	0.33	0.42	0.81	0.70	0.69	0.29	0.63	0.50
生物滤池	0.73	0.75	0.73	0.80	0.82	0.83	0.80	0.32	0.75	0.61
生物转盘	0.48	0.72	0.51	0.56	0.85	0.72	0.77	0.24	0.61	0.55
氧化沟	0.70	0.75	0.66	0.57	0.83	0.86	0.87	0.27	0.71	0.68

表 6-5　各指标层指标评估得分

技术名称	COD 去除率	TN 去除率	氨氮 去除率	TP 去除率	吨水污泥 产生量	吨水投资 成本	吨水运行 费用	吨水运行 收益	运行 稳定性	负荷率
A²/O	5.34	36.54	10.75	24.02	78.75	41.98	42.51	31.46	76.01	71.43
A/O	4.31	36.23	7.80	16.95	70.86	35.29	35.06	37.88	59.87	44.12
MBR	6.09	42.97	12.30	26.40	72.98	22.82	28.46	40.87	77.74	40.86
SBR	5.60	36.99	9.95	20.79	80.17	41.71	43.37	31.98	75.42	67.71
人工湿地	2.08	29.37	1.93	10.94	91.10	31.95	41.25	19.32	60.34	61.41
生物接触氧化	3.19	33.80	4.59	13.06	81.05	34.22	35.18	29.40	62.84	49.48
生物滤池	5.19	35.70	10.16	24.69	82.33	40.62	40.58	32.21	74.87	61.08
生物转盘	3.42	34.31	7.08	17.27	85.06	35.59	39.11	24.21	61.39	54.95
氧化沟	4.99	35.89	9.14	17.67	82.81	42.10	44.12	27.38	71.04	68.27

表 6-6　各要素层、准则层指标评估得分以及综合评估得分

技术名称	要素层指标评估得分						准则层指标评估得分			综合评估得分
	环境效果	二次污染	技术成本	经济收益	技术 可靠性	技术 适用性	环境	经济	技术	
A²/O	76.66	78.75	84.49	31.46	76.01	71.43	77.34	70.22	73.95	74.29
A/O	65.30	70.86	70.34	37.88	59.87	44.12	67.09	61.61	52.79	62.18
MBR	87.75	72.98	51.27	40.87	77.74	40.86	82.98	48.48	61.15	67.02
SBR	73.33	80.17	85.09	31.98	75.42	67.71	75.54	70.80	71.95	73.22
人工湿地	44.32	91.10	73.20	19.32	60.34	61.41	59.43	58.71	60.82	59.50
生物接触 氧化	54.64	81.05	69.40	29.40	62.84	49.48	63.18	58.64	56.83	60.32
生物滤池	75.74	82.33	81.20	32.21	74.87	61.08	77.87	68.02	68.66	72.66
生物转盘	62.09	85.06	74.70	24.21	61.39	54.95	69.51	61.12	58.49	64.38
氧化沟	67.68	82.81	86.22	27.38	71.04	68.27	72.57	70.39	69.80	71.26

6）我国主要城镇污水处理技术综合评估结果分析

通过结果综合来看，我国主要城镇污水处理技术综合评估得分由高到低依次是 A²/O、SBR、生物滤池、氧化沟、MBR、生物转盘、A/O、生物接触氧化、人工湿地处理技术。该排序表明本次评估中最好的技术是 A²/O 处理技术，本次评估中最差的技术是人工湿地处理技术。A²/O、SBR、生物滤池、氧化沟处理技术的综合评估得分也都大于 70 分，分别位列第一、第二、第三、第四，都属于综合水平比较优秀的城镇污水处理技术；而 MBR、生物转盘、A/O、生物接触氧化处理技术的综合评估得分都介于 60～70 分，分别位列第五、第六、第七、第八，都属于综合水平一般的城镇污水处理技术；人工湿地处理技术得分低于 60 分，属于综合水平较差的城镇污水处理技术。

从准则层结果分析来看，环境维度评估得分由高到低依次是 MBR、生物滤池、A²/O、SBR、氧化沟、生物转盘、A/O、生物接触氧化、人工湿地处理技术；经济维度评估得分由高到低依次是 SBR、氧化沟、A²/O、生物滤池、A/O、生物转盘、人工湿地、生物接触氧化、MBR 处理技术；技术维度评估得分由高到低依次是 A²/O、SBR、氧化沟、生物滤池、MBR、人工湿地、生物转盘、生物接触氧化、A/O 处理技术。结果表明人工湿地、生物转盘、生物接触氧化、A/O 处理技术从环境、经济和技术三个维度来看都是比较一般，没有比较突出的特点；MBR 处理技术在环境维度的评估得分是最高的而在经济维度的评估得分是最低的，说明 MBR 处理技术存在非常明显的优势和短板，MBR 处理技术在降低投资成本和运行费用方面存在很大的发展空间，若能大幅降低膜更换成本，并减少运行过程中对动力的消耗，那么 MBR 处理技术的综合评估得分能有很大的提升。人工湿地处理技术作为污水处理的主体技术，其环境维度得分最低，结合现有的工程实践表明，人工湿地往往需要结合活性污泥法或者其他生化处理方法，将其作为深度处理技术结合，能够较好地实现较高的污染物去除效果。因此，对于高标准排放要求的工程项目，不建议将其用于主体技术。

6.4.2 不同地理区划城镇污水处理技术水平

1. 东北地区

1）应用情况

评估使用数据来自 2011～2018 年城镇污水处理厂环境统计数据，以 2018 年最新更新的数据为准，东北地区使用 A²/O、SBR、生物滤池、氧化沟、MBR、生物转盘、A/O、生物接触氧化、人工湿地处理技术的污水处理厂工程分别为 171 个、69 个、12 个、11 个、4 个、2 个、71 个、5 个、6 个。东北地区技术占比情况如图 6-21 所示。

2）技术水平

将各个城镇污水处理厂的指标数据按照技术类别分别求其平均值用于评估计算，综合得分结果如表 6-7 所示。东北地区城镇污水处理技术综合评估得分与全国城镇污水处理技术得分对比如图 6-22 所示。分析可知，生物滤池技术在东北地区的综合评估得分最高，其次是 A/O、A²/O 和 SBR 技术，得分均在 70 分以上，且 A²/O 和 SBR 技术评估得分与全

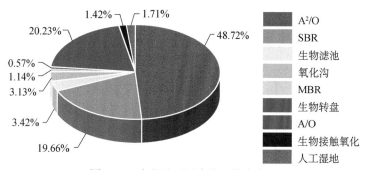

图 6-21　东北地区污水处理技术占比

国水平基本持平，A/O、生物滤池技术评估得分高于全国平均水平。除人工湿地对污染物去除能力较弱外，东北地区其他城镇污水处理技术在环境方面表现尚可，且得分相近均在 67～76 分。在经济方面，生物滤池、A/O、A²/O 和 SBR 四个技术以低廉的使用成本与其他技术拉开差距，特别是生物滤池技术在低成本的条件下仍获得了较高经济收益，因此在东北地区城镇污水处理技术评估中生物滤池表现尤为突出。四个技术在技术可靠性方面也保持较好状态，但 A²/O 技术的适用性可能为该技术的一项短板，在严苛的环境中谨慎使用。MBR、生物接触氧化技术在污染物去除效率、污泥产量方面均保持了中等状态，在技术可靠性方面具有较大优势，但在经济方面与前面四个技术差距较大，若是能降低使用成本或提升吨水污染物的去除当量，其综合得分会有一定的提升。结合东北地区实际情况看，东北冬季气候十分寒冷，污水排水量较少，这导致植物难以生长、部分微生物生长受限且污水浓度较高，对生态和微生物处理污水的技术使用造成阻力，因此，MBR 和人工湿地技术使用频次较少，这与东北地区城镇污水处理厂各技术占比和东北地区综合评估得分情况一致。其中，生物滤池的样本数量较少影响评估的准确性导致生物滤池得分较高。综上所述，SBR、A/O、A²/O 技术适宜作为主体技术在东北地区选用，对技术适用性有需求的地区需谨慎选择使用 A²/O 技术。本次评估技术为各污水处理厂的主体技术，若考虑添加深度处理单元，仍需进一步考察。

表 6-7　东北地区技术要素层、准则层指标评估得分及综合评估得分

技术名称	要素层指标评估得分						准则层指标评估得分			综合评估得分
	环境效果	二次污染	技术成本	经济收益	技术可靠性	技术适用性	环境	经济	技术	
A²/O	70.78	89.57	97.19	21.50	81.34	30.31	76.85	76.83	58.37	72.80
SBR	70.94	72.86	91.55	28.22	81.95	52.48	71.56	74.51	68.69	71.89
生物滤池	71.36	67.04	88.55	70.06	87.74	54.26	69.96	83.57	72.67	74.97
氧化沟	70.35	61.92	70.28	33.58	82.01	47.26	67.62	60.41	66.37	65.01
MBR	62.43	78.74	53.25	41.11	89.33	51.64	67.70	49.98	72.37	62.98
生物转盘	81.51	49.86	67.87	57.20	88.32	40.64	71.28	65.00	66.86	68.28
A/O	68.17	87.75	95.73	10.46	79.32	60.40	74.50	72.79	70.81	73.14
生物接触氧化	66.98	67.66	62.64	43.95	87.93	58.51	67.20	57.61	74.69	65.74
人工湿地	44.99	60.00	50.10	44.75	95.37	40.00	49.84	48.66	70.45	53.97

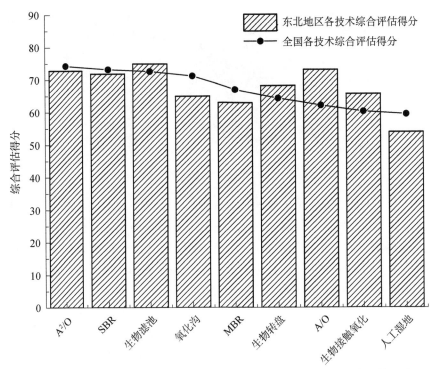

图 6-22　东北地区污水处理技术综合评估得分与全国污水处理技术综合评估得分对比

3）适用技术

东北地区技术综合评估得分与标尺（附表 3-1）对比结果如下：生物滤池技术综合评估得分高于一级 A 规模Ⅰ刻度；A²/O、A/O 技术综合评估得分均高于一级 A 规模Ⅲ刻度和一级 B 规模Ⅰ刻度；SBR 技术综合评估得分高于一级 A 规模Ⅳ刻度和一级 B 规模Ⅰ刻度；生物转盘技术综合评估得分高于一级 B 规模Ⅴ刻度；生物接触氧化、MBR、氧化沟技术综合评估得分均高于二级规模Ⅰ刻度；人工湿地技术综合评估得分高于二级规模Ⅴ刻度。这说明在东北地区若需将规模量为 20 万～50 万 m³/d 污水处理达到一级 A 标准时，附表 3-1 中对应的技术综合评估得分为 74.59，查找表 6-7 可知，生物滤池技术与其得分最为接近，建议选用生物滤池技术作为主体技术；若需将规模量为 5 万～10 万 m³/d 污水处理达到一级 A 标准或将规模量为 20 万～50 万 m³/d 污水处理达到一级 B 标准时，还可选用 A/O、A²/O 技术作为主体技术；若需将规模量为 2 万～5 万 m³/d 污水处理达到一级 A 标准或将规模量为 20 万～50 万 m³/d 污水处理达到一级 B 标准时，还可选用 SBR 技术作为主体技术；若需将规模量为 20 万～50 万 m³/d 污水处理达到二级标准时，还可选用生物接触氧化、MBR、氧化沟技术作为主体技术；若需将规模量为 0.5 万～2 万 m³/d 污水处理达到二级标准时，建议选用人工湿地技术作为主体技术。

2. 华北地区城镇污水处理技术综合评估

1）应用情况

评估使用数据来自 2011～2018 年城镇污水处理厂环境统计数据，以 2018 年最新更新的数据为准，华北地区使用 A^2/O、SBR、生物滤池、氧化沟、MBR、生物转盘、A/O、生物接触氧化、人工湿地处理技术的污水处理厂工程分别为 579 个、70 个、23 个、217个、38 个、18 个、125 个、44 个、7 个。华北地区技术占比情况如图 6-23 所示。

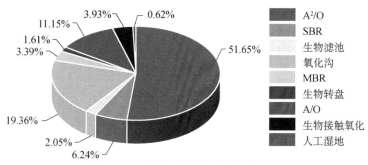

图 6-23　华北地区污水处理技术占比

2）技术水平

将各个城镇污水处理厂的指标数据按照技术类别分别求其平均值用于评估计算，综合评估得分结果如表 6-8 所示。华北地区城镇污水处理技术综合评估得分与全国城镇污水处理技术得分对比如图 6-24 所示。分析可知，生物接触氧化技术在华北地区的综合评估得分最高，其次是 SBR、A/O 和氧化沟技术，得分均在 70 分以上，且氧化沟技术评估得分与全国水平基本持平，A/O、SBR、生物接触氧化技术评估得分高于全国平均水平。在华北地区，生物接触氧化、SBR、A/O 和氧化沟四种技术对污染物的去除起到较强的作用，远高于其他技术，尤其是生物接触氧化技术对总磷和总氮具有强于其他所有技术的去除效果，并且四种技术吨水污泥产生量均较低，这四种技术在环境方面整体表现良好，均获得较高得分。生物接触氧化技术运行费用以及投资成本较为低廉并且运行较为稳定，但是其经济收益较低，若是在有一定经济压力的地区需谨慎选择。氧化沟技术在经济收益和技术适用性上存在短板，但由于其运行费用足够低廉，在经济上无明显负担，若是对技术适用性具有较高要求需谨慎选择。同样地，A/O 技术也存在着技术适用性的问题，对技术适用性有一定要求的需谨慎选择。SBR 技术相对于其他技术无明显短板。生物滤池的主要问题在于二次污染较为严重，A^2/O、生物转盘、MBR、人工湿地技术则是在环境和经济方面存在短板，因此拉低以上技术的综合得分以及其在华北地区的排名，其得分甚至低于全国平均水平。意外的是，MBR 技术综合评估得分达到最低，甚至低于人工湿地得分，这可能由于 MBR 技术吨水污泥产生量较大，且经济成本较高的缘故。结合华北地区实际情况看，华北地区气候干燥，降水量少，人员密集，污水污染物浓度较高，冬冷夏热，冬季不适宜湿地植物和微生物的生长。综上所述，生物接触氧化、SBR、A/O、氧化沟技术适宜作为主体技术在华北地区选用，对经济收益有需求的地区需谨慎选择生物接触氧化技术，对技术适用性有需求的地区需谨慎选择A/O、氧化沟技术。本次评估技术为各污水处理厂的主体技术，若考虑添加深度处理单元，仍需进一步考察。

表 6-8　华北地区技术要素层、准则层指标评估得分及综合评估得分

技术名称	要素层指标评估得分						准则层指标评估得分			综合评估得分
	环境效果	二次污染	技术成本	经济收益	技术可靠性	技术适用性	环境	经济	技术	
A²/O	66.91	54.37	78.36	38.78	86.21	55.50	62.86	67.71	72.39	66.52
SBR	77.11	82.06	88.37	31.44	85.55	51.28	78.71	73.06	70.13	75.00
生物滤池	60.70	40.73	89.75	53.26	66.65	67.52	54.25	79.93	67.04	65.37
氧化沟	74.51	99.77	99.71	1.50	85.20	0.19	82.67	73.29	46.95	71.81
MBR	53.64	50.00	49.95	50.00	82.24	50.00	52.46	49.96	67.73	55.00
生物转盘	62.38	66.67	33.30	66.13	98.68	69.92	63.76	42.13	85.74	61.57
A/O	79.44	72.83	97.25	40.59	83.01	0.62	77.30	82.01	45.93	71.96
生物接触氧化	81.08	99.01	85.30	10.90	79.71	54.01	86.87	65.29	68.15	75.78
人工湿地	48.59	62.97	73.64	44.46	70.42	55.44	53.24	65.79	63.68	59.59

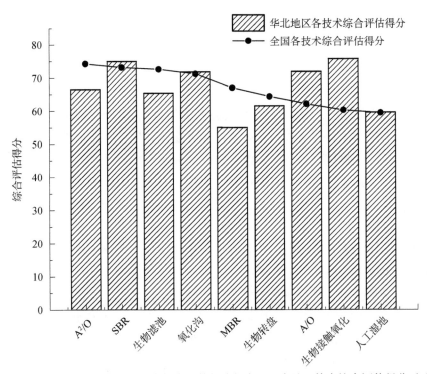

图 6-24　华北地区污水处理技术综合评估得分与全国污水处理技术综合评估得分对比

3）适用技术

华北地区技术综合评估得分与附表 3-2 中的标尺对比结果如下：SBR、氧化沟、A/O、生物接触氧化技术综合评估得分结果高于一级 A 规模 Ⅰ 刻度值（71.67 分）；A²/O 技术综合评估得分结果均高于一级 B 规模 Ⅴ 刻度值（66.18 分）；生物滤池、生物转盘、人工湿地技术综合评估得分结果高于二级规模 Ⅰ 刻度值（56.78 分）；MBR 技术综合评估得分结果高于二级规模 Ⅳ 刻度值（54.79 分）。这说明在华北地区若需将规模量为 20 万～50 万 m³/d 污水处理达到一级 A 标准时，建议选用 SBR、氧化沟、A/O、生物接触氧化技

术作为主体技术；若需将规模量为 0.5 万～2 万 m³/d 污水处理达到一级 B 标准时，还可选用 A²/O 技术作为主体技术；若需将规模量为 20 万～50 万 m³/d 污水处理达到二级标准时，还可选用生物滤池、生物转盘、人工湿地技术作为主体技术；若需将规模量为 2 万～5 万 m³/d 污水处理达到二级标准时，还可选用 MBR 技术作为主体技术。

3. 华东地区城镇污水处理技术综合评估

1）应用情况

评估使用数据来自 2011～2018 年城镇污水处理厂环境统计数据，以 2018 年最新更新的数据为准，华东地区使用 A²/O、SBR、生物滤池、氧化沟、MBR、生物转盘、A/O、生物接触氧化、人工湿地处理技术的污水处理厂工程分别为 644 个、109 个、20 个、285 个、41 个、8 个、148 个、39 个、2 个。华东地区技术占比情况如图 6-25 所示。

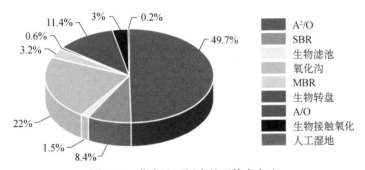

图 6-25　华东地区污水处理技术占比

2）技术水平

将各个城镇污水处理厂的指标数据按照技术类别分别求其平均值用于评估计算，综合得分结果如表 6-9 所示。华东地区城镇污水处理技术综合评估得分与全国城镇污水处理技术得分对比如图 6-26 所示。分析可知，华东地区各技术综合评估得分普遍偏高，SBR、氧化沟、MBR、A/O、生物接触氧化、人工湿地技术普遍高于全国平均水平，这是由于华东地区气候湿润，常年降雨，鲜少出现温度极端天气，其污水中污染物较于北方地区浓度较低且气候有利于微生物生存、植物生长，这使华东地区大部分技术污染物去除效率高，吨水污泥产生量低，因此其环境得分偏高，且大部分技术经济成本相较于全国平均水平偏低，综合来看华东地区大部分技术的综合得分要高于全国平均水平。其中氧化沟技术在华东地区的综合评估得分最高，其次是 MBR、A/O、生物接触氧化、SBR、A²/O 技术，得分均在 70 分以上。其中，氧化沟、MBR、A/O、生物接触氧化技术在环境、经济、技术三个方面没有明显的短板。而 A²/O、SBR 技术在技术适用性方面较弱，建议使用前先考察该地区对技术适用性的要求。特别的是，华东地区人工湿地的综合评估得分有明显的提高，这可能是由于华东地区气候条件适宜湿地植物的生长，大大提高了对污染物的去除效率，同时在冬季时也减少了湿地植物收割的人工费用，从而影响了人工湿地的综合得分。综上所述，氧化沟、MBR、A/O、生物接触氧化、SBR、A²/O 技术适宜作为主体技术在华东地区选用，对技术适用性有需求的地区需谨慎选择 A²/O、SBR 技术。本次评估技术为各污水处理厂的主体技术，若考虑添加深度处理单元，仍需进一步考察。

表 6-9　华东地区技术要素层、准则层指标评估得分及综合评估得分

技术名称	要素层指标评估得分						准则层指标评估得分			综合评估得分
	环境效果	二次污染	技术成本	经济收益	技术可靠性	技术适用性	环境	经济	技术	
A²/O	77.95	95.99	97.59	16.02	84.95	0.12	83.78	75.65	46.78	73.04
SBR	78.25	96.24	95.84	33.19	84.45	0.43	84.06	78.98	46.64	74.22
生物滤池	72.79	51.39	66.92	59.23	81.79	73.28	65.88	64.85	77.96	68.19
氧化沟	75.16	96.35	98.72	30.17	82.72	54.82	82.01	80.28	70.16	78.85
MBR	72.08	94.72	96.92	13.24	86.22	54.95	79.40	74.41	72.15	76.19
生物转盘	44.44	70.31	64.30	60.84	97.58	50.54	52.80	63.37	76.41	61.39
A/O	75.59	95.21	97.38	8.86	84.14	47.73	81.93	73.57	67.75	76.11
生物接触氧化	67.56	95.35	98.11	32.75	82.01	39.24	76.53	80.53	62.76	74.81
人工湿地	51.51	87.96	77.45	67.44	82.34	60.32	63.29	74.76	72.43	69.01

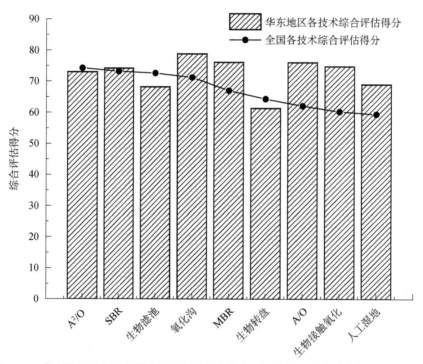

图 6-26　华东地区污水处理技术综合评估得分与全国污水处理技术综合评估得分对比

3）适用技术

华东地区技术综合评估得分与标尺（附表 3-3）对比结果如下：氧化沟、MBR、A/O 技术综合评估得分高于一级 A 规模 I 刻度值（75.72 分）；SBR、生物接触氧化技术综合评估得分均高于一级 A 规模 III 刻度值（74.05 分）；A²/O 技术综合评估得分高于一级 A 规模 IV 刻度值（72.95 分）；人工湿地技术综合评估得分高于一级 B 规模 IV 刻度值（68.75 分）；生物滤池技术综合评估得分高于一级 B 规模 V 刻度值（67.26 分）；生物转盘技术综

合评估得分高于二级规模 I 刻度值（53.76 分）。这说明在华东地区若需将规模量为 20 万～50 万 m³/d 污水处理达到一级 A 标准时，建议选用氧化沟、MBR、A/O 技术作为主体技术；若需将规模量为 5 万～10 万 m³/d 污水处理达到一级 A 标准时，还可选用 SBR、生物接触氧化技术作为主体技术；若需将规模量为 2 万～5 万 m³/d 污水处理达到一级 A 标准时，还可选用 A²/O 技术作为主体技术；若需将规模量为 2 万～5 万 m³/d 污水处理达到一级 B 标准时，还可选用人工湿地技术作为主体技术；若需将规模量为 0.5 万～2 万 m³/d 污水处理达到一级 B 标准时，还可选用生物滤池技术作为主体技术；若需将规模量为 20 万～50 万 m³/d 污水处理达到二级标准时，还可选用生物转盘技术作为主体技术。

4. 华南地区城镇污水处理技术综合评估

1）应用情况

评估使用数据来自 2011～2018 年城镇污水处理厂环境统计数据，以 2018 年最新更新的数据为准，华南地区使用 A²/O、SBR、生物滤池、氧化沟、MBR、生物转盘、A/O、生物接触氧化、人工湿地处理技术的污水处理厂工程分别为 411 个、89 个、13 个、206 个、22 个、16 个、64 个、56 个、28 个。华南地区技术占比情况如图 6-27 所示。

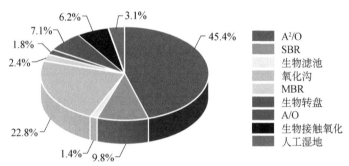

图 6-27 华南地区污水处理技术占比

2）技术水平

将各个城镇污水处理厂的指标数据按照技术类别分别求其平均值用于评估计算，综合得分结果如表 6-10 所示。华南地区城镇污水处理技术综合评估得分与全国城镇污水处理技术综合评估得分对比如图 6-28 所示。分析可知，A/O 技术在华南地区的综合评估得分最高，其次是氧化沟、MBR、A²/O 技术，得分均在 70 分以上，且以上技术在华南地区综合评估得分高于全国平均水平。在华南地区，A/O、氧化沟、MBR、A²/O 四种技术对污染物的去除起到较强的作用，远高于其他技术，并且吨水污泥产生量均较低，这四种技术在环境方面整体表现良好，均获得较高得分。A/O、氧化沟技术相对于其他技术无明显短板，MBR 技术的经济收益较低，好在其使用成本低廉，总体来看经济方面问题可忽略。A²/O 技术则在技术适用性方面存在短板，建议使用前先考察该地区对技术适用性的要求。此外，生物转盘和人工湿地技术也均超出了全国平均水平，这可能也是由于华南地区气候条件适宜湿地植物以及微生物的生长，大大提高了对污染物的去除效率，从而提升了生物转盘及人工湿地技术的综合得分，虽然其污染物去除效率有所上涨，仍不如其他技术效率高，因此这两种技术在华南地区综合得分排名仍是倒数。生物接触氧化技术受污染物去除效率的影响其技术可靠性以及经济收益都很低，导致环境、经济、技术以及综合评估得分在所有技术中均最低。结合华南地区实际情况看，华南地区夏季高温酷暑，降雨量较大，冬季较短，因此污水中污染物浓度较低且温度适宜植被生长。综上所述，A/O、氧化沟、MBR、A²/O技术适宜作为主体技术在华南地区选用，对技术适用性有需求的地区需谨慎选择A²/O技术。本次评估技术为各污水处理厂的主体技术，若考虑添加深度处理单元，仍需进一步考察。

表6-10　华南地区技术要素层、准则层指标评估得分及综合评估得分

技术名称	要素层指标评估得分						准则层指标评估得分			综合评估得分
	环境效果	二次污染	技术成本	经济收益	技术可靠性	技术适用性	环境	经济	技术	
A²/O	77.58	89.64	94.31	14.31	82.30	0.29	81.48	72.79	45.39	70.76
SBR	72.01	83.48	87.38	31.04	81.93	0.53	75.71	72.23	45.30	67.92
生物滤池	72.57	46.04	66.96	67.29	80.97	66.24	64.00	67.05	74.34	67.25
氧化沟	73.39	98.98	98.58	14.86	78.89	51.72	81.66	76.06	66.66	76.56
MBR	79.56	92.54	80.83	7.49	71.49	47.64	83.75	61.10	60.76	71.38
生物转盘	55.69	70.78	80.97	42.46	80.53	54.03	60.56	70.61	68.61	65.58
A/O	70.43	97.86	98.01	23.78	80.03	55.06	79.29	78.04	68.80	76.59
生物接触氧化	49.70	74.15	60.08	26.83	4.16	12.34	57.60	51.14	7.84	44.61
人工湿地	59.71	75.77	61.67	39.31	84.33	53.71	64.90	55.65	70.56	63.14

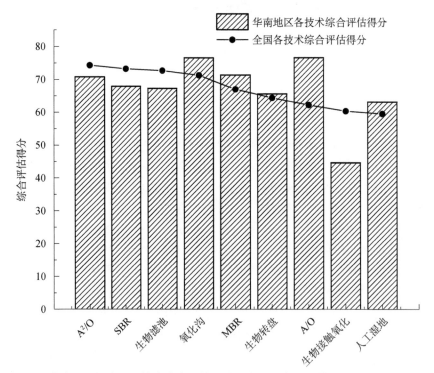

图6-28　华南地区污水处理技术综合评估得分与全国污水处理技术综合评估得分对比

3）适用技术

华南地区技术综合评估得分与标尺（附表 3-4）对比结果如下：氧化沟、MBR、A/O 技术综合评估得分高于一级 A 规模 I 刻度值（70.94 分）；A²/O 技术综合评估得分高于一级 A 规模 II 刻度值（70.46 分）；SBR、生物滤池技术综合评估得分高于一级 B 规模 I 刻度值（66.55 分）；生物转盘技术综合评估得分高于一级 B 规模 III 刻度值（65.51 分）；人工湿地技术综合评估得分高于二级规模 I 刻度值（52.98 分）。这说明在华南地区若需将规模量为 20 万～50 万 m³/d 污水处理达到一级 A 标准时，建议选用氧化沟、MBR、A/O 技术作为主体技术；若需将规模量为 10 万～20 万 m³/d 污水处理达到一级 A 标准时，建议选用 A²/O 技术作为主体技术；若需将规模量为 20 万～50 万 m³/d 污水处理达到一级 B 标准时，建议选用 SBR、生物滤池技术作为主体技术；若需将规模量为 5 万～10 万 m³/d 污水处理达到一级 B 标准时，建议选用生物转盘技术作为主体技术；若需将规模量为 20 万～50 万 m³/d 污水处理达到二级标准时，建议选用人工湿地技术作为主体技术。

5. 西北地区城镇污水处理技术综合评估

1）应用情况

评估使用数据来自 2011～2018 年城镇污水处理厂环境统计数据，以 2018 年最新更新的数据为准，西北地区使用 A²/O、SBR、生物滤池、氧化沟、MBR、生物转盘、A/O、生物接触氧化、人工湿地处理技术的污水处理厂工程分别为 136 个、38 个、4 个、76 个、4 个、2 个、27 个、12 个、8 个。西北地区技术占比情况如图 6-29 所示。

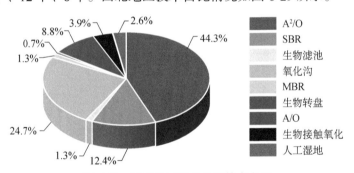

图 6-29 西北地区污水处理技术占比

2）技术水平

将各个城镇污水处理厂的指标数据按照技术类别分别求其平均值用于评估计算，综合评估计算结果如表 6-11 所示。西北地区城镇污水处理技术综合评估得分与全国城镇污水处理技术得分对比如图 6-30 所示。分析可知，A²/O 技术在西北地区的综合评估得分最高，其次是氧化沟技术得分在 70 分以上，氧化沟与 A²/O 技术凭借在西北地区对污染物较高的去除能力以及较低吨水污泥产生量使得其综合评估得分高于全国平均水平。A²/O 和氧化沟技术得分较为全面，没有明显短板。除此之外，西北地区的 A/O 技术综合评估得分也高于全国平均水平，这是由于西北地区的 A/O 技术在技术可靠性以及技术适用性方面有所提升，可导致 A/O 技术的整体评分上升超越全国平均水平。SBR 和 A/O 技术无明显短板，但其环境、经济、技术得分均在中等，生物转盘技术主要的问题在于其技术成本稍高且经济收益低。生物滤池、MBR、生物接触氧化以及人工湿地技术在环境、经济、技术三个方面得分均偏低，需在这三个方面同时提升。结合西北地区实际情况看，西北地区干旱缺水，城镇化水平相较于东南沿海地区偏低，人均用水量同样低于东南沿海地区，生态环境相对脆弱并且受经济发展限制，其城镇污水处理技术应选取环境效果优异且成本低廉的技术。综上所述，氧化沟和A²/O技术适宜作为主体技术在西北地区选用。本次评估技术为各污水处理厂的主体技术，若考虑添加深度处理单元，仍需进一步考察。

表 6-11　西北地区技术要素层、准则层指标评估得分及综合评估得分

技术名称	要素层指标评估得分						准则层指标评估得分			综合评估得分
	环境效果	二次污染	技术成本	经济收益	技术可靠性	技术适用性	环境	经济	技术	
A²/O	81.42	93.98	90.73	29.88	82.96	49.30	85.48	74.36	67.81	78.01
SBR	76.07	79.82	81.41	34.84	72.06	28.28	77.28	68.88	52.36	69.10
生物滤池	54.77	57.77	53.82	53.96	76.51	32.01	55.74	53.86	56.49	55.29
氧化沟	79.00	86.11	86.98	30.37	74.16	41.47	81.29	71.75	59.45	73.42
MBR	54.95	59.64	78.95	59.04	68.93	41.99	56.47	73.59	56.81	62.09
生物转盘	64.58	65.82	61.23	35.35	79.72	63.66	64.98	54.27	72.49	63.16
A/O	63.78	70.28	82.85	29.81	73.21	44.87	65.88	68.58	60.46	65.57
生物接触氧化	55.72	60.29	63.06	52.16	75.18	16.36	57.19	60.13	48.71	56.29
人工湿地	56.05	49.38	61.48	48.15	88.26	52.60	53.89	57.90	72.21	59.20

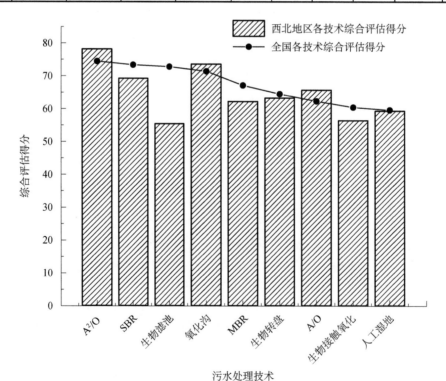

图 6-30　西北地区污水处理技术综合评估得分与全国污水处理技术综合评估得分对比

3）适用技术

西北地区技术综合评估得分与标尺（附表 3-5）对比结果如下：A²/O 技术综合评估得分高于一级 A 规模 I 刻度值（75.34 分）；氧化沟技术综合评估得分高于一级 A 规模Ⅳ刻度值（72.25 分）和一级 B 规模Ⅱ刻度值（72.14 分）；SBR 技术综合评估得分高于一级 B 规模 V 刻度值（68.24 分）；MBR、生物转盘、A/O 技术综合评估得分高于二级规模 I 刻度值（60.45 分）；人工湿地技术综合评估得分高于二级规模Ⅲ刻度值（58.59 分）；生物接触氧化技术综合评估得分高于二级规模 V 刻度值（55.69 分）；生物滤池技术综合评估得分高于三级规模 I 刻度值（52.36 分）。这说明在西北地区若需将规模量为 20 万～50 万 m³/d 污水处理达到一级 A 标准时，建议选用 A²/O 技术作为主体技术；若需将规模量为 2 万～5 万 m³/d 污水处理达到一级 A 标准或将规模量为 10 万～20 万 m³/d 污水处理达到一级 B 标准时，还可选用氧化沟技术作为主体技术；若需将规模量为 0.5 万～2 万 m³/d 污水处理达到一级 B 标准时，还可选用 SBR 技术作为主体技术；若需将规模量为 20 万～50 万 m³/d 污水处理达到二级标准时，还可选用 MBR、生物转盘、A/O 技术作为主体技术；若需将规模量为 5 万～10 万 m³/d 污水处理达到二级标准时，还可选用人工湿地技术作为主体技术；若需将规模量为 20 万～50 万 m³/d 污水处理达到三级标准时，还可选用生物滤池技术作为主体技术。

6. 西南地区城镇污水处理技术综合评估

1）应用情况

评估使用数据来自 2011～2018 年城镇污水处理厂环境统计数据，以 2018 年最新更新的数据为准，西南地区使用 A²/O、SBR、生物滤池、氧化沟、MBR、生物转盘、A/O、生物接触氧化、人工湿地处理技术的污水处理厂工程分别为 242 个、120 个、31 个、207 个、108 个、41 个、173 个、219 个、87 个。西南地区技术占比情况如图 6-31 所示。

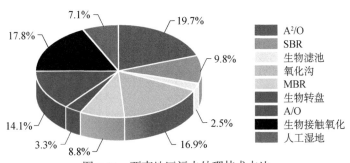

图 6-31　西南地区污水处理技术占比

2）技术水平

将各个城镇污水处理厂的指标数据按照技术类别分别求其平均值用于评估计算，综合得分结果如表 6-12 所示。西南地区城镇污水处理技术综合评估得分与全国城镇污水处理技术得分对比如图 6-32 所示。分析可知，A²/O 技术在西南地区的综合评估得分最高，其次是生物接触氧化、MBR、生物滤池技术，得分均在 70 分以上，生物接触氧化、MBR 与 A²/O 技术凭借在西北地区对污染物较高的去除能力以及较低的污泥产生量使得其综合评估得分高于全国平均水平。生物接触氧化、MBR、生物滤池技术得分较为全面，没有明显短板。A²/O 技术的污染物去除效率以及技术收益高，同时具有较低的污泥产生量和运行成本，但在技术适用性上仍存在短板。除此之外，可能受西南地区温暖湿润、适宜生物生长的气候影响，生物接触氧化和人工湿地技术得分均偏高，高于全国平均水平。SBR 和氧化沟技术主要短板在于其技术适用性较差，而其他技术并无明显短板，但其环境、经济、技术得分均在中等左右。综上所述，A²/O、生物接触氧化、MBR、生物滤池技术适宜作为主体技术在西南地区选用，对技术适用性有需求的地区需谨慎选择 A²/O 技术。本次评估技术为各污水处理厂的主体技术，若考虑添加深度处理单元，仍需进一步考察。

表 6-12　西南地区技术要素层、准则层指标评估得分及综合评估得分

技术名称	要素层指标评估得分						准则层指标评估得分			综合评估得分
	环境效果	二次污染	技术成本	经济收益	技术可靠性	技术适用性	环境	经济	技术	
A²/O	79.50	99.40	99.03	60.10	87.01	4.86	85.93	88.56	50.04	78.92
SBR	74.20	71.33	82.02	51.22	86.25	14.27	73.27	73.74	53.86	69.17
生物滤池	67.47	75.77	74.10	58.37	88.49	59.04	70.15	69.87	75.24	71.17
氧化沟	73.11	78.15	88.21	40.34	87.38	7.38	74.74	75.33	51.38	69.81
MBR	78.61	74.61	90.40	46.12	82.50	49.99	77.32	78.49	67.87	75.63
生物转盘	66.30	72.12	64.96	44.61	91.47	63.71	68.18	59.49	78.98	67.73
A/O	53.20	80.45	82.29	32.93	88.02	57.20	62.00	69.01	74.15	66.93
生物接触氧化	70.73	90.96	89.86	57.76	86.20	62.00	77.26	81.23	75.31	78.12
人工湿地	60.06	62.13	69.43	50.17	84.92	40.07	60.73	64.25	64.74	62.75

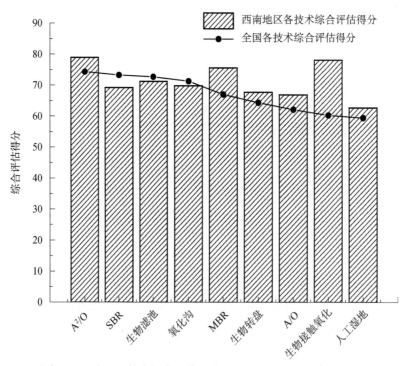

图 6-32　西南地区污水处理技术综合评估得分与全国污水处理技术综合评估得分对比

3）适用技术

西南地区技术得分与标尺（附表 3-6）对比结果如下：A^2/O、生物接触氧化技术综合评估得分高于一级 A 规模 I 刻度值（75.97 分）；MBR 技术综合评估得分高于一级 A 规模 II 刻度值（75.07 分）；生物滤池技术综合评估得分高于一级 A 规模 V 刻度值（70.99 分）和一级 B 规模 II 刻度值（71.14 分）；SBR、氧化沟技术综合评估得分高于一级 B 规模 IV 刻度值（68.81 分）；生物转盘技术综合评估得分高于一级 B 规模 V 刻度值（67.06 分）；A/O、人工湿地技术综合评估得分高于二级规模 I 刻度值（53.68 分）。这说明在西南地区若需将规模量为 20 万～50 万 m^3/d 污水处理达到一级 A 标准时，建议选用 A^2/O、生物接触氧化技术作为主体技术；若需将规模量为 10 万～20 万 m^3/d 污水处理达到一级 A 标准时，还可选用 MBR 技术作为主体技术；若需将规模量为 0.5 万～2 万 m^3/d 污水处理达到一级 A 标准或将规模量为 10 万～20 万 m^3/d 污水处理达到一级 B 标准时，还可选用生物滤池技术作为主体技术；若需将规模量为 2 万～5 万 m^3/d 污水处理达到一级 B 标准时，还可选用 SBR、氧化沟技术作为主体技术；若需将规模量为 0.5 万～2 万 m^3/d 污水处理达到一级 B 级标准时，还可选用生物转盘技术作为主体技术；若需将规模量为 20 万～50 万 m^3/d 污水处理达到二级标准时，还可选用 A/O、人工湿地技术作为主体技术。

7. 全国污水处理厂评估结果总结

1）不同地区的最佳城镇污水处理技术排名不同

东北地区所评估的城镇污水处理技术综合评估排名为：生物滤池技术>A/O 技术>A^2/O 技术>SBR 技术>生物转盘技术>生物接触氧化技术>氧化沟技术>MBR 技术>人工湿地技术（">"符号表示的意思为：符号前面的技术综合评估结果优于符号后面的技术，下同），在东北地区仅以综合评估得分作为参考，SBR、A/O、A^2/O 技术适宜作为主体技术选用，对技术适用性有需求的地区需谨慎选择使用 A^2/O 技术。

华北地区所评估的城镇污水处理技术综合评估排名为：生物接触氧化技术>SBR 技术>A/O 技术>氧化沟技术>A^2/O 技术>生物滤池技术>生物转盘技术>人工湿地技术>MBR 技术，在华北地区仅以综合评估得分作为参考，生物接触氧化、SBR、A/O、氧化沟技术适宜作为主体技术选用，对经济收益有需求的地区需谨慎选择生物接触氧化技术，对技术适用性有需求的地区需谨慎选择 A/O、氧化沟技术。

华东地区所评估的城镇污水处理技术综合评估排名为：氧化沟技术>MBR 技术>A/O 技术>生物接触氧化技术>SBR 技术>A^2/O 技术>人工湿地技术>生物滤池技术>生物转盘技术，在华东地区仅以综合评估得分作为参考，氧化沟、MBR、A/O、生物接触氧化、SBR、A^2/O 技术适宜作为主体技术选用，对技术适用性有需求的地区需谨慎选择 A^2/O、SBR 技术。

华南地区所评估的城镇污水处理技术综合评估排名为：A/O 技术>氧化沟技术>MBR 技术>A^2/O 技术>SBR 技术>生物滤池技术>生物转盘技术>人工湿地技术>生物接触氧化技术，在华南地区仅以综合评估得分作为参考，A/O、氧化沟、MBR、A^2/O 技术适宜作为主体技术选用，对技术适用性有需求的地区需谨慎选择 A^2/O 技术。

西北地区所评估的城镇污水处理技术综合评估排名为：A^2/O 技术>氧化沟技术>SBR 技术>A/O 技术>生物转盘技术>MBR 技术>人工湿地技术>生物接触氧化技术>生物滤池技术，在西北地区仅以综合评估得分作为参考，氧化沟和 A^2/O 技术适宜作为主体技术选用。

西南地区所评估的城镇污水处理技术综合评估排名为：A^2/O 技术>生物接触氧化技术>MBR 技术>生物滤池技术>氧化沟技术>SBR 技术>生物转盘技术>A/O 技术>人工湿地技术，在西南地区仅以综合评估得分作为参考，A^2/O、生物接触氧化、MBR、生物滤池技术适宜作为主体技术在西南地区选用，对技术适用性有需求的地区需谨慎选择 A^2/O 技术。

通过对每个地区的城镇污水处理技术综合评估得分进行排名，得到每个地区所评估的城镇污水处理技术综合评估排名，发现不同地区城镇污水处理技术综合评估排名不同。再结合当地实际情况，适宜当地主体技术也不同。

2）同种技术在不同地理区划综合使用情况不同

A^2/O 技术在不同地理区划的综合评估排名为：西南地区>西北地区>华东地区>东北地区>华南地区>华北地区，说明 A^2/O 技术在西南地区综合使用效果最佳。

SBR 技术在不同地理区划的综合评估排名为：华北地区>华东地区>东北地区>西南地区>西北地区>华南地区，说明 SBR 技术在华北地区综合使用效果最佳。

生物滤池技术在不同地理区划的综合评估排名为：东北地区>西南地区>华东地区>华南地区>华北地区>西北地区，说明生物滤池技术在东北地区综合使用效果最佳。

氧化沟技术在不同地理区划的综合评估排名为：华东地区>华南地区>西北地区>华北地区>西南地区>东北地区，说明氧化沟技术在华东地区综合使用效果最佳。

MBR 技术在不同地理区划的综合评估排名为：华东地区>西南地区>华南地区>东北地区>西北地区>华北地区，说明 MBR 技术在华东地区综合使用效果最佳。

生物转盘技术在不同地理区划的综合评估排名为：东北地区>西南地区>华南地区>西北地区>华北地区>华东地区，说明生物转盘技术在东北地区综合使用效果最佳。

A/O 技术在不同地理区划的综合评估排名为：华南地区>华东地区>东北地区>华北地区>西南地区>西北地区，说明 A/O 技术在华南地区综合使用效果最佳。

生物接触氧化技术在不同地理区划的综合评估排名为：西南地区>华北地区>华东地区>东北地区>西北地区>华南地区，说明生物接触氧化技术在西南地区综合使用效果最佳。

人工湿地技术在不同地理区划的综合评估排名为：华东地区>华南地区>西南地区>华北地区>西北地区>东北地区，说明人工湿地技术在华东地区综合使用效果最佳。

参 考 文 献

柴田. 2018. 基于随机方法的船舶碰撞与溢油污染风险评价研究——以台湾海峡为例. 大连：大连海事大学.

陈文娟. 2019. 信息生态位宽度测度模型及实证研究. 情报理论与实践，12：80-85.

陈彦光. 2003. 城市地理系统结构与功能的分形模型——关于地理系统异速生长方程与Cobb-Douglas函数的理论探讨与实证分析. 北京大学学报（自然科学版），（2）：229-235.

陈扬，冯钦忠，刘俐媛，等. 2021. 中国环境技术验证评价现状及发展. 环境保护科学，47（3）：7-12.

程星华，谢胜，吕永鹏，等. 2014. 熵权-灰色关联模型在农村生活污水处理技术选取中的应用. 给水排水，50（S1）：173-177.

邓荣森，张新颖，王涛，等. 2007. 氧化沟工艺的技术经济评估. 中国给水排水，（16）：37-40.

董传强，成官文，吴琼芳，等. 2014. 基于模糊综合评价的贵州省县级城镇污水处理厂主要工艺评价. 桂林理工大学学报，34（1）：107-112.

冯秀珍，张杰，张晓凌. 2011. 技术评估方法与实践. 北京：知识产权出版社.

傅金祥，谢凌薇，曲明，等. 2012. 熵权TOPSIS法在屠宰行业污水处理优选中的应用. 沈阳建筑大学学报（自然版），28（5）：909-914.

高志永. 2010. 环境污染防治技术评估方法及技术经济费效分析研究. 北京：中国地质大学.

高志永，王莹，王凯军. 2012. 我国环境技术评估体系框架构建探讨//中国环境科学学会. 中国环境科学学会学术年会论文集（第一卷）. 北京：中国农业大学出版社：467-470.

郭劲松，杨渊，方芳. 2005. 西部小城镇污水处理技术评价指标体系研究. 重庆大学学报（社会科学版），（2）：14-17.

郭静波，吴玉珍，马放，等. 2018. 改进层次分析法在污水处理工艺选择中的应用. 化学通报，81（6）：555-561.

胡佳. 2016. 小城镇污水处理适用技术工艺分析与评价. 低碳世界，（10）：152-153.

黄朝煊，安贵阳. 2018. 浙江省典型河道清淤效益评估分析. 中国人口·资源与环境，28（S1）：101-104.

黄海明，宋乾武，许春莲，等. 2012. 水污染防治生物处理技术验证评估方法研究. 环境工程技术学报，2（3）：259-263.

姜迎全，席德立. 1999. 清洁煤技术的定量评价方法. 环境科学，（3）：96-100.

姜勇. 2013. 印染废水处理设施综合评价指标体系和评价方法的研究. 武汉：华中科技大学.

蒋博龄. 2016. 典型工业园区末端水处理技术评估方法研究. 天津：天津大学.

焦鹏，唐见兵，查亚兵. 2007. 仿真可信度评估中相似度方法的改进及其应用. 系统仿真学报，（12）：2658-2660.

康峤. 2016. 基于WASP_HSPF耦合模型的第二松花江松林断面水质模拟研究. 长春：吉林大学.

孔赟，朱光灿，张亚平，等. 2012. 农村生活污水处理工艺综合效能评估. 东南大学学报（自然科学版），42（3）：473-477.

李丹晨. 2019. 苏州地区城市污水处理厂处理工艺对比分析与评估. 苏州：苏州科技大学.

李冬梅，党志良，叶朝丽，等. 2007. 西安市纺织城区污水回用效益评价. 节水灌溉，（3）：62-63，66.

李刚，万幼川. 2012. 基于高维云模型和RBF神经网络的遥感影像不确定性分类方法. 测绘科学，37（1）：115-118.

李佳. 2017. 寒区水循环模拟研究及其在松花江流域的应用. 上海：东华大学.

李玲君. 2017. 工业园区水污染防治技术方法研究. 天津：天津大学.

李鹏波，张士峰，蔡洪. 1999. 导弹仿真试验结果静态一致性检验及其置信度. 现代防御技术，（6）：31-36.

李蕊. 2010. 辽河流域典型造纸工业废水治理技术评价方法集成与优化. 沈阳：东北大学.

李晓瑜，彭子城，梁凯云，等. 2016. 污泥深度脱水干化/焚烧技术分析及其经济性评估. 再生资源与循环经济，9（9）：33-37.

李亚男，刘飞，杨明. 2009. 基于知识的仿真模型验证方法的研究. 系统仿真学报，21（8）：2277-2280.

梁静芳. 2010. 制药行业水污染防治技术评估方法研究. 石家庄：河北科技大学.

廖海涛. 2017. 污水处理厂污泥处理处置技术评估. 环境与发展，29（3）：89-91.

凌琪. 1996. AHP法在废水治理技术综合评价中的应用. 安徽建筑工业学院学报（自然科学版），（3）：51-55.

刘明辉. 2009. 污水处理工艺的技术经济评价初步研究. 郑州：郑州大学.

刘扬，杨玉楠，王勇. 2008. 层次分析法在我国小城镇分散型生活污水处理技术综合评价中的应用. 水利学报，（9）：1146-1150.

骆其金，钟昌琴，谌建宇，等. 2016. 农村生活污水处理技术评估方法与案例研究. 环境工程技术学报，6（2）：105-110.

吕任生，赵晨曦，马俊英，等. 2014. 新疆农牧区生活污水处置技术综合性能评估与筛选. 环境工程，32（5）：34-39.

马世忠. 2006. 循环经济指标体系与支撑体系研究. 青岛：中国海洋大学.

米艳杰. 2015. 伊通河水体污染生态修复及效益评价. 长春：东北师范大学.

牟桂芹，隋立华，郭亚逢，等. 2013. 石化行业炼油恶臭污染源治理技术评估. 环境科学，34（12）：4771-4778.

宁小磊，吴颖霞，于天朋，等. 2016. 基于改进灰色关联分析的仿真模型综合验证方法. 兵工学报，37（2）：338-347.

秦川. 2009. 模糊综合评价在焦化废水处理技术中的应用. 化工环保，29（5）：453-457.

秦琦，宋乾武，代晋国，等. 2011. 印制线路板生产废水处理最佳可行技术评估. 中国环保产业，（2）：48-50.

沈丰菊，张克强，李军幸，等. 2014. 基于模糊积分模型的农村生活污水处理模式综合评价方法. 农业工程学报，30（15）：272-280.

史艳杰. 2018. 浊漳河南源上游某人工湿地工程可行性研究. 节能，37（12）：77-80.

万宁，陶磊，乔婧. 2013. 基于层次分析法的人工湿地减排绩效评估指标体系研究. 环境污染与防治，35

（9）：107-111.

王胜男，杨骄子，陈昱希. 2009. 城市污水处理厂工艺选优综合评价体系的探讨. 山西建筑，35（22）：200-202.

王涛，楼上游. 2004. 中国城市污水处理工艺现状调查与技术经济指标评价. 给水排水，（5）：1-4.

王心，姜琦，魏东洋，等. 2017. 水专项技术的分类及其就绪度评价. 科技管理研究，37（1）：69-74.

王卓，宋剑锋，张黎. 2016. 辽宁省城镇污水处理厂综合绩效评价研究. 环境保护与循环经济，36（9）：72-75.

吴毅. 2015. 太湖流域污水处理厂尾水生态净化工程绩效评估研究. 南京：南京大学.

夏训峰，王明新，闵慧，等. 2012. 基于模糊优劣系数法的农村生活污水处理技术优选评价方法. 环境科学学报，32（9）：2287-2293.

徐海峰，王翔宇，匡武. 2018. 安徽省典型区域农村生活污水处理技术适用性评估. 安徽农业科学，46（19）：191-195.

薛念涛，张国臣，王莹，等. 2014. 属性综合评价法评估黄姜皂素废水处理工艺. 环境科学与技术，37（2）：163-166.

杨宇. 2015. 东北地区城镇污水处理厂处理工艺优选模型及绩效评估体系研究. 哈尔滨：哈尔滨工业大学.

杨渊. 2005. 西部小城镇污水处理技术综合评价研究. 重庆：重庆大学.

姚金玲，王海燕，于云江，等. 2010. 城市污水厂污泥处理处置技术评估及工艺选择. 环境工程，28（1）：81-84.

要亚静，卢学强，邵晓龙，等. 2017. 基于全流程最优的工业园区企业废水处理技术评估. 中国环境科学，37（8）：3183-3189.

伊萨. 2015. 巴勒斯坦农村地区污水处理评估研究. 天津：天津大学.

应天元. 1997. 系统综合评价的赋权新方法——PC-LINMAP 耦合模型. 系统工程理论与实践，（2）：9-14.

张国凡，艾森，聂小华. 2022. 航空薄壁结构静强度分析模型校核方法研究. 工程与实验，64（4）：52-54.

张立恒. 2019. 基于 AHP-熵权法的我国区域科技创新可拓学评价模型及实证研究. 工业技术经济，38（8）：130-136.

张铁坚，张小燕，李炜，等. 2015. 基于 AHP 的河北平原地区农村生活污水处理技术筛选. 浙江农业学报，27（6）：1037-1041.

张晓凌，冯秀珍，张杰. 2011. 技术评估方法与实践. 北京：知识产权出版社.

赵高辉. 2019. 北京市典型农村污水处理技术适用性评估. 北京：北京建筑大学.

郑海燕，崔春山. 2019. 区域经济协调发展评价指标体系及评价模型构建. 商业经济研究，（14）：143-146.

周晓莉. 2016. 村庄生活污水治理适宜技术选择和设施规范化建设研究. 南京：东南大学.

朱文婷. 2016. 低污染水生态净化技术方案研究与效果评估. 南京：南京大学.

Adisa A. 1999. Life cycle assessment and its application to process selection design and optimisation. Chemical Engineering Journal，73（1）：1-21.

ASME. 2006. Guide for Verification & Validation in Computational Solid Mechanics. New York：American Society of Mechanical Engineers.

Crochemore L，Perrin C，Andréassian V，et al.2015. Comparing expert judgement and numerical criteria for hydrograph evaluation. Hydrological Sciences Journal，60（3）：402-423.

Fornell C, Bookstein F L. 1982, A comparative analysis of two structural equation models: LISREL and PLS applied to market data//Fornell C. A Second Generation of Mutivariate Analysis. New York: Praeger: 289-324.

Herman C F. 1967. Validation problems in games and simulations with special reference to models of international politics. Behavioral Science, 12 (3): 216-231.

Iftikhar M U, Weyns D. 2012. A case study on formal verification of self-adaptive behaviors in a decentralized system. Electronic Proceedings in Theoretical Computer Science, 91 (103): 43-46.

Jöreskog K G. 1977. Structural equation models in the social sciences: Specification, estimation and testing// Krishnaiah P R. Applications of Statistics. Amsterdam: North-Holland Publishing Co.: 265-287.

Jöreskog K G. 1978. Structural analysis of covariance and correlation matrices. Psychometrika, 43: 443-477.

Jöreskog K G. 1973. A general method for estimating a linear structural equation system//Goldberger A S, Duncan O D. Structural Equation Models in the Social Sciences. New York: Seminar Press: 85-112.

Kheir N A, Holmes W M. 1978. On validating simulation models of missile systems. Simulation, 30 (4): 117-128.

Martens J, Pauwels K, Put F. 2006. A Neural Network Approach to the Validation of Simulation Models. Monterey: Proceedings of the 2006 Winter Simulation Conference: 905-910.

Mehrabadi N R, Wen B, Burgos R, et al. 2014. Verification, validation and uncertainty quantification (VV&UQ) framework applicable to power electronics systems. SAE Technical Paper, 2014-01-2176.

Mullins J, Mahadevan S. 2016. Bayesian uncertainty integration for model calibration, validation, and prediction. Journal of Verification, Validation and Uncertainty Quantification, 1 (1): 011006.

Purba J H, Lu J, Zhang G, et al. 2014. A fuzzy reliability assessment of basic events of fault trees through qualitative data processing. Fuzzy Sets and Systems, 243: 50-69.

Saaty T, Tran L. 2007. On the invalidity of fuzzifying numerical judgments in the Analytic Hierarchy Process. Mathematical and Computer Modelling, 7-8 (46): 962-975.

Saaty T. 1996. Multi-criteria Decision Making. Pittsburgh: RWS Publications.

Sankararaman S, Ling Y, Mahadevan S. 2011. Uncertainty quantification and model validation of fatigue crack growth prediction. Engineering Fracture Mechanics, 78 (7): 1487-1504.

Schruben L W. 1980. Establishing the credibility of simulations. Simulation, 34 (3): 101-105.

Tian Y J, Da Q X. 2012. Analysis on evaluation method of macroeconomic situation. Advanced Materials Research, 1671: 1734-1738.

Turan N G, Mesci B, Ozgonenel O. 2011. The use of artificial neural networks (ANN) for modeling of adsorption of Cu (II) from industrial leachate by pumice. Chemical Engineering Journal, 171 (3): 1091-1097.

Wang Y L, Song Y. 2018. The antipollution evaluation of phreatic water by comprehensive index evaluation model based on the bayes. IOP Conference Series: Earth and Environmental Science, 199 (2): 022032.

Wright R D. 1972. Validating Dynamic Models: An Evaluation of Tests of Predictive Power. La Jolla: Proceedings of the 1972 Summer Computer Simulation Conference: 1286-1296.

附录 1 综合评估指标数据库

附表 1-1 城镇生活污水处理技术综合评估结果

	代号	T1	T2	T3	T4	T5	T6	T7	T8	T9
	综合得分	79.73	76.18	67.05	75.55	58.89	72.67	67.43	59.71	59.02
准则层	环境	99.04	90.88	95.07	94.35	74.60	96.93	86.46	57.15	73.79
	经济	46.24	54.21	12.69	39.95	23.81	27.41	33.45	50.96	25.38
	技术	89.00	78.00	89.00	89.00	78.00	89.00	78.00	78.00	78.00
要素层	环境效果	98.58	86.54	92.72	91.65	62.48	95.47	80.00	36.70	61.28
	二次污染	100.00	100.00	100.00	100.00	100.00	100.00	100.00	100.00	100.00
	技术成本	30.14	59.44	10.00	25.21	25.21	30.14	20.00	40.28	20.00
	经济收益	90.00	40.00	20.00	80.00	20.00	20.00	70.00	80.00	40.00
	技术可靠性	80.00	60.00	80.00	80.00	60.00	80.00	60.00	60.00	60.00
	技术适用性	100.00	100.00	100.00	100.00	100.00	100.00	100.00	100.00	100.00
指标层	COD 去除率	80.00	85.00	85.00	70.00	60.00	80.00	80.00	80.00	78.00
	氨氮去除率	100.00	90.00	100.00	100.00	62.00	100.00	80.00	20.00	60.00
	TN 去除率	100.00	90.00	100.00	100.00	62.00	100.00	80.00	20.00	60.00
	TP 去除率	100.00	80.00	80.00	80.00	64.00	90.00	80.00	60.00	60.00
	吨水污泥产生量	100.00	100.00	100.00	100.00	100.00	100.00	100.00	100.00	100.00
	吨水投资成本	20.00	100.00	10.00	10.00	10.00	20.00	20.00	20.00	20.00
	吨水运行费用	40.00	20.00	10.00	40.00	40.00	40.00	20.00	60.00	20.00
	吨水运行收益	90.00	40.00	20.00	80.00	20.00	20.00	70.00	80.00	40.00
	运行稳定性	80.00	60.00	80.00	80.00	60.00	80.00	60.00	60.00	60.00
	负荷率	100.00	100.00	100.00	100.00	100.00	100.00	100.00	100.00	100.00

附表 1-2 河流大型洲滩与河口湿地修复技术综合评估结果

层	代号	A1	A2	A3	A4	A5	A6	A7	A8	A9	A10	A11	A12	A13	A14	A15	A16	A17
	综合得分	77.01	69.67	87.11	73.76	50.45	94.34	72.88	92.01	72.88	94.15	91.58	90.64	91.63	99.73	67.28	77.83	77.64
准则层	环境	85.88	59.11	86.26	42.69	70.44	58.36	42.69	42.69	89.14	53.81	39.93	53.81	49.89	63.28	78.42	67.93	100.00
	经济	56.67	56.67	100.00	85.06	59.24	85.25	81.65	87.46	80.92	74.19	87.53	89.04	96.35	100.00	70.34	79.94	85.38
	技术	82.17	85.85	95.42	67.17	60.05	79.32	65.74	74.05	80.98	74.05	73.01	77.83	79.29	87.67	72.01	75.24	87.67
要素层	水质环境	89.28	35.83	77.63	79.06	68.59	68.59	75.75	73.97	68.59	73.97	73.97	73.97	81.59	97.39	68.59	73.97	73.97
	生境状况	75.00	75.00	50.00	50.00	50.00	50.00	50.00	61.00	61.00	61.00	61.00	90.00	58.00	50.00	50.00	61.00	50.00
	生物状况	90.00	90.00	90.00	90.00	50.00	50.00	70.00	30.00	50.00	50.00	50.00	50.00	50.00	90.00	50.00	50.00	70.00
	投资成本	90.00	70.00	90.00	90.00	90.00	90.00	90.00	70.00	70.00	90.00	90.00	50.00	90.00	90.00	70.00	90.00	90.00
	运行成本	70.00	90.00	70.00	70.00	70.00	80.00	70.00	90.00	70.00	90.00	70.00	70.00	50.00	50.00	90.00	90.00	90.00
	技术收益	10.00	10.00	90.00	70.00	70.00	50.00	70.00	50.00	70.00	70.00	70.00	50.00	50.00	50.00	50.00	50.00	50.00
	技术可靠性	70.00	90.00	50.00	50.00	90.00	90.00	90.00	90.00	70.00	90.00	70.00	50.00	90.00	90.00	90.00	90.00	90.00
	技术适用性	79.89	79.89	90.00	79.89	79.89	79.89	64.84	69.78	69.78	69.78	69.78	59.89	69.78	69.78	69.78	69.78	79.89
	生产力状况	90.00	90.00	90.00	80.06	70.00	59.94	50.00	90.00	80.06	80.06	80.06	80.06	70.00	55.09	90.00	90.00	90.00
指标层	COD浓度	57.49	31.24	64.35	64.35	46.52	46.52	53.12	55.44	46.52	55.44	55.44	55.44	67.91	98.57	46.52	55.44	55.44
	氨氮浓度	86.80	40.55	91.28	94.19	91.28	91.28	99.01	93.02	91.28	93.02	93.02	93.02	95.64	96.16	91.28	93.02	93.02
	植被覆盖率	75.00	75.00	50.00	50.00	50.00	50.00	50.00	61.00	61.00	61.00	61.00	90.00	58.00	50.00	50.00	61.00	50.00
	生态类群	90.00	90.00	90.00	90.00	90.00	90.00	90.00	90.00	70.00	90.00	50.00	50.00	90.00	90.00	50.00	50.00	50.00
	建设成本	90.00	70.00	90.00	70.00	90.00	90.00	90.00	90.00	90.00	90.00	90.00	50.00	90.00	90.00	70.00	90.00	90.00
	维护成本	70.00	90.00	70.00	70.00	90.00	80.00	70.00	90.00	90.00	70.00	70.00	70.00	50.00	50.00	90.00	90.00	90.00
	经济效益	10.00	10.00	90.00	70.00	70.00	50.00	80.00	50.00	70.00	70.00	50.00	50.00	50.00	50.00	50.00	50.00	50.00
	运行管理难易程度	70.00	90.00	90.00	50.00	90.00	90.00	90.00	90.00	90.00	90.00	90.00	90.00	90.00	90.00	90.00	90.00	90.00
	应用推广程度	70.00	70.00	90.00	90.00	90.00	70.00	50.00	50.00	50.00	50.00	50.00	50.00	50.00	50.00	50.00	50.00	70.00
	技术操作难易程度	90.00	90.00	90.00	70.00	70.00	90.00	80.00	90.00	90.00	90.00	90.00	70.00	90.00	90.00	90.00	90.00	90.00
	生物量	90.00	90.00	90.00	90.00	70.00	50.00	50.00	90.00	70.00	90.00	90.00	90.00	70.00	70.00	90.00	90.00	90.00
	物种数量	90.00	90.00	90.00	70.00	70.00	70.00	50.00	90.00	70.00	90.00	70.00	70.00	70.00	40.00	90.00	90.00	90.00

附表 1-3 农村生活污水处理技术综合评估结果

代号	B1	B2	B3	B4	B5	B6	B7	B8	B9	B10	B11	B12	B13	B14	B15
综合得分	83.64	82.54	82.12	80.11	79.54	78.41	77.48	76.87	75.62	75.20	74.65	74.52	74.24	74.05	74.00
环境	81.46	82.54	81.82	80.98	81.63	74.93	71.42	71.60	81.89	81.18	72.61	74.62	70.76	71.76	72.00
经济	82.95	75.24	75.68	68.38	63.78	77.79	73.19	76.79	51.35	58.95	70.42	66.99	69.66	70.62	81.56
技术	87.20	87.38	86.82	86.64	87.02	83.77	88.89	84.39	82.81	77.49	80.34	79.38	82.21	79.58	71.87
环境效果	78.95	80.73	85.75	78.98	78.52	71.58	67.57	65.50	78.20	77.59	73.80	70.85	65.71	65.71	68.02
二次污染	89.00	88.00	70.00	87.00	91.00	85.00	83.00	90.00	93.00	92.00	69.00	86.00	86.00	90.00	84.00
经济收益	83.00	80.00	90.00	63.00	65.00	76.00	65.00	68.00	52.00	65.00	60.00	68.00	73.00	70.00	85.00
技术成本	82.93	73.67	70.94	70.17	63.37	78.39	75.91	79.70	51.13	56.95	73.87	66.65	68.55	70.82	80.41
技术适用性	91.25	90.50	89.75	89.50	90.02	90.00	92.51	87.51	79.76	75.00	83.77	82.49	86.26	82.76	72.49
技术可靠性	75.00	78.00	78.00	78.00	78.00	65.00	78.00	75.00	92.00	85.00	70.00	70.00	70.00	70.00	70.00
运行管理难易程度	95.00	92.00	89.00	88.00	75.00	90.00	85.00	80.00	67.00	75.00	65.00	90.00	75.00	70.00	80.00
使用寿命	90.00	90.00	90.00	90.00	95.00	90.00	95.00	90.00	84.00	75.00	90.00	80.00	90.00	87.00	70.00
技术可靠性	75.00	78.00	78.00	78.00	78.00	65.00	78.00	75.00	92.00	85.00	70.00	70.00	70.00	70.00	70.00
TN去除率	70.00	79.00	76.00	79.00	75.00	64.00	58.00	30.00	74.00	76.00	73.00	71.00	60.00	60.00	60.00
TP去除率	88.00	84.00	83.00	76.00	71.00	73.00	52.00	73.00	68.00	75.00	76.00	65.00	60.00	60.00	60.00
COD去除率	79.00	80.00	83.00	82.00	84.00	67.00	76.00	76.00	85.00	81.00	75.00	78.00	70.00	70.00	65.00
氨氮去除率	78.00	80.00	95.00	79.00	82.00	78.00	78.00	74.00	83.00	78.00	72.00	70.00	70.00	70.00	80.00
二次污染	89.00	88.00	70.00	87.00	91.00	85.00	83.00	90.00	93.00	92.00	69.00	86.00	86.00	90.00	84.00
基建投资	88.00	60.00	57.00	58.00	51.00	69.00	76.00	75.00	47.00	40.00	79.00	75.00	60.00	70.00	90.00
占地面积	73.00	55.00	54.00	58.00	75.00	87.00	85.00	68.00	84.00	85.00	70.00	10.00	75.00	60.00	3.00
运行费用	81.00	93.00	90.00	86.00	72.00	85.00	73.00	88.00	45.00	65.00	70.00	76.00	75.00	75.00	95.00
经济收益	83.00	80.00	90.00	63.00	65.00	76.00	65.00	68.00	52.00	65.00	60.00	68.00	73.00	70.00	85.00

准则层　要素层　指标层

续表

层	代号	B16	B17	B18	B19	B20	B21	B22	B23	B24	B25	B26	B27	B28	B29	B30	B31	B32
	综合得分	73.98	73.96	73.84	73.84	73.77	72.57	72.35	70.75	69.39	69.24	68.24	68.01	67.83	66.28	66.04	65.22	78.52
准则层	环境	65.38	73.49	67.72	66.94	67.47	70.39	69.67	67.47	67.02	67.29	67.47	67.18	62.49	59.61	71.02	67.47	72.75
准则层	经济	75.20	63.71	70.03	69.14	74.47	58.71	74.18	55.21	80.14	81.68	58.24	56.34	67.47	79.56	39.39	51.24	74.44
准则层	技术	85.33	81.40	85.02	86.71	82.21	84.83	74.94	85.64	65.67	63.79	75.95	76.90	75.64	66.95	76.61	71.30	89.39
要素层	环境效果	63.85	68.02	60.33	59.95	60.00	66.20	62.92	60.00	66.04	59.76	60.00	59.60	60.00	49.52	64.72	60.00	69.35
要素层	二次污染	70.00	90.00	90.00	88.00	90.00	83.00	90.00	90.00	70.00	90.00	90.00	90.00	70.00	90.00	90.00	90.00	83.00
要素层	经济收益	86.00	70.00	70.00	87.00	75.00	70.00	87.00	65.00	98.00	85.00	75.00	80.00	90.00	98.00	65.00	63.00	70.00
要素层	技术成本	71.62	61.62	70.04	63.22	74.29	54.96	69.93	51.97	74.21	80.58	52.69	48.49	60.00	73.44	30.90	47.34	75.91
要素层	技术适用性	88.75	88.50	90.00	92.26	86.26	89.76	78.24	87.51	77.51	75.00	81.25	82.51	77.51	74.24	88.75	85.00	92.51
要素层	技术可靠性	75.00	60.00	70.00	70.00	70.00	70.00	65.00	80.00	30.00	30.00	60.00	60.00	70.00	45.00	40.00	30.00	80.00
指标层	运行管理难易程度	85.00	90.00	90.00	84.00	75.00	83.00	88.00	80.00	70.00	75.00	85.00	75.00	70.00	87.00	85.00	85.00	85.00
指标层	使用寿命	90.00	88.00	90.00	95.00	90.00	92.00	75.00	80.00	80.00	75.00	80.00	85.00	80.00	70.00	90.00	85.00	95.00
指标层	技术可靠性	75.00	60.00	70.00	70.00	70.00	70.00	65.00	80.00	30.00	30.00	60.00	60.00	70.00	45.00	40.00	30.00	80.00
指标层	TN去除率	61.00	60.00	50.00	60.00	60.00	45.00	30.00	60.00	50.00	30.00	60.00	58.00	60.00	45.00	20.00	60.00	60.00
指标层	TP去除率	65.00	70.00	70.00	50.00	60.00	75.00	40.00	60.00	70.00	60.00	60.00	60.00	60.00	45.00	80.00	60.00	55.00
指标层	COD去除率	68.00	70.00	60.00	70.00	60.00	70.00	77.00	60.00	70.00	60.00	60.00	60.00	60.00	65.00	65.00	60.00	76.00
指标层	氨氮去除率	62.00	70.00	60.00	60.00	60.00	70.00	88.00	60.00	70.00	70.00	60.00	60.00	60.00	45.00	80.00	60.00	80.00
指标层	二次污染	70.00	90.00	90.00	88.00	90.00	83.00	90.00	90.00	70.00	90.00	90.00	90.00	70.00	90.00	90.00	90.00	83.00
指标层	基建投资	65.00	60.00	60.00	65.00	79.00	30.00	65.00	30.00	80.00	80.00	20.00	20.00	60.00	45.00	45.00	30.00	76.00
指标层	占地面积	40.00	5.00	70.00	10.00	57.00	70.00	5.00	80.00	5.00	20.00	85.00	70.00	60.00	85.00	5.00	20.00	85.00
指标层	运行费用	88.00	65.00	80.00	78.00	75.00	75.00	95.00	65.00	90.00	100.00	75.00	70.00	60.00	98.00	25.00	73.00	73.00
指标层	经济收益	86.00	70.00	70.00	87.00	75.00	70.00	87.00	65.00	98.00	85.00	75.00	80.00	90.00	98.00	65.00	63.00	70.00

附表 1-4　水体水质提升技术综合评估结果

	代号	G1	G2	G3	G4	G5	G6	G7	G8	G9	G10	G11	G12	G13	G14
	综合得分	70.43	70.32	77.60	78.12	75.21	74.88	78.10	77.27	76.10	73.08	74.94	77.77	79.00	76.85
准则层	环境	82.85	65.44	81.55	85.56	77.07	80.00	86.37	78.57	84.05	80.86	70.49	86.89	87.01	80.30
	经济	56.59	67.78	67.18	62.18	67.78	55.39	67.18	55.99	50.39	61.58	67.18	61.58	72.78	62.18
	技术	64.98	70.30	76.02	78.31	73.05	80.71	73.01	87.95	84.88	69.44	78.81	76.72	69.80	79.64
要素层	技术可靠性	69.09	62.30	80.99	68.67	75.56	89.54	75.49	86.26	97.15	68.97	77.82	82.26	61.39	87.58
	技术可操作性	80.00	100.00	80.00	100.00	80.00	80.00	80.00	100.00	80.00	80.00	80.00	100.00	100.00	80.00
	推广应用程度	40.00	60.00	60.00	80.00	60.00	60.00	60.00	80.00	60.00	60.00	80.00	40.00	60.00	60.00
	技术成本	56.59	67.78	67.18	62.18	67.78	55.39	67.18	55.99	50.39	61.58	67.18	61.58	72.78	62.18
	环境收益	83.56	61.80	81.94	86.96	81.34	80.00	87.97	78.21	85.07	81.08	68.12	88.61	83.76	80.37
	环境风险	80.00	80.00	80.00	80.00	60.00	80.00	80.00	80.00	80.00	80.00	80.00	80.00	100.00	80.00
	技术稳定性	80.00	100.00	100.00	80.00	80.00	100.00	80.00	80.00	100.00	100.00	80.00	100.00	80.00	80.00
指标层	TP 去除率	97.00	100.00	100.00	84.00	64.00	100.00	76.00	92.00	100.00	61.00	82.00	100.00	100.00	87.00
	TN 去除率	20.00	20.00	67.00	89.00	85.00	100.00	89.00	100.00	91.00	60.00	73.00	60.00	43.00	80.00
	COD 去除率	96.00	61.00	73.00	33.00	70.00	67.00	59.00	73.00	100.00	64.00	79.00	84.00	47.00	100.00
	运行维护便携性	80.00	100.00	80.00	100.00	80.00	80.00	80.00	100.00	80.00	80.00	80.00	100.00	100.00	80.00
	推广应用规模	40.00	60.00	60.00	80.00	60.00	60.00	60.00	80.00	60.00	60.00	80.00	40.00	60.00	60.00
	建设成本	60.00	80.00	80.00	60.00	80.00	80.00	80.00	60.00	60.00	80.00	80.00	80.00	80.00	60.00
	运行维护成本	80.00	100.00	80.00	80.00	100.00	60.00	80.00	60.00	60.00	80.00	80.00	80.00	80.00	80.00
	能耗	60.00	60.00	80.00	80.00	60.00	60.00	80.00	80.00	60.00	60.00	80.00	60.00	100.00	80.00
	TP 浓度	90.00	20.00	65.00	97.00	88.00	80.00	90.00	83.00	98.00	87.00	80.00	94.00	60.00	60.00
	TN 浓度	80.00	80.00	80.00	56.00	80.00	80.00	100.00	70.00	89.00	79.00	80.00	80.00	97.00	85.00
	COD 浓度	84.00	80.00	86.00	100.00	78.00	80.00	93.00	81.00	87.00	92.00	39.00	85.00	80.00	93.00
	DO 提升度	80.00	60.00	100.00	100.00	80.00	80.00	60.00	80.00	60.00	60.00	80.00	100.00	100.00	80.00
	二次污染	80.00	80.00	80.00	80.00	60.00	80.00	80.00	80.00	80.00	80.00	80.00	80.00	100.00	80.00

续表

	代号	G15	G16	G17	G18	G19	G20	G21	G22	G23	G24	G25	G26	G27	G28
	综合得分	63.66	76.87	82.69	80.66	75.75	82.50	76.85	77.82	83.73	71.28	66.30	79.06	80.79	83.48
准则层	环境	58.08	77.76	80.70	74.19	79.96	83.84	83.82	81.44	85.75	70.73	68.24	81.78	81.14	87.01
	经济	62.18	67.18	67.78	73.38	68.38	68.38	73.38	67.18	67.18	62.18	61.58	61.58	61.58	72.78
	技术	63.94	77.46	90.05	85.37	71.34	86.15	66.31	76.70	88.84	73.17	62.46	84.82	90.10	81.95
要素层	技术可靠性	58.95	91.86	90.10	81.54	64.20	91.23	63.27	73.98	79.64	75.78	48.00	88.79	90.18	83.56
	技术可操作性	80.00	80.00	100.00	100.00	100.00	100.00	80.00	100.00	100.00	80.00	80.00	80.00	100.00	100.00
	推广应用程度	60.00	40.00	80.00	80.00	60.00	60.00	60.00	60.00	100.00	60.00	80.00	80.00	80.00	60.00
	技术成本	62.18	67.18	67.78	73.38	68.38	68.38	73.38	67.18	67.18	62.18	61.58	61.58	61.58	72.78
	环境收益	52.60	77.20	80.87	67.73	79.96	84.80	84.78	81.80	82.19	68.41	65.30	82.23	76.43	83.76
	环境风险	80.00	80.00	80.00	100.00	80.00	80.00	80.00	80.00	100.00	80.00	80.00	80.00	100.00	100.00
指标层	技术稳定性	80.00	100.00	100.00	100.00	100.00	100.00	80.00	100.00	100.00	100.00	80.00	80.00	100.00	80.00
	TP去除率	33.00	97.00	80.00	80.00	52.00	97.00	59.00	66.00	80.00	85.00	64.00	92.00	100.00	100.00
	TN去除率	47.00	100.00	100.00	73.00	67.00	100.00	64.00	77.00	73.00	92.00	35.00	98.00	100.00	80.00
	COD去除率	73.00	76.00	80.00	80.00	47.00	74.00	55.00	60.00	74.00	40.00	33.00	83.00	69.00	80.00
	运行维护便携性	80.00	80.00	100.00	100.00	100.00	100.00	80.00	100.00	100.00	80.00	80.00	80.00	100.00	100.00
	推广应用规模	60.00	40.00	80.00	80.00	60.00	60.00	60.00	60.00	100.00	60.00	80.00	80.00	80.00	60.00
	建设成本	60.00	80.00	80.00	80.00	100.00	100.00	100.00	80.00	80.00	60.00	80.00	80.00	100.00	80.00
	运行维护成本	80.00	80.00	100.00	100.00	100.00	100.00	80.00	80.00	80.00	80.00	80.00	80.00	80.00	80.00
	能耗	80.00	80.00	60.00	80.00	80.00	80.00	80.00	80.00	60.00	80.00	60.00	80.00	60.00	100.00
	TP浓度	86.00	60.00	80.00	80.00	79.00	100.00	87.00	98.00	60.00	40.00	70.00	85.00	80.00	60.00
	TN浓度	32.00	80.00	80.00	60.00	60.00	80.00	89.00	71.00	80.00	80.00	60.00	90.00	60.00	97.00
	COD浓度	40.00	100.00	83.00	57.00	100.00	80.00	82.00	80.00	91.00	60.00	70.00	87.00	87.00	80.00
	DO提升度	60.00	60.00	80.00	80.00	80.00	80.00	80.00	80.00	100.00	100.00	60.00	60.00	80.00	100.00
	二次污染	80.00	80.00	80.00	100.00	80.00	80.00	80.00	80.00	80.00	80.00	80.00	80.00	100.00	100.00

附表1-5 湖滨带与缓冲带修复技术综合评估结果

代号	D1	D2	D3	D4	D5	D6	D7	D8	D9	D10	D11	D12
综合得分	83.4	88.2	89.7	88.7	80.6	91.2	77.7	80.2	82.0	85.7	86.3	84.2
环境	85.2	91.5	87.3	88.8	78.5	91.3	78.3	89.8	86.5	86.8	85.9	87.5
经济	88.0	86.8	95.6	84.8	79.0	88.6	75.8	78.0	77.0	90.0	88.4	88.0
技术	77.0	86.3	86.3	92.5	84.2	93.6	79.1	72.7	82.5	80.3	84.7	77.0
水质净化	88.0	95.0	88.5	87.0	76.3	92.0	82.2	95.0	90.0	85.0	88.0	91.0
生态修复	80.0	85.0	85.0	92.0	82.6	90.0	71.0	80.0	80.0	90.0	82.0	81.0
经济成本	88.0	86.8	95.6	84.8	79.0	88.6	75.8	78.0	77.0	90.0	88.4	88.0
技术可靠性	81.4	87.1	85.8	93.3	82.7	95.7	80.5	75.5	80.0	85.5	84.1	79.6
技术适用性	70.0	81.0	88.0	96.0	91.3	93.0	80.0	70.0	90.0	72.0	86.0	69.0
技术先进性	75.5	90.1	85.7	87.7	80.2	90.4	75.7	70.0	80.0	78.6	84.5	80.0
技术就绪度	80.0	88.0	88.0	91.0	83.0	97.0	80.0	80.0	80.0	85.0	85.0	80.0
运行管理难易程度	83.0	86.0	83.0	96.0	82.0	94.0	81.0	70.0	80.0	86.0	83.0	79.0
大规模推广难易程度	70.0	81.0	88.0	96.0	91.0	93.0	80.0	70.0	90.0	72.0	86.0	69.0
水力负荷	70.0	84.0	89.0	91.0	78.0	92.0	79.0	70.0	80.0	83.0	85.0	80.0
植物成活率	80.0	95.0	83.0	85.0	82.0	89.0	73.0	70.0	80.0	75.0	84.0	80.0
岸坡/基底稳定性	100.0	78.0	100.0	84.0	79.0	89.0	79.0	70.0	75.0	90.0	90.0	80.0
建设费用	80.0	100.0	89.0	86.0	78.0	88.0	71.0	90.0	80.0	90.0	86.0	100.0
运行维护费用	100.0	95.0	89.0	87.0	76.0	92.0	82.0	95.0	90.0	85.0	88.0	91.0
TN去除率	70.0	85.0	85.0	92.0	83.0	90.0	71.0	80.0	80.0	90.0	82.0	81.0
TP去除率	88.0	91.0	90.0	86.0	83.0	95.0	80.0	80.0	70.0	75.0	83.0	71.0
水生植被覆盖率（湖滨带）	80.0	85.0	90.0	86.0	83.0	95.0	80.0	80.0	70.0	75.0	83.0	71.0
陆生植被覆盖率（缓冲带）	80.0	85.0	85.0	86.0	83.0	95.0	80.0	80.0	80.0	90.0	82.0	81.0
本土物种增加率	80.0	85.0	85.0	86.0	83.0	95.0	80.0	80.0	80.0	90.0	82.0	81.0
生物多样性提升率	70.0	91.0	90.0	86.0	83.0	95.0	80.0	80.0	70.0	75.0	83.0	71.0

（左侧分层：准则层、要素层、指标层）

续表

层	代号	D13	D14	D15	D16	D17	D18	D19	D20	D21	D22	D23	D24	D25
	综合得分	83.3	84.5	83.7	83.5	82.2	74.9	90.1	80.4	81.1	80.0	81.6	80.9	90.0
准则层	环境	78.7	80.7	85.9	83.7	78.7	68.8	91.0	70.5	80.4	79.0	74.3	84.1	91.7
	经济	92.0	88.4	81.4	82.4	83.8	72.0	84.6	92.0	83.4	80.0	92.0	80.0	85.4
	技术	79.3	84.4	83.9	84.6	84.0	83.9	94.6	78.6	79.5	80.9	78.6	78.5	92.8
要素层	水质净化	79.0	81.0	88.0	84.0	79.0	60.0	91.0	60.0	80.0	79.0	75.0	82.0	91.0
	生态修复	78.0	80.0	82.0	83.0	78.0	85.0	91.0	90.0	81.0	79.0	73.0	88.0	93.0
	经济成本	92.0	88.4	81.4	82.4	83.8	72.0	84.6	92.0	83.4	80.0	92.0	80.0	85.4
	技术可靠性	79.6	81.2	82.5	83.1	82.4	80.0	95.5	79.1	80.0	80.5	79.1	79.7	93.2
	技术适用性	78.0	90.0	84.0	85.0	91.0	90.0	96.0	76.0	79.0	82.0	76.0	76.0	94.0
	技术先进性	80.0	85.1	86.6	87.0	80.4	85.5	91.6	80.0	79.1	80.6	80.0	78.9	91.0
	技术就绪度	80.0	83.0	82.0	84.0	81.0	80.0	95.0	80.0	80.0	80.0	80.0	81.0	95.0
	运行管理维易程度	79.0	79.0	83.0	82.0	84.0	80.0	96.0	78.0	80.0	81.0	78.0	78.0	91.0
	大规模推广难易程度	78.0	90.0	84.0	85.0	91.0	90.0	96.0	76.0	79.0	82.0	76.0	76.0	94.0
指标层	水力负荷	80.0	90.0	91.0	93.0	82.0	80.0	91.0	80.0	78.0	80.0	80.0	80.0	91.0
	植物成活率	80.0	81.0	83.0	82.0	79.0	90.0	92.0	80.0	80.0	81.0	80.0	78.0	91.0
	岸坡/基底稳定性	100.0	82.0	81.0	78.0	79.0	80.0	85.0	100.0	85.0	80.0	100.0	80.0	85.0
	建设费用	80.0	98.0	82.0	89.0	91.0	60.0	84.0	80.0	81.0	80.0	80.0	80.0	86.0
	运行维护费用	79.0	81.0	88.0	84.0	79.0	60.0	91.0	60.0	80.0	79.0	75.0	82.0	91.0
	TN去除率	79.0	81.0	88.0	84.0	79.0	60.0	91.0	60.0	80.0	79.0	75.0	82.0	91.0
	TP去除率	78.0	80.0	82.0	83.0	78.0	85.0	91.0	90.0	81.0	79.0	73.0	88.0	93.0
	水生植被覆盖率（湖滨带）	78.0	80.0	82.0	83.0	78.0	85.0	91.0	90.0	81.0	79.0	73.0	88.0	93.0
	陆生植被覆盖率（缓冲带）	78.0	80.0	82.0	83.0	78.0	85.0	91.0	90.0	81.0	79.0	73.0	88.0	93.0
	本土生物种增加率	78.0	80.0	71.0	81.0	83.0	100.0	91.0	90.0	78.0	80.0	90.0	86.0	93.0
	生物多样性提升率	78.0	80.0	71.0	81.0	83.0	100.0	91.0	90.0	78.0	80.0	90.0	86.0	90.0

附表 1-6 湖滨大型湿地建设与水质净化技术综合评估结果

	代号	E1	E2	E3	E4	E5	E6	E7	E8	E9	E10	E11	E12	E13
	综合得分	80.31	88.22	91.53	90.97	91.87	88.2	89.13	85.02	84.06	88.07	91.42	92.32	92.78
准则层	环境	60	75.8	91.6	100	100	100	91.6	94.2	74.2	100	100	85.8	88.4
	经济	93.5	100	93.5	80	93.5	80	93.5	70	93.5	70	83	100	93.5
	技术	94.98	94.98	90.29	87.49	81.89	80	83.78	83.78	89.38	85.6	86.91	94.98	97.2
	污染削减率	60	75.8	91.6	100	100	100	91.6	94.2	74.2	100	100	85.8	88.4
要素层	经济成本	93.5	100	93.5	80	93.5	80	93.5	70	93.5	70	83	100	93.5
	技术可靠性	88.6	88.6	84.3	84.3	84.3	80	88.6	88.6	88.6	80	95.7	88.6	100
	技术适用性	100	100	90	90	90	80	100	100	100	80	100	100	90
	技术先进性	100	100	100	90	70	80	60	60	80	100	60	100	100
	技术就绪度	80	80	80	80	80	80	80	80	80	80	100	80	100
	运行管理难易程度	100	100	90	90	90	80	100	100	100	80	90	100	100
指标层	大规模推广难易程度	100	100	90	90	90	80	100	100	100	80	100	100	90
	水力负荷	100	100	100	90	70	80	60	60	80	100	60	100	100
	建设费用	90	100	90	80	90	80	90	70	90	70	90	100	90
	运行维护费用	100	100	100	80	100	80	100	70	100	70	70	100	100
	TN 去除率	60	80	100	100	100	100	100	90	70	100	100	90	80
	TP 去除率	60	70	80	100	100	100	80	100	80	100	100	80	100

附表 1-7　蓝藻水华控制技术综合评估结果

代号		F1	F2	F3	F4	F5	F6
综合得分		88.21	92.41	83.89	82.72	83	88.12
准则层	环境	90	90	80	80	80	100
	经济	87.19	100	82.81	82.81	85.6	77.21
	技术	87.33	90.69	87.33	84.73	84.04	84.23
要素层	水质提升	90	90	80	80	80	100
	经济收益	90	100	80	80	70	90
	经济成本	86.4	100	83.6	83.6	90	73.6
	技术可靠性	83.8	89.2	83.8	83.8	84.6	83.8
	技术适用性	90	90	90	80	80	90
	技术先进性	90	93.33	90	90	86.67	80
指标层	技术就绪度	70	80	70	70	80	70
	运行管理难易程度	100	100	100	100	90	100
	大规模推广难易程度	90	90	90	80	80	90
	叶绿素 a 去除率	90	93	90	90	87	80
	藻泥（饼）含水率						
	二次污染概率						
	建设费用	90	100	80	80	90	70
	运行维护费用	80	100	90	90	90	80
	技术收益	90	100	80	80	70	90
	透明度提升率	90	90	80	80	80	100

附录 2　综合评估指标体系

附 2.1　钢铁行业水污染全过程控制技术

1）指标体系

钢铁行业水污染全过程控制技术指标体系见附图 2-1。

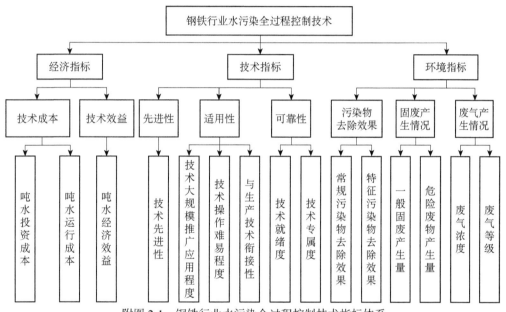

附图 2-1　钢铁行业水污染全过程控制技术指标体系

2）指标权重及标杆赋值规则

钢铁行业水污染全过程控制技术标杆赋值规则及指标权重见附表 2-1 和附表 2-2。

附表 2-1　钢铁行业水污染全过程控制技术标杆赋值规则

评估指标	5分	3分	1分	标杆值
吨水投资成本	0.15 元/m³ 及以下	0.15～0.3 元/m³	0.3 元/m³ 及以上	最大值：5 最小值：1
吨水运行成本	0.3 元/m³ 及以下	0.3～0.5 元/m³	0.5 元/m³ 及以上	最大值：5 最小值：1
吨水经济效益	0.005 元/m³ 及以下	0.005～0.01 元/m³	0.01 元/m³ 及以上	最大值：5 最小值：1

续表

评估指标	5分	3分	1分	标杆值
技术先进性	国际先进水平	国内先进水平	两项都未达到	最大值：5 最小值：1
技术大规模推广应用程度	大规模应用	示范工程	中试水平	最大值：5 最小值：1
技术操作难易程度	简单，无须培训	一般，需短时间培训	复杂，需掌握特殊技能	最大值：5 最小值：1
与生产技术衔接性	契合度高，可处理全部污染物且生产设施与水处理设施对接简单方便	契合度较高，可处理全部污染物或生产设施与水处理设施对接简单方便	契合度一般，可处理部分主要污染物或生产设施与水处理设施对接较为简单方便	最大值：5 最小值：1
技术就绪度	8～9级	5～7级	1～4级	最大值：5 最小值：1
技术专属度	对技术的专属污染物的去除效果满足：《地表水环境质量标准》IV类标准	对技术的专属污染物的去除效果满足：《地表水环境质量标准》V类标准	对技术的专属污染物的去除效果达到钢铁行业排放标准	最大值：5 最小值：1
常规污染物去除效果（COD、TN、TP、NH₃-N）	COD 30mg/L 以下 TN 1.5mg/L 以下 TP 0.3mg/L 以下 NH₃-N 1.5mg/L 以下 满足以上所有条件	COD 40mg/L 以下 TN 8.25mg/L 以下 TP 0.4mg/L 以下 NH₃-N 3.25mg/L 以下 满足以上所有条件	COD 50mg/L 以下 TN 15mg/L 以下 TP 0.5mg/L 以下 NH₃-N 5mg/L 以下 满足以上所有条件	最大值：5 最小值：1
特征污染物去除效果（石油类、挥发酚、总氰化物、总铬、总铁）	石油类 0.5mg/L 以下 挥发酚 0.01mg/L 以下 总氰化物 0.2mg/L 以下 总铬 0.05mg/L 以下 总铁 0.3mg/L 以下 满足以上所有条件	石油类 0.75mg/L 以下 挥发酚 0.25mg/L 以下 总氰化物 0.35mg/L 以下 总铬 0.075mg/L 以下 总铁 1.15mg/L 以下 满足以上所有条件	石油类 1mg/L 以下 挥发酚 0.5mg/L 以下 总氰化物 0.5mg/L 以下 总铬 0.1mg/L 以下 总铁 2mg/L 以下 满足以上所有条件	最大值：5 最小值：1
一般固废产生量（默认产生一种污泥）	普通污泥 0.5kg/t 以下 生化污泥 0.01kg/t 以下 酸碱污泥 10kg/t 以下	普通污泥 0.5～1.0kg/t 生化污泥 0.01～0.04kg/t 酸碱污泥 10～15kg/t	普通污泥 1.0kg/t 以上 生化污泥 0.04kg/t 以上 酸碱污泥 15kg/t 以上	最大值：5 最小值：1
危险废物产生量（默认产生一种污泥）	含铬污泥 0.7kg/t 以下 含油污泥 0.02kg/t 以下	含铬污泥 0.7～1.0kg/t 含油污泥 0.02～0.05kg/t	含铬污泥 1.0kg/t 以上 含油污泥 0.05 以上	最大值：5 最小值：1
废气浓度	NH₃ 浓度 0.1ppm 以下 H₂S 浓度 0.005ppm 以下 SO₂ 浓度 0.5ppm 以下 满足以上所有条件	NH₃ 浓度 2ppm 以下 H₂S 浓度 0.06ppm 以下 SO₂ 浓度 1.5ppm 以下 满足以上所有条件	NH₃ 浓度 40ppm 以下 H₂S 浓度 3.0ppm 以下 SO₂ 浓度 3.0ppm 以下 满足以上所有条件	最大值：5 最小值：1
废气等级	无异味	勉强闻到气味	强烈刺激性气味	最大值：5 最小值：1

注：

（1）指标常规污染物去除效果一般标准制定参考《钢铁工业水污染物排放标准》（GB 13456—2012）直接排放标准，优秀标准制定参考《地表水环境质量标准》（GB 3838—2002），良好标准制定取上述两标准值的中间值。

（2）指标特征污染物去除效果一般标准制定参考《钢铁工业水污染物排放标准》（GB 13456—2012）直接排放标准，优秀标准制定参考《地表水环境质量标准》（GB 3838—2002），良好标准制定取上述两标准值的中间值。

（3）指标废气浓度一般标准参考《恶臭污染物排放标准》（GB 14554—93）。

（4）指标废气等级标准参考日本恶臭强度六级分级法。

附表 2-2 钢铁行业水污染全过程控制技术指标权重

准则层	准则层权重	要素层	要素层权重	指标层	指标层权重
经济指标	0.115	技术成本	0.852	吨水投资成本	0.338
				吨水运行成本	0.662
		技术效益	0.148	吨水经济效益	1.000
技术指标	0.269	先进性	0.368	技术先进性	1.000
		适用性	0.329	技术大规模推广应用程度	0.388
				技术操作难易程度	0.191
				与生产技术衔接性	0.421
		可靠性	0.303	技术就绪度	0.842
				技术专属度	0.158
环境指标	0.616	污染物去除效果	0.490	常规污染物去除效果	0.300
				特征污染物去除效果	0.700
		固废产生情况	0.371	一般固废产生量	0.625
				危险废物产生量	0.375
		废气产生情况	0.139	废气浓度	0.727
				废气等级	0.273

附 2.2 制药行业水污染全过程控制技术

1. 原料药（抗生素）制造清洁生产技术

1）指标体系

原料药（抗生素）制造清洁生产技术指标体系见附图 2-2。

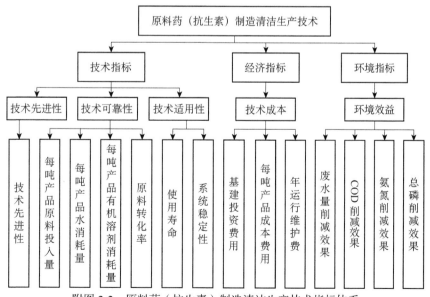

附图 2-2 原料药（抗生素）制造清洁生产技术指标体系

2）指标权重及标杆赋值规则

原料药（抗生素）制造清洁生产技术标杆赋值规则及指标权重见附表 2-3 和附表 2-4。

附表 2-3　原料药（抗生素）制造清洁生产技术标杆赋值规则

评估指标	得分			标杆值
	[1，0.6)	[0.6，0.4)	[0.4，0]	
技术先进性	技术非常先进	技术较为先进	技术先进性一般	最大值：1 最小值：0
每吨产品原料投入量	原料投入量很低	原料投入量较少	原料投入量较多	最大值：1 最小值：0
每吨产品水消耗量	水消耗量很低	水消耗量较低	水消耗量较高	最大值：1 最小值：0
每吨产品有机溶剂消耗量	有机溶剂消耗量很低	有机溶剂消耗量较低	有机溶剂消耗量低	最大值：1 最小值：0
原料转化率	原料转化率高	原料转化率较高	原料转化率低	最大值：1 最小值：0
使用寿命	使用寿命长	使用寿命一般	使用寿命短	最大值：1 最小值：0
系统稳定性	系统稳定性好	系统稳定性一般	系统稳定性差	最大值：1 最小值：0
基建投资费用	投资成本低，绝大多数企业都可以承受	投资成本适中，一般企业可以承受	投资成本高，中小型企业难以承受	最大值：1 最小值：0
每吨产品成本费用	成本低，绝大多数企业均可以负担	成本适中，一般企业可以负担	成本高，中小型企业难以负担	最大值：1 最小值：0
年运行维护费	维护费用低，绝大多数企业均可以负担	维护费用适中，一般企业可以负担	维护费用高，中小型企业难以负担	最大值：1 最小值：0
废水量削减效果	废水量削减 50%	废水量削减 30%	废水量削减 10%	最大值：1 最小值：0
COD 削减效果	COD 削减 50%	COD 削减 30%	COD 削减不足 10%	最大值：1 最小值：0
氨氮削减效果	氨氮削减 50%	氨氮削减 30%	氨氮削减不足 10%	最大值：1 最小值：0
总磷削减效果	总磷削减 50%	总磷削减 30%	总磷削减小于 10%	最大值：1 最小值：0

附表 2-4　原料药（抗生素）制造清洁生产技术指标权重

准则层	准则层权重	要素层	要素层权重	指标层	指标层权重
技术指标	0.574	技术先进性	0.131	技术先进性	1.000
		技术可靠性	0.580	每吨产品原料投入量	0.154
				每吨产品水消耗量	0.084
				每吨产品有机溶剂消耗量	0.458
				原料转化率	0.304

续表

准则层	准则层权重	要素层	要素层权重	指标层	指标层权重
技术指标	0.574	技术适用性	0.289	使用寿命	0.229
				系统稳定性	0.771
经济指标	0.118	技术成本	1.000	基建投资费用	0.187
				每吨产品成本费用	0.599
				年运行维护费	0.214
环境指标	0.308	环境效益	1.000	废水量削减效果	0.099
				COD 削减效果	0.306
				氨氮削减效果	0.296
				总磷削减效果	0.299

2. 废水废液资源化技术与制药废水处理技术

该技术指标体系、标杆值以及权重均引自"重点行业水污染全过程控制技术集成与工程实证"（编号：2017ZX07401004）项目中的废水废液资源化技术与制药废水处理技术综合评估报告。

1）指标体系

废水废液资源化技术与制药废水处理技术指标体系见附图 2-3。

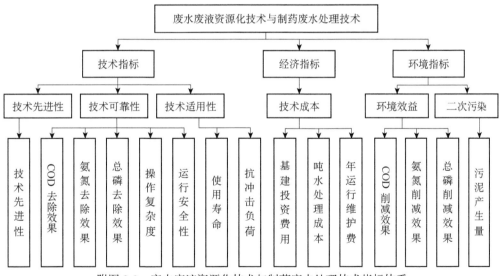

附图 2-3 废水废液资源化技术与制药废水处理技术指标体系

2）指标权重及标杆赋值规则

废水废液资源化技术与制药废水处理技术标杆赋值规则及指标权重见附表 2-5 和附表 2-6。

附表 2-5 废水废液资源化技术与制药废水处理技术标杆赋值规则

评估指标	得分			标杆值
	[1, 0.6)	[0.6, 0.4)	[0.4, 0]	
技术先进性	技术非常先进	技术较为先进	技术先进性一般	最大值：1 最小值：0
COD 去除效果	COD 去除率很高	COD 去除率较高	COD 去除率一般	最大值：1 最小值：0
氨氮去除效果	氨氮去除率很高	氨氮去除率较高	氨氮去除率一般	最大值：1 最小值：0
总磷去除效果	总磷去除率很高	总磷去除率较高	总磷去除率一般	最大值：1 最小值：0
操作复杂度	操作简单	操作比较简单	操作较复杂	最大值：1 最小值：0
运行安全性	运行安全	运行较安全	运行存在安全风险	最大值：1 最小值：0
使用寿命	使用寿命大于 10 年	使用寿命 5～10 年	使用寿命小于 5 年	最大值：1 最小值：0
抗冲击负荷	抗冲击负荷能力强	抗冲击负荷能力一般	抗冲击负荷能力差	最大值：1 最小值：0
基建投资费用	投资成本低，绝大多数企业都可以承受	投资成本适中，一般企业可以承受	投资成本高，中小型企业难以承受	最大值：1 最小值：0
吨水处理成本	处理成本低，绝大多数企业均可以负担	处理成本适中，一般企业可以负担	处理成本高，中小型企业难以负担	最大值：1 最小值：0
年运行维护费	维护费用低，绝大多数企业均可以负担	维护费用适中，一般企业可以负担	维护费用高，中小型企业难以负担	最大值：1 最小值：0
COD 削减效果	COD 削减率高	COD 削减较高	COD 削减一般	最大值：1 最小值：0
氨氮削减效果	氨氮削减率高	氨氮削减较高	氨氮削减一般	最大值：1 最小值：0
总磷削减效果	总磷削减率高	总磷削减较高	总磷削减一般	最大值：1 最小值：0
污泥产生量	污泥产生量少	污泥产生量适中	污泥产生量大	最大值：1 最小值：0

附表 2-6 废水废液资源化技术与制药废水处理技术指标权重

准则层	准则层权重	要素层	要素层权重	指标层	指标层权重
技术指标	0.226	技术先进性	0.115	技术先进性	1.000
		技术可靠性	0.619	COD 去除效果	0.162
				氨氮去除效果	0.135
				总磷去除效果	0.149
				操作复杂度	0.051
				运行安全性	0.503

续表

准则层	准则层权重	要素层	要素层权重	指标层	指标层权重
技术指标	0.226	技术适用性	0.266	使用寿命	0.216
				抗冲击负荷	0.784
经济指标	0.091	技术成本	1.000	基建投资费用	0.189
				吨水处理成本	0.605
				年运行维护费	0.206
环境指标	0.683	环境效益	0.765	COD 削减效果	0.384
				氨氮削减效果	0.308
				总磷削减效果	0.308
		二次污染	0.235	污泥产生量	1.000

附 2.3 纺织印染行业水污染控制技术

1）指标体系

纺织印染行业水污染控制技术评估指标体系见附图 2-4。

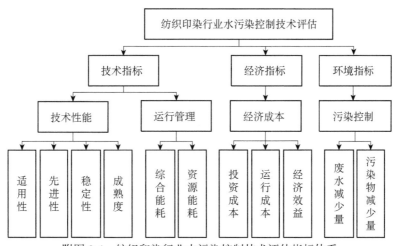

附图 2-4 纺织印染行业水污染控制技术评估指标体系

2）纺织印染行业水污染控制技术指标权重及标杆赋值规则

纺织印染行业水污染控制技术标杆赋值规则及指标权重见附表 2-7 和附表 2-8。

附表 2-7 纺织印染行业水污染控制技术标杆赋值规则

指标	得分			标杆值
	[1, 0.6)	[0.6, 0.4)	[0.4, 0]	
适用性	很好	好	一般	最大值：1 最小值：0

续表

指标	得分			标杆值
	[1, 0.6)	[0.6, 0.4)	[0.4, 0]	
先进性	很好	好	一般	最大值：1 最小值：0
稳定性	很好	好	一般	最大值：1 最小值：0
成熟度	很好	好	一般	最大值：1 最小值：0
投资成本	500万元及以下	500万～1000万元	1000万元及以上	最大值：1 最小值：0
运行成本	4.00元/m³及以下	4.00～7.00元/m³	7.00元/m³及以上	最大值：1 最小值：0
经济效益	0.2～0.5元/m³	0.5～1.0元/m³	1.0～2.0元/m³	最大值：1 最小值：0
综合能耗	少	中等	多	最大值：1 最小值：0
资源消耗	少	中等	多	最大值：1 最小值：0
废水减少量	少	中等	多	最大值：1 最小值：0
污染物减少量	少	中等	多	最大值：1 最小值：0

附表 2-8 纺织印染行业水污染控制技术指标权重

准则层	准则层权重	要素层	要素层权重	指标层	指标层权重
技术指标	0.616	技术性能	0.831	适用性	0.512
				先进性	0.225
				稳定性	0.104
				成熟度	0.159
		运行管理	0.169	综合能耗	0.250
				资源能耗	0.750
环境指标	0.159	污染控制	1.000	废水减少量	0.250
				污染物减少量	0.750
经济指标	0.225	经济成本	1.000	投资成本	0.540
				运行成本	0.297
				经济效益	0.163

附 2.4 食品加工行业废水污染控制技术

1）指标体系

食品加工行业废水污染控制技术指标体系见附图 2-5。

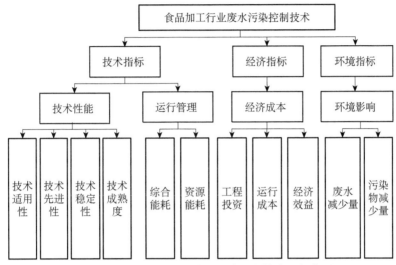

附图 2-5 食品加工行业废水污染控制技术指标体系

2）指标权重及标杆赋值规则

食品加工行业废水污染控制技术标杆赋值规则及指标权重见附表 2-9 和附表 2-10。

附表 2-9 食品加工行业废水污染控制技术标杆赋值规则

评估指标	5分	3分	1分	标杆值
技术适用性	非常适用	较适用	适用性一般或差	最大值：5 最小值：0
技术先进性	非常先进	较先进	先进性一般或差	最大值：5 最小值：0
技术稳定性	非常稳定	较稳定	稳定性一般或差	最大值：5 最小值：0
技术成熟度	非常成熟	较成熟	成熟度一般或差	最大值：5 最小值：0
工程投资	投资成本低，绝大部分企业均可以承受	投资成本适中，一般企业可以承受	投资成本高，中小型企业难以承受	最大值：5 最小值：0
运行成本	无运行成本或运行成本低，绝大多数企业均可以负担	运行成本较适中，一般企业可以负担	运行成本较高，中小型企业难以负担	最大值：5 最小值：0
经济效益	运行实现盈利	运行盈亏可达平衡	运行不能实现盈利	最大值：5 最小值：0

续表

评估指标	5分	3分	1分	标杆值
综合能耗	能耗比常规低	能耗和常规相当	能耗比常规高	最大值：5 最小值：0
资源消耗	主要原材料、水的消耗指标较低，处于先进水平	主要原材料、水的消耗指标中等，处于一般水平	主要原材料、水的消耗指标较高	最大值：5 最小值：0
废水减少量	废水排放量降低≥50%	废水排放量降低≥30%	废水排放量降低<10%	最大值：5 最小值：0
污染物减少量	主要污染物降低≥60%	主要污染物降低≥40%	主要污染物降低<20%	最大值：5 最小值：0

附表 2-10　食品加工行业废水污染控制技术综合评估指标权重

准则层	准则层权重	要素层	要素层权重	指标层	指标层权重
技术指标	0.394	技术性能	0.178	技术适用性	0.514
				技术先进性	0.106
				技术稳定性	0.190
				技术成熟度	0.190
		运行管理	0.822	综合能耗	0.200
				资源能耗	0.800
环境指标	0.560	环境影响	1.000	废水减少量	0.250
				污染物减少量	0.750
经济指标	0.046	经济成本	1.000	工程投资	0.084
				运行成本	0.130
				经济效益	0.786

附 2.5　城镇生活污染控制技术系统

1. 城镇降雨径流污染控制技术系列

1）污染物解析技术

（1）指标体系。

污染物解析技术指标体系见附图 2-6。

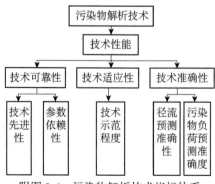

附图 2-6　污染物解析技术指标体系

（2）污染物解析技术指标权重及标杆赋值规则。

污染物解析技术标杆赋值规则及指标权重见附表 2-11 和附表 2-12。

附表 2-11 污染物解析技术标杆赋值规则

评估指标	20 分	40 分	60 分	80 分	100 分	标杆值
技术先进性	较差，国内一般	一般，国内领先	较好，国内先进	好，国际领先	很好，国际先进	最大值：100 最小值：0
参数依赖性	所需参数 >20 个	所需参数 16~20 个	所需参数 11~15 个	所需参数 5~10 个	所需参数<5 个	最大值：100 最小值：0
技术示范程度	小试	中试	1 个	2 个	2 个以上	最大值：100 最小值：0
径流预测准确性	准确性<50%	50%≤准确性<60%	60%≤准确性<70%	70%≤准确性<80%	准确性≥80%	最大值：100 最小值：0
污染物负荷预测准确度	准确度<50%	50%≤准确度<60%	60%≤准确度<70%	70%≤准确度<80%	准确度≥80%	最大值：100 最小值：0

附表 2-12 污染物解析技术综合评估指标权重

准则层	准则层权重	要素层	要素层权重	指标层	指标层权重
技术性能	1	技术可靠性	0.300	技术先进性	0.910
				参数依赖性	0.090
		技术适应性	0.200	技术示范程度	1.000
		技术准确性	0.500	径流预测准确性	0.380
				污染物负荷预测准确度	0.620

2）系统方案设计技术

（1）指标体系。

系统方案设计技术指标体系见附图 2-7。

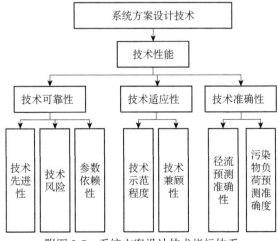

附图 2-7 系统方案设计技术指标体系

（2）系统方案设计技术指标权重及标杆赋值规则。

系统方案设计技术标杆赋值规则及指标权重见附表 2-13 和附表 2-14。

附表 2-13　系统方案设计技术标杆赋值规则

评估指标	20分	40分	60分	80分	100分	标杆值
技术先进性	较差，国内一般	一般，国内领先	较好，国内先进	好，国际领先	很好，国际先进	最大值：100 最小值：0
技术风险	较大，技术兼容性差、技术施工程序复杂、对环境扰动大、有人身安全风险	一般，技术兼容性较差、技术施工程序较复杂、对环境扰动较大	较小，技术兼容性一般、技术施工程序一般、对环境扰动一般	小，技术兼容性较强、技术施工较简单、对周围环境扰动较小、无人身安全风险	很小，技术兼容性强、技术施工简单易操作、无环境风险、无人身安全风险	最大值：100 最小值：0
参数依赖性	所需参数>20个	所需参数16～20个	所需参数11～15个	所需参数5～10个	所需参数<5个	最大值：100 最小值：0
技术示范程度	小试	中试	1个	2个	2个以上	最大值：100 最小值：0
技术兼顾性	较差，仅考虑技术效果	一般，考虑了技术效果和地域	较好，考虑了技术效果、地域、经济	好，考虑了技术效果、地域、经济、环境	很好，考虑因素大于4项	最大值：100 最小值：0
径流预测准确性	准确性<50%	50%≤准确性<60%	60%≤准确性<70%	70%≤准确性<80%	准确性≥80%	最大值：100 最小值：0
污染物负荷预测准确度	准确度<50%	50%≤准确度<60%	60%≤准确度<70%	70%≤准确度<80%	准确度≥80%	最大值：100 最小值：0

附表 2-14　系统方案设计技术综合评估指标权重

准则层	准则层权重	要素层	要素层权重	指标层	指标层权重
技术性能	1	技术可靠性	0.300	技术先进性	0.210
				技术风险	0.240
				参数依赖性	0.550
		技术适应性	0.100	技术示范程度	0.640
				技术兼顾性	0.360
		技术准确性	0.600	径流预测准确性	0.480
				污染物负荷预测准确度	0.520

3）监测评估技术

（1）指标体系。

监测评估技术指标体系见附图 2-8。

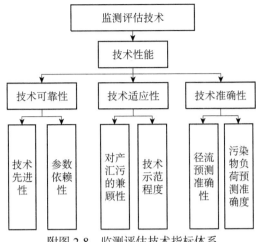

附图 2-8　监测评估技术指标体系

（2）监测评估技术指标权重及标杆赋值规则。

监测评估技术标杆赋值规则及指标权重见附表 2-15 和附表 2-16。

附表 2-15　监测评估技术标杆赋值规则

评估指标	20 分	40 分	60 分	80 分	100 分	标杆值
技术先进性	较差，国内一般	一般，国内领先	较好，国内先进	好，国际领先	很好，国际先进	最大值：100 最小值：0
参数依赖性	所需参数>20 个	所需参数 16～20 个	所需参数 11～15 个	所需参数 6～10 个	所需参数<5 个	最大值：100 最小值：0
对产汇污的兼顾性	满足其中任意一项或汇和径流冲刷的组合	含其中两项，且至少含产或污中的一项	含其中三项，且至少含产或污中的一项	含其中三项，且含产和污	兼顾产汇污及径流冲刷	最大值：100 最小值：0
技术示范程度	小试	中试	1 个	2 个	2 个以上	最大值：100 最小值：0
径流预测准确性	准确性<50%	50%≤准确性<60%	60%≤准确性<70%	70%≤准确性<80%	准确性≥80%	最大值：100 最小值：0
污染物负荷预测准确度	准确度<50%	50%≤准确度<60%	60%≤准确度<70%	70%≤准确度<80%	准确度≥80%	最大值：100 最小值：0

附表 2-16　监测评估技术综合评估指标权重

准则层	准则层权重	要素层	要素层权重	指标层	指标层权重
技术性能	1	技术可靠性	0.3	技术先进性	0.740
				参数依赖性	0.260
		技术适应性	0.2	对产汇污的兼顾性	0.630
				技术示范程度	0.370
		技术准确性	0.5	径流预测准确性	0.500
				污染物负荷预测准确度	0.500

2. 源头削减技术系列

1）指标体系

源头削减技术与设施关键技术综合评估指标体系见附图 2-9。

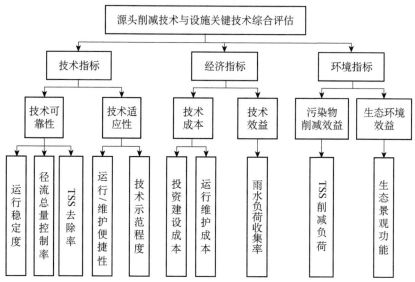

附图 2-9　源头削减技术与设施关键技术综合评估指标体系

2）源头削减技术与设施关键技术指标权重及标杆赋值规则

源头削减技术与设施关键技术标杆赋值规则及指标权重见附表 2-17 和附表 2-18。

附表 2-17　源头削减技术与设施关键技术标杆赋值规则

评估指标	20分	40分	60分	80分	100分	标杆值
运行稳定度	不稳定，运行周期小于 2 个月，运行周期内的达标率<60%	较不稳定，运行周期为 2～4 个月，运行周期内的达标率 60%～70%	一般，运行周期为 4～6 个月，运行周期内的达标率 70%～80%	较稳定，运行周期为 6～8 个月，运行周期内的达标率80%～90%	稳定，运行周期大于 8 个月，运行周期内的达标率>90%	最大值：100 最小值：0
径流总量控制率	<10%	10%～30%	30%～50%	50%～70%	>70%	最大值：100 最小值：0
TSS 去除率	<20%	20%～40%	40%～60%	60%～80%	>80%	最大值：100 最小值：0
运行/维护便捷性	较差，每年维护大于 5 次，每次维护需 1～5 天	差，每年维护 4～5 次，每次维护需 1～4 天	一般，每年维护 3～4 次，每次维护需 1～3 天	良好，每年维护 2～3 次，每次维护需 1～2 天	优，每年维护≤2 次，每次维护时间≤1 天	最大值：100 最小值：0
技术示范程度	小试	中试	1 个	2 个	2 个以上	最大值：100 最小值：0
投资建设成本	大于 500 元/（m²·a）或≥800 元/（m³·a）	400～500 元/（m²·a）或 600～800 元/（m³·a）	300～400 元/（m²·a）或 400～600 元/（m³·a）	200～300 元/（m²·a）或 200～400 元/（m³·a）	小于 200 元/（m²·a）或小于 200 元/（m³·a）	最大值：100 最小值：0

续表

评估指标	20分	40分	60分	80分	100分	标杆值
运行维护成本	大于 100 元/（m²·a）或大于100元/（m³·a）	70～100 元/（m²·a）或70～100元/（m³·a）	40～70 元/（m²·a）或40～70元/（m³·a）	10～40 元/（m²·a）或10～40元/（m³·a）	小于 10 元/（m²·a）或小于10元/（m³·a）	最大值：100 最小值：0
雨水负荷收集率	无雨水收集	<5%	5%～10%	10%～30%	>30%	最大值：100 最小值：0
TSS 削减负荷	<10g/（m²·a）	10～30g/（m²·a）	30～50g/（m²·a）	50～70g/（m²·a）	>70g/（m²·a）	最大值：100 最小值：0
生态景观功能	差，观赏性很差，技术配置极不合理，植物搭配不合理	较差，观赏性较差，技术配置较不合理，植物配置不合理	一般，观赏性一般，技术配置一般，植物配置一般	良好，观赏性较好，技术搭配合理，植物搭配合理，过渡自然	优，观赏性很好，技术搭配合理，植物搭配合理，过渡自然	最大值：100 最小值：0

附表 2-18　源头削减技术与设施关键技术综合评估指标权重

准则层	准则层权重	要素层	要素层权重	指标层	指标层权重
技术指标	0.5	技术可靠性	0.700	运行稳定度	0.160
				径流总量控制率	0.490
				TSS 去除率	0.350
		技术适应性	0.300	运行/维护便捷性	0.790
				技术示范程度	0.210
经济指标	0.2	技术成本	0.600	投资建设成本	0.680
				运行维护成本	0.320
		技术效益	0.400	雨水负荷收集率	1.000
环境指标	0.3	污染物削减效益	0.460	TSS 削减负荷	1.000
		生态环境效益	0.540	生态景观功能	1.000

3. 过程控制技术系列

1）指标体系

过程控制技术与设施关键技术综合评估指标体系见附图 2-10。

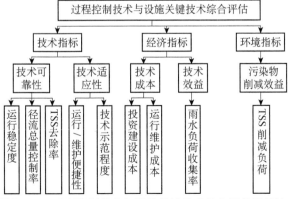

附图 2-10　过程控制技术与设施关键技术综合评估指标体系

2）过程控制技术与设施关键技术指标权重及标杆赋值规则

过程控制技术与设施关键技术标杆赋值规则及指标权重见附表 2-19 和附表 2-20。

附表 2-19 过程控制技术与设施关键技术标杆赋值规则

评估指标	20分	40分	60分	80分	100分	标杆值	权重
运行稳定度	不稳定，运行周期小于2个月，运行周期内的达标率<60%	较不稳定，运行周期为2~4个月，运行周期内的达标率60%~70%	一般，运行周期为4~6个月，运行周期内的达标率70%~80%	较稳定，运行周期为6~8个月，运行周期内的达标率80%~90%	稳定，运行周期大于8个月，运行周期内的达标率>90%	最大值：100 最小值：0	0.0624
径流总量控制率	<10%	10%~30%	30%~50%	50%~70%	>70%	最大值：100 最小值：0	0.2208
TSS去除率	<20%	20%~40%	40%~60%	60%~80%	>80%	最大值：100 最小值：0	0.1968
运行/维护便捷性	较差，每年维护大于5次，每次维护需1~5天	差，每年维护4~5次，每次维护需1~4天	一般，每年维护3~4次，每次维护需1~3天	良好，每年维护2~3次，每次维护需1~2天	优，每年维护≤2次，每次维护时间≤1天	最大值：100 最小值：0	0.0996
技术示范程度	小试	中试	1个	2个	2个以上	最大值：100 最小值：0	0.0204
投资建设成本	大于500元/（m²·a）或大于800元/（m³·a）	400~500元/（m²·a）或600~800元/（m³·a）	300~400元/（m²·a）或400~600元/（m³·a）	200~300元/（m²·a）或200~400元/（m³·a）	小于200元/（m²·a）或小于200元/（m³·a）	最大值：100 最小值：0	0.0672
运行维护成本	大于100元/（m²·a）或大于100元/（m³·a）	70~100元/（m²·a）或70~100元/（m³·a）	40~70元/（m²·a）或40~70元/（m³·a）	10~40元/（m²·a）或10~40元/（m³·a）	小于10元/（m²·a）或小于10元/（m³·a）	最大值：100 最小值：0	0.0128
雨水负荷收集率	无雨水收集	<5%	5%~10%	10%~30%	>30%	最大值：100 最小值：0	0.02
TSS削减负荷	<10g/（m²·a）	10~30g/（m²·a）	30~50g/（m²·a）	50~70g/（m²·a）	>70g/（m²·a）	最大值：100 最小值：0	0.3

附表 2-20 过程控制技术与设施关键技术综合评估指标权重

准则层	准则层权重	要素层	要素层权重	指标层	指标层权重
技术指标	0.6	技术可靠性	0.8	运行稳定度	0.130
				径流总量控制率	0.460
				TSS去除率	0.410
		技术适应性	0.2	运行/维护便捷性	0.830
				技术示范程度	0.170

续表

准则层	准则层权重	要素层	要素层权重	指标层	指标层权重
经济指标	0.1	技术成本	0.8	投资建设成本	0.840
				运行维护成本	0.160
		技术效益	0.2	雨水负荷收集率	1.000
环境指标	0.3	污染物削减效益	1	TSS 削减负荷	1.000

4. 后端治理技术系列

1）指标体系

后端治理技术与设施关键技术综合评估指标体系见附图 2-11。

2）后端治理技术与设施关键技术指标权重及标杆赋值规则

后端治理技术与设施关键技术标杆赋值规则及指标权重见附表 2-21 和附表 2-22。

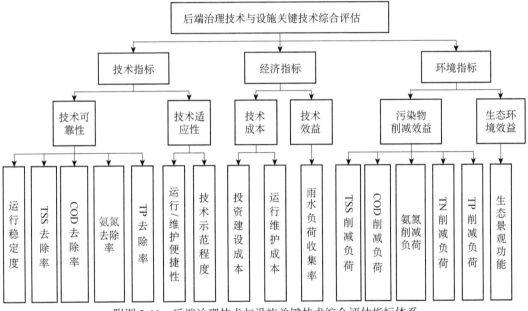

附图 2-11 后端治理技术与设施关键技术综合评估指标体系

附表 2-21 后端治理技术与设施关键技术标杆赋值规则

评估指标	20分	40分	60分	80分	100分	标杆值
运行稳定度	不稳定，运行周期小于2个月，运行周期内的达标率<60%	较不稳定，运行周期为2～4个月，运行周期内的达标率60%～70%	一般，运行周期为4～6个月，运行周期内的达标率70%（含）～80%	较稳定，运行周期为6～8个月，运行周期内的达标率80%～90%	稳定，运行周期大于8个月，运行周期内的达标率≥90%	最大值：100 最小值：0
TSS 去除率	<20%	20%～40%	40%～60%	60%～80%	>80%	最大值：100 最小值：0
COD 去除率	<50%	50%～60%	60%～70%	70%～80%	>80%	最大值：100 最小值：0

续表

评估指标	20分	40分	60分	80分	100分	标杆值
氨氮去除率	<30%	30%～50%	50%～70%	70%～90%	>90%	最大值：100 最小值：0
TP去除率	<30%	30%～50%	50%～70%	70%～90%	>90%	最大值：100 最小值：0
运行/维护便捷性	较差，每年维护大于5次，每次维护需1～5天	差，每年维护4～5次，每次维护需1～4天	一般，每年维护3～4次，每次维护需1～3天	良好，每年维护2～3次，每次维护需1～2天	优，每年维护≤2次，每次维护时间≤1天	最大值：100 最小值：0
技术示范程度	小试	中试	1个	2个	2个以上	最大值：100 最小值：0
投资建设成本	大于500元/（m²·a）或大于800元/（m³·a）	400～500元/（m²·a）或600～800元/（m³·a）	300～400元/（m²·a）或400～600元/（m³·a）	200～300元/（m²·a）或200～400元/（m³·a）	<200元/（m²·a）或<200元/（m³·a）	最大值：100 最小值：0
运行维护成本	≥100元/（m²·a）或≥100元/（m³·a）	70～100元/（m²·a）或70～100元/（m³·a）	40～70元/（m²·a）或40～70元/（m³·a）	10～40元/（m²·a）或10～40元/（m³·a）	<10元/（m²·a）或<10元/（m³·a）	最大值：100 最小值：0
雨水负荷收集率	无雨水收集	<5%	5%～10%	10%～30%	>30%	最大值：100 最小值：0
TSS削减负荷	<10g/（m²·a）	10～30g/（m²·a）	30～50g/（m²·a）	50～70g/（m²·a）	>70g/（m²·a）	最大值：100 最小值：0
COD削减负荷	<40g/（m²·a）	40～60g/（m²·a）	60～80g/（m²·a）	80～100g/（m²·a）	>100g/（m²·a）	最大值：100 最小值：0
氨氮削减负荷	<2g/（m²·a）	2～4g/（m²·a）	4～6g/（m²·a）	6～8g/（m²·a）	>8g/（m²·a）	最大值：100 最小值：0
TN削减负荷	<4g/（m²·a）	4～6g/（m²·a）	6～8g/（m²·a）	8～10g/（m²·a）	>10g/（m²·a）	最大值：100 最小值：0
TP削减负荷	0.5～1g/（m²·a）	1～1.5g/（m²·a）	1.5～2g/（m²·a）	2～2.5g/（m²·a）	>2.5g/（m²·a）	最大值：100 最小值：0
生态景观功能	<40g/（m²·a）	40～60g/（m²·a）	60～80g/（m²·a）	80～100g/（m²·a）	>100g/（m²·a）	最大值：100 最小值：0

附表 2-22　后端治理技术与设施关键技术综合评估指标权重

准则层	准则层权重	要素层	要素层权重	指标层	指标层权重
技术指标	0.4	技术可靠性	0.6	运行稳定度	0.020
				TSS去除率	0.040
				COD去除率	0.650
				氨氮去除率	0.170
				TP去除率	0.120
		技术适应性	0.4	运行/维护便捷性	0.490
				技术示范程度	0.510

续表

准则层	准则层权重	要素层	要素层权重	指标层	指标层权重
经济指标	0.2	技术成本	0.7	投资建设成本	0.550
				运行维护成本	0.450
		技术效益	0.3	雨水负荷收集率	1.000
环境指标	0.4	污染物削减效益	0.2	TSS 削减负荷	0.020
				COD 削减负荷	0.280
				氨氮削减负荷	0.120
				TN 削减负荷	0.330
				TP 削减负荷	0.250
		生态环境效益	0.8	生态景观功能	1.000

5. 集镇水环境综合治理系列

该技术指标体系、标杆值以及权重均引自"城镇生活污染控制集成与应用"（编号：2017ZX0741004-001）项目中的集镇水环境综合治理技术评估报告。

1）集镇污水收集与运输技术

（1）指标体系。

集镇污水收集与运输技术指标体系见附图 2-12。

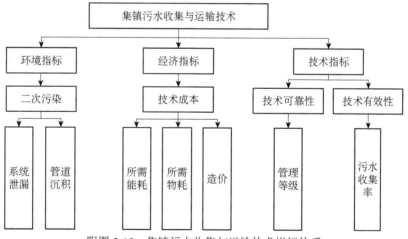

附图 2-12　集镇污水收集与运输技术指标体系

（2）集镇污水收集与运输技术指标权重及标杆赋值规则。

集镇污水收集与运输技术标杆赋值规则及指标权重见附表 2-23 和附表 2-24。

附表 2-23　集镇污水收集与运输技术标杆赋值规则

评估指标		20分	40分	60分	80分	100分	标杆值
污水收集率	%	<80	［80，85）	［85，90）	［90，95）	100	最大值：100 最小值：0

续表

评估指标		20分	40分	60分	80分	100分	标杆值
管理等级	—	差	较差	较好	好	很好	最大值: 100 最小值: 0
所需能耗	%	>20	(15, 20]	(10, 15]	(5, 10]	年实际总电耗占年实际收集污水总量比例为0	最大值: 100 最小值: 0
所需物耗	%	>20	(15, 20]	(10, 15]	(5, 10]	年实际配件损耗占年实际收集污水总量比例为0	最大值: 100 最小值: 0
造价	万元/km	>95	(90, 95]	(85, 90]	(80, 85]	≤80	最大值: 100 最小值: 0
系统泄漏	%	多	较多	中等	少量	系统无泄漏	最大值: 100 最小值: 0
管道沉积	%	多	较多	中等	少量	管道无沉积	最大值: 100 最小值: 0

附表 2-24　集镇污水收集与运输技术综合评估指标权重

准则层	准则层权重	要素层	要素层权重	指标层	指标层权重
环境指标	0.3	二次污染	1.000	系统泄露	0.500
				管道沉积	0.500
经济指标	0.4	技术成本	1.000	所需能耗	0.100
				所需物耗	0.450
				造价	0.450
技术指标	0.3	技术可靠性	0.130	管理等级	1.000
		技术有效性	0.870	污水收集率	1.000

2）城镇生活污水处理技术

（1）指标体系。

城镇生活污水处理技术指标体系见附图 2-13。

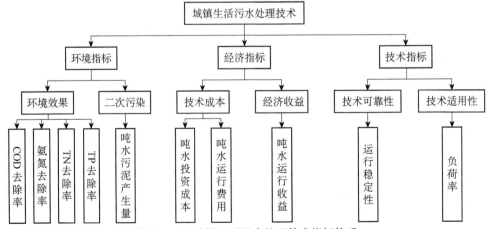

附图 2-13　城镇生活污水处理技术指标体系

（2）城镇生活污水处理技术指标权重。

城镇生活污水处理技术指标权重见附表 2-25。

附表 2-25　城镇生活污水处理技术指标权重及标杆赋值规则

准则层	准则层权重	要素层	要素层权重	指标层	指标层权重	标杆值
环境指标	0.457	环境效果	0.677	COD 去除率	0.071	最大值：98.27% 最小值：0.11%
		环境效果	0.677	氨氮去除率	0.479	最大值：99.4% 最小值：0.99%
		环境效果	0.677	TN 去除率	0.139	最大值：99.07% 最小值：1.593%
		环境效果	0.677	TP 去除率	0.311	最大值：98.93% 最小值：0.85%
		二次污染	0.323	吨水污泥产生量	1.000	最大值：0.26kg/m³ 最小值：0
经济指标	0.324	技术成本	0.731	吨水投资成本	0.493	最大值：0.21 元/m³ 最小值：0.011 元/m³
		技术成本	0.731	吨水运行费用	0.507	最大值：3.0 元/m³ 最小值：0.1 元/m³
		经济收益	0.269	吨水运行收益	1.000	最大值：13.7 元/m³ 最小值：0.014 元/m³
技术指标	0.219	技术可靠性	0.550	运行稳定性	1.000	最大值：100% 最小值：0%
		技术适用性	0.450	负荷率	1.000	最大值：150% 最小值：10%

3）集镇污水处理设备

（1）指标体系。

集镇污水处理设备指标体系见附图 2-14。

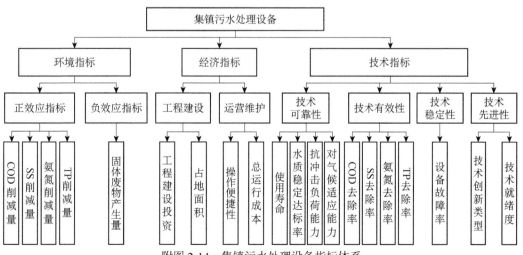

附图 2-14　集镇污水处理设备指标体系

（2）指标权重及标杆赋值规则。

集镇污水处理设备环节按照采用生物膜法设备和采用膜生物反应器设备进行分类，分别得到指标权重及标杆赋值规则，结果如附表 2-26～附表 2-29 所示。

附表 2-26　生物膜法标杆赋值规则

评估指标		20分	40分	60分	80分	100分	标杆值
水质稳定达标率	%	<80	80≤X<85	85≤X<90	90≤X<95	95≤X≤100	最大值：100 最小值：0
抗冲击负荷能力	%	<20	20≤X<30	30≤X<40	40≤X<50	能负荷超过设计水量100%的进水	最大值：100 最小值：0
对气候适应能力	℃	>8	6<X≤8	3<X≤6	−2<X≤3	≤−2	最大值：100 最小值：0
使用寿命	年	<7	7≤X<8	8≤X<9	9≤X<10	≥10	最大值：100 最小值：0
COD去除率	%	<75	75≤X<80	80≤X<85	85≤X<90	≥90	最大值：100 最小值：0
SS去除率	%	<75	75≤X<80	80≤X<85	85≤X<90	≥90	最大值：100 最小值：0
氨氮去除率	%	<75	75≤X<80	80≤X<85	85≤X<90	≥90	最大值：100 最小值：0
TP去除率	%	<70	70≤X<75	75≤X<80	80≤X<85	≥85	最大值：100 最小值：0
设备故障率	d/a	>12	10<X≤12	8<X≤10	5<X≤8	≤5	最大值：100 最小值：0
技术创新类型	定性描述	—	技术应用提升	引进转化创新	集成创新	原始创新	最大值：100 最小值：0
技术就绪度	级	<6	6	7	8	≥9	最大值：100 最小值：0
工程建设投资	万元/m³	>0.52	0.43<X≤0.52	0.34<X≤0.43	0.25<X≤0.34	≤0.25	最大值：100 最小值：0
占地面积	m²/(m³·d)	>1.19	0.96<X≤1.19	0.73<X≤0.96	0.5<X≤0.73	≤0.5	最大值：100 最小值：0
总运行成本	元/m³	>1.2	1.0<X≤1.2	0.8<X≤1.0	0.6<X≤0.8	≤0.6	最大值：100 最小值：0
操作便捷性	定性描述	差	较差	一般	较好	好	最大值：100 最小值：0
COD削减量	mg/L	<170	170≤X<180	180≤X<200	200≤X<210	≥210	最大值：100 最小值：0
SS削减量	mg/L	<115	115≤X<125	125≤X<135	135≤X<140	≥140	最大值：100 最小值：0
氨氮削减量	mg/L	<14	14≤X<16	16≤X<18	18≤X<20	≥20	最大值：100 最小值：0
TP削减量	mg/L	<1.8	1.8≤X<2.0	2.0≤X<2.2	2.2≤X<2.4	≥2.4	最大值：100 最小值：0
固体废物产生量	kg/m³	>0.9	0.8<X≤0.9	0.7<X≤0.8	0.6<X≤0.7	≤0.6	最大值：100 最小值：0

附表 2-27　生物膜法技术综合评估指标权重

准则层	准则层权重	要素层	要素层权重	指标层	指标层权重
技术指标	0.333	技术可靠性	0.250	水质稳定达标率	0.080
				抗冲击负荷能力	0.220
				对气候适应能力	0.330
				使用寿命	0.370
		技术有效性	0.248	COD 去除率	0.233
				SS 去除率	0.192
				氨氮去除率	0.202
				TP 去除率	0.373
		技术稳定性	0.251	设备故障率	1.000
		技术先进性	0.251	技术创新类型	0.140
				技术就绪度	0.860
经济指标	0.335	工程建设	0.500	工程建设投资	0.642
				占地面积	0.358
		运营维护	0.500	总运行成本	0.950
				操作便捷性	0.050
环境指标	0.332	正效应指标	0.448	COD 削减量	0.162
				SS 削减量	0.131
				氨氮削减量	0.232
				TP 削减量	0.475
		负效应指标	0.552	固体废物产生量	1.000

附表 2-28　膜生物反应器技术标杆赋值规则

评估指标		标杆值	20 分	40 分	60 分	80 分	100 分	标杆值
抗冲击负荷能力	%	能负荷超过设计水量 100%的进水	<20	20≤X<30	30≤X<40	40≤X<50	能负荷超过设计水量 100%的进水	最大值：100 最小值：0
对气候适应能力	℃	能在-10℃以下正常工作	>8	6<X≤8	3<X≤6	-2<X≤3	≤-2	最大值：100 最小值：0
使用寿命	年	能够稳定使用 10 年	<7	7≤X<8	8≤X<9	9≤X<10	≥10	最大值：100 最小值：0
COD 去除率	%	≥95	<75	75≤X<80	80≤X<85	85≤X<90	≥90	最大值：100 最小值：0
SS 去除率	%	≥97	<75	75≤X<80	80≤X<85	85≤X<90	≥90	最大值：100 最小值：0
TP 去除率	%	≥92	<70	70≤X<75	75≤X<80	80≤X<85	≥85	最大值：100 最小值：0
设备故障率	d/a	≤2	>12	10<X≤12	8<X≤10	5<X≤8	≤5	最大值：100 最小值：0

续表

评估指标		标杆值	20分	40分	60分	80分	100分	标杆值
技术创新类型	定性描述	原始（理论）创新	—	技术应用提升	引进转化创新	集成创新	原始创新	最大值：100 最小值：0
技术就绪度	级	9	<6	6	7	8	≥9	最大值：100 最小值：0
工程建设投资	万元/m³	≤0.25	>0.52	0.43<X≤0.52	0.34<X≤0.43	0.25<X≤0.34	≤0.25	最大值：100 最小值：0
占地面积	m²/（m³·d）	≤0.5	>1.19	0.96<X≤1.19	0.73<X≤0.96	0.5<X≤0.73	≤0.5	最大值：100 最小值：0
总运行成本	元/m³	≤0.8	>1.2	1.0<X≤1.2	0.8<X≤1.0	0.6<X≤0.8	≤0.6	最大值：100 最小值：0
COD削减量	mg/L	≥210	<170	170≤X<180	180≤X<200	200≤X<210	≥210	最大值：100 最小值：0
SS削减量	mg/L	≥140	<115	115≤X<125	125≤X<135	135≤X<140	≥140	最大值：100 最小值：0
TP削减量	mg/L	≥2.6	<1.8	1.8≤X<2.0	2.0≤X<2.2	2.2≤X<2.4	≥2.4	最大值：100 最小值：0
固体废物产生量	kg/m³	≤0.3	>0.9	0.8<X≤0.9	0.7<X≤0.8	0.6<X≤0.7	≤0.6	最大值：100 最小值：0

附表2-29 膜生物反应器技术综合评估指标权重

准则层	准则层权重	要素层	要素层权重	指标层	指标层权重
技术指标	0.333	技术可靠性	0.250	抗冲击负荷能力	0.040
				对气候适应能力	0.100
				使用寿命	0.860
		技术有效性	0.250	COD去除率	0.030
				SS去除率	0.200
				TP去除率	0.770
		技术稳定性	0.250	设备故障率	1.000
		技术先进性	0.250	技术创新类型	0.700
				技术就绪度	0.300
经济指标	0.333	工程建设	0.400	工程建设投资	0.860
				占地面积	0.140
		运营维护	0.600	总运行成本	1.000
环境指标	0.333	正效应指标	0.450	COD削减量	0.130
				SS削减量	0.100
				TP削减量	0.770
		负效应指标	0.550	固体废物产生量	1.000

4）集镇污水处理运维模型技术

（1）指标体系。

集镇污水处理运维模型技术指标体系见附图 2-15。

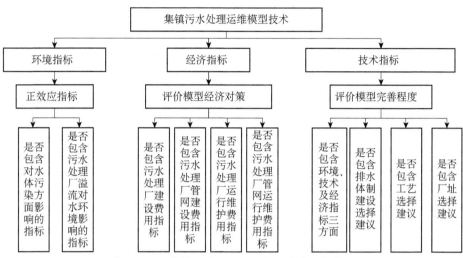

附图 2-15 集镇污水处理运维模型技术指标体系

（2）集镇污水处理运维模型技术指标权重及标杆赋值规则。

集镇污水处理运维模型技术标杆赋值规则及指标权重见附表 2-30 和附表 2-31。

附表 2-30 集镇污水处理运维模型技术标杆赋值规则

指标层	20 分	40 分	60 分	80 分	100 分	标杆值
是否包括环境、技术及经济指标三方面	包含一方面		包含两方面		包含三方面	最大值：100 最小值：0
是否包含排水体制建设选择建议	不包含				包含	最大值：100 最小值：0
是否包含工艺选择建议	不包含				包含	最大值：100 最小值：0
是否包含厂址选择建议	不包含				包含	最大值：100 最小值：0
是否包含污水处理厂建设费用指标	不包含				包含	最大值：100 最小值：0
是否包含污水处理厂管网建设费用指标	不包含				包含	最大值：100 最小值：0
是否包含污水处理厂运行维护费用指标	不包含				包含	最大值：100 最小值：0
是否包含污水处理厂管网运行维护费用指标	不包含				包含	最大值：100 最小值：0
是否包含对水体污染方面影响的指标	不包含				包含	最大值：100 最小值：0
是否包含污水处理厂溢流对水环境影响的指标	不包含				包含	最大值：100 最小值：0

附表 2-31 集镇污水处理运维模型技术综合评估指标权重

准则层	准则层权重	要素层	要素层权重	指标层	指标层权重
技术指标	0.334	评价模型完善程度	1.000	是否包含环境、技术及经济指标三方面	0.040
				是否包含排水体制建设选择建议	0.241
				是否包含工艺选择建议	0.241
				是否包含厂址选择建议	0.478
经济指标	0.333	评价模型经济对策	1.000	是否包含污水处理厂建设费用指标	0.141
				是否包含污水处理厂管网建设费用指标	0.359
				是否包含污水处理厂运行维护费用指标	0.141
				是否包含污水处理厂管网运行维护费用指标	0.359
环境指标	0.333	正效应指标	1.000	是否包含对水体污染方面影响的指标	0.336
				是否包含污水处理厂溢流对水环境影响的指标	0.664

5）集镇污水处理运维平台技术

（1）指标体系。

集镇污水处理运维平台技术指标体系见附图 2-16。

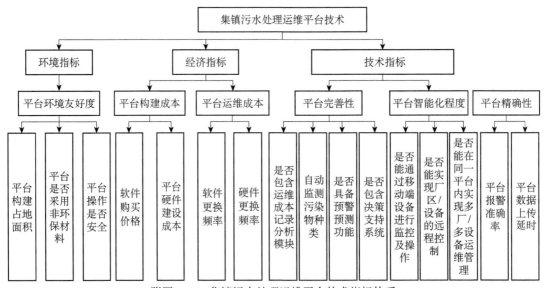

附图 2-16 集镇污水处理运维平台技术指标体系

（2）集镇污水处理运维平台技术指标权重及标杆赋值规则。

集镇污水处理运维平台技术标杆赋值规则及指标权重见附表 2-32 和附表 2-33。

附表 2-32 集镇污水处理运维平台技术标杆赋值规则

评估指标	20分	40分	60分	80分	100分	标杆值
自动监测污染物种类	0	1、2	3、4	5	6	最大值：100 最小值：0
是否具备预警预测功能	不包含				包含	最大值：100 最小值：0

续表

评估指标	20分	40分	60分	80分	100分	标杆值
是否包含决策支持系统	不包含				包含	最大值：100 最小值：0
是否包含运维成本记录分析模块	不包含				包含	最大值：100 最小值：0
是否能通过移动端设备进行监控及操作	不包含				包含	最大值：100 最小值：0
是否能实现厂区/设备的远程控制	不包含				包含	最大值：100 最小值：0
是否能在同一平台内实现多厂/多设备运维管理	不包含				包含	最大值：100 最小值：0
平台报警准确率	50%	50%～60%	60%～70%	70%～80%	>80%	最大值：100 最小值：0
平台数据上传延时	>1h	30～60 h 最小值	15～30 h 最小值	5～15 h 最小值	1～5 h 最小值	最大值：100 最小值：0
软件购买价格	200%	170%～200%	130%～170%	100%～130%	<100%	最大值：100 最小值：0
平台硬件建设成本	200%	170%～200%	130%～170%	100%～130%	<100%	最大值：100 最小值：0
软件更换频率	≤2 年	2～5 年	5～7 年	7～10 年	>10 年	最大值：100 最小值：0
硬件更换频率	≤1 年	2 年	3 年	4 年	>5 年	最大值：100 最小值：0
平台构建占地面积	>100m²	70～100m²	50～70m²	20～50m²	<20m²	最大值：100 最小值：0
平台是否采用非环保材料	采用				不采用	最大值：100 最小值：0
平台操作是否安全	不安全				安全	最大值：100 最小值：0

附表 2-33　集镇污水处理运维平台技术综合评估指标权重

准则层	准则层权重	要素层	要素层权重	指标层	指标层权重
技术指标	0.333	平台完善性	0.400	自动监测污染物种类	0.160
				是否具备预警预测功能	0.280
				是否包含决策支持系统	0.280
				是否包含运维成本记录分析模块	0.280
		平台智能化程度	0.300	是否能通过移动端设备进行监控及操作	0.300
				是否能实现厂区/设备的远程控制	0.200
				是否能在同一平台内实现多厂/多设备运维管理	0.500

续表

准则层	准则层权重	要素层	要素层权重	指标层	指标层权重
技术指标	0.333	平台精确性	0.300	平台报警准确率	0.500
				平台数据上传延时	0.500
经济指标	0.333	平台构建成本	0.500	软件购买价格	0.500
				平台硬件建设成本	0.500
		平台运维成本	0.500	软件更换频率	0.500
				硬件更换频率	0.500
环境指标	0.334	平台环境友好度	1.000	平台构建占地面积	0.299
				平台是否采用非环保材料	0.350
				平台操作是否安全	0.350

6）河塘生物生态协同治理技术

（1）指标体系。

河塘生物生态协同治理技术指标体系见附图 2-17。

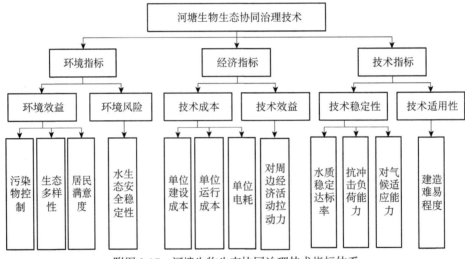

附图 2-17　河塘生物生态协同治理技术指标体系

（2）河塘生物生态协同治理技术指标权重及标杆赋值规则。

河塘生物生态协同治理技术标杆赋值规则及指标权重见附表 2-34 和附表 2-35。

附表 2-34　河塘生物生态协同治理技术标杆赋值规则

评估指标	20分	40分	60分	80分	100分	标杆值
水质稳定达标率（定量）	<60%	60%~70%	70%~80%	80%~90%	90%~100%	最大值：100 最小值：0
抗冲击负荷能力（定性）	差	较差	一般	较好	在水质水量产生较大波动情况下仍能稳定出水	最大值：100 最小值：0

续表

评估指标		20分	40分	60分	80分	100分	标杆值
对气候适应能力（定量）		>20℃	15~20℃（含15℃）	10~15℃（含10℃）	5~10℃（含5℃）	在冬季夏季进水温度变化较大时仍能稳定出水	最大值：100 最小值：0
建造难易程度（定性）		难	较难	一般	较容易		最大值：100 最小值：0
污染物控制（定量）	COD	50%~60%	60%~70%	70%~80%	80%~90%	>90%	最大值：100 最小值：0
	SS	77%~82%	82%~87%	87%~92%	92%~97%	>97%	最大值：100 最小值：0
	氨氮	50%~55%	55%~60%	60%~65%	65%~70%	>70%	最大值：100 最小值：0
生态多样性（定量）	水生植物覆盖度	<20%	20%~40%	40%~60%	60%~80%	>80%	最大值：100 最小值：0
	藻类多样性指数	<1.55	1.55~1.8	1.8~2.05	2.05~2.3	>2.3	最大值：100 最小值：0
	浮游动物峰值密度	<270 个/L	270~440 个/L	440~610 个/L	610~780 个/L	>780 个/L	最大值：100 最小值：0
居民满意度（定量）		<70%	70%~75%	75%~80%	80%~90%	>90%	最大值：100 最小值：0
水生态安全稳定性（定量）		<70%	70%~75%	75%~80%	80%~90%	>90%	最大值：100 最小值：0
单位建设成本（定量）		>0.5 万元/m³	0.4~0.5 万元/m³	0.3~0.4 万元/m³	0.2~0.3 万元/m³	<0.2 万元/m³	最大值：100 最小值：0
单位运行成本（定量）		>0.45 元/m³	0.35~0.45 元/m³	0.25~0.35 元/m³	0.15~0.25 元/m³	<0.15 元/m³	最大值：100 最小值：0
单位电耗（定量）		>0.30 kW/m³	0.25~0.30 kW/m³	0.20~0.25 kW/m³	0.15~0.20 kW/m³	<0.15kW/m³	最大值：100 最小值：0
对周边经济活动拉动力（定性）		差	较差	一般	较好	好	最大值：100 最小值：0

附表 2-35 河塘生物生态协同治理技术综合评估指标权重

准则层	准则层权重	要素层	要素层权重	指标层	指标层权重
技术指标	0.334	技术稳定性	0.602	水质稳定达标率	0.532
				抗冲击负荷能力	0.333
				对气候适应能力	0.135
		技术适用性	0.398	建造难易程度	1.000
环境指标	0.334	环境效益	0.500	污染物控制	0.102
				生态多样性	0.641
				居民满意度	0.257
		环境风险	0.500	水生态安全稳定性	1.000

续表

准则层	准则层权重	要素层	要素层权重	指标层	指标层权重
经济指标	0.332	技术成本	0.602	单位建设成本	0.550
				单位运行成本	0.265
				单位电耗	0.185
		技术效益	0.398	对周边经济活动拉动力	1.000

7）河塘生态治理技术

（1）指标体系。

河塘生态治理技术指标体系见附图 2-18。

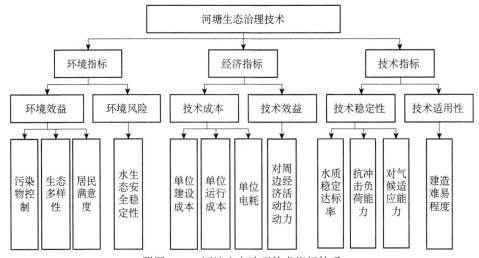

附图 2-18　河塘生态治理技术指标体系

（2）河塘生态治理技术指标权重及标杆赋值规则。

河塘生态治理技术标杆赋值规则及指标权重见附表 2-36 及附表 2-37。

附表 2-36　河塘生态治理技术标杆赋值规则

评估指标		20分	40分	60分	80分	100分	标杆值
水质稳定达标率	定量	<60%	60%～70%	70%～80%	80%～90%	90%～100%	最大值：100 最小值：0
抗冲击负荷能力	定性	差	较差	一般	较好	在水质水量产生较大波动情况下仍能稳定出水	最大值：100 最小值：0
对气候适应能力	定量	>20℃	15～20℃	10～15℃	5～10℃	在冬季夏季进水温度变化较大时仍能稳定出水	最大值：100 最小值：0
建造难易程度	定性	难	较难	一般	较容易		最大值：100 最小值：0

续表

评估指标		20分	40分	60分	80分	100分	标杆值
污染物控制（定量）	COD	30%～35%	35%～40%	40%～45%	45%～50%	>50%	最大值：100 最小值：0
	SS	77%～82%	82%～87%	87%～92%	92%～97%	>97%	最大值：100 最小值：0
	氨氮	50%～55%	55%～60%	60%～65%	65%～70%	>70%	最大值：100 最小值：0
生态多样性（定量）	水生植物覆盖度	<20%	20%～40%	40%～60%	60%～80%	>80%	最大值：100 最小值：0
	藻类多样性指数	<1.55	1.55～1.8	1.8～2.05	2.05～2.3	>2.3	最大值：100 最小值：0
	浮游动物峰值密度	<270 个/L	270～440 个/L	440～610 个/L	610～780 个/L	>780	最大值：100 最小值：0
居民满意度	定量	70%	75%	80%	90%	100%	最大值：100 最小值：0
水生态安全稳定性	定量	70%	75%	80%	90%	100%	最大值：100 最小值：0
单位建设成本	定量	>0.45 万元/m³	0.35～0.45 万元/m³	0.25～0.35 万元/m³	0.15～0.25 万元/m³	<0.15 万元/m³	最大值：100 最小值：0
单位运行成本	定量	>0.4 元/m³	0.3～0.4 元/m³	0.2～0.3 元/m³	0.1～0.2 元/m³	<0.1 元/m³	最大值：100 最小值：0
单位电耗	定量	>0.30 kW/m²	0.25～0.30 kW/m³	0.20～0.25 kW/m³	0.15～0.20 kW/m³	<0.15kW/m³	最大值：100 最小值：0
对周边经济活动拉动力	定性	差	较差	一般	较好	好	最大值：100 最小值：0

附表 2-37　河塘生态治理技术综合评估指标权重

准则层	准则层权重	要素层	要素层权重	指标层	指标层权重
技术指标	0.333	技术稳定性	0.601	水质稳定达标率	0.115
				抗冲击负荷能力	0.535
				对气候适应能力	0.350
		技术适用性	0.399	建造难易程度	1.000
环境指标	0.334	环境效益	0.401	污染物控制	0.276
				生态多样性	0.694
				居民满意度	0.030
		环境风险	0.599	水生态安全稳定性	1.000
经济指标	0.333	技术成本	0.601	单位建设成本	0.600
				单位运行成本	0.365
				单位电耗	0.035
		技术效益	0.399	对周边经济活动拉动力	1.000

附 2.6 农业面源污染防治技术系统

1）种植业污染防治技术系列

（1）指标体系。

种植业污染防治技术综合评价指标体系见附图 2-19。

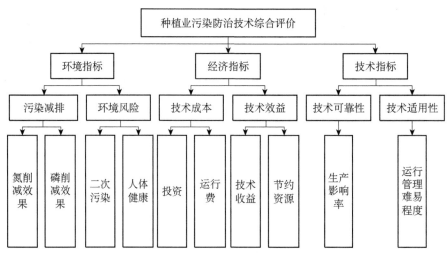

附图 2-19 种植业污染防治技术综合评价指标体系

指标体系中种植业污染防治技术等同于第二级技术——种植业氮磷全过程控制技术

（2）指标权重及标杆赋值规则。

第四级关键技术中污染物源头削减技术、污染物拦截阻断技术、养分的农田回用技术共用"种植业污染防治技术"指标体系，但赋值方法略有不同，详见附表 2-38 和附表 2-39。

附表 2-38 种植业污染防治技术综合评价标杆赋值规则

技术领域	指标层指标	0~3分	4~6分	7~8分	9~10分	标杆值
源头削减	生产影响率	0%~3%	3%~12%	12%~20%	20%~24%	最大值：10 最小值：0
	运行管理难易程度	困难	较困难	较容易	容易	最大值：10 最小值：0
	氮削减效果	0%~6%	6%~18%	18%~26%	26%~31%	最大值：10 最小值：0
	磷削减效果	0%~6%	6%~17%	17%~27%	27%~31%	最大值：10 最小值：0
	二次污染	高风险	中风险	低风险	无风险	最大值：10 最小值：0
	人体健康	不利影响	可能有风险	否	有利影响	最大值：10 最小值：0

技术领域	指标层指标	0~3 分	4~6 分	7~8 分	9~10 分	标杆值
源头削减	投资	较高投资	生产者不愿承担	生产者愿意承担	无额外投资	最大值：10 最小值：0
	运行费	运行费用高	运行费用较高	运行费用可以接受	运行费用低	最大值：10 最小值：0
	技术收益	不增加收益		有可能增加收益	必然增加收益	最大值：10 最小值：0
	节约资源	0%~5%	5%~15%	15%~22%	22%~25%	最大值：10 最小值：0
过程拦截	生产影响率	0		0%~5%	5%~10%	最大值：10 最小值：0
	运行管理难易程度	困难	较困难	较容易	容易	最大值：10 最小值：0
	氮削减效果	0%~2%	2%~7%	7%~13%	13%~17%	最大值：10 最小值：0
	磷削减效果	0%~3%	3%~10%	10%~16%	16%~21%	最大值：10 最小值：0
	二次污染	高风险	中风险	低风险	无风险	最大值：10 最小值：0
	人体健康	不利影响	可能有风险	否	有利影响	最大值：10 最小值：0
	投资	较高投资	生产者不愿承担	生产者愿意承担	无额外投资	最大值：10 最小值：0
	运行费	运行费用高	运行费用较高	运行费用可以接受	运行费用低	最大值：10 最小值：0
	技术收益	不增加收益		有可能增加收益	必然增加收益	最大值：10 最小值：0
	节约资源	0%~1%	1%~4%	4%~9%	9%~12%	最大值：10 最小值：0
养分回用	生产影响率	0%~2%	2%~7%	7%~15%	15%~18%	最大值：10 最小值：0
	运行管理难易程度	困难	较困难	较容易	容易	最大值：10 最小值：0
	氮削减效果	0%~3%	3%~8%	8%~15%	15%~20%	最大值：10 最小值：0
	磷削减效果	0%~2%	2%~5%	5%~9%	9%~11%	最大值：10 最小值：0
	二次污染	高风险	中风险	低风险	无风险	最大值：10 最小值：0
	人体健康	不利影响	可能有风险	否	有利影响	最大值：10 最小值：0
	投资	较高投资	生产者不愿承担	生产者愿意承担	无额外投资	最大值：10 最小值：0

续表

技术领域	指标层指标	0～3分	4～6分	7～8分	9～10分	标杆值
养分回用	运行费	运行费用高	运行费用较高	运行费用可接受	运行费用低	最大值：10 最小值：0
	技术收益	不增加收益		有可能增加收益	必然增加收益	最大值：10 最小值：0
	节约资源	0%～2%	2%～5%	5%～9%	9%～11%	最大值：10 最小值：0

附表 2-39　种植业污染防治技术综合评估指标权重

准则层	准则层权重	要素层	要素层权重	指标层	指标层权重
技术指标	0.352	技术可靠性	0.500	生产影响率	1.000
		技术适用性	0.500	运行管理难易程度	1.000
环境指标	0.353	污染减排	0.502	氮削减效果	0.515
				磷削减效果	0.485
		环境风险	0.498	二次污染	0.458
				人体健康	0.542
技术指标	0.295	技术成本	0.510	投资	0.478
				运行费	0.522
		技术效益	0.490	技术收益	0.499
				节约资源	0.501

2）养殖业污染治理技术系列

（1）畜禽养殖污染控制通用技术。

第一，指标体系。畜禽养殖污染控制通用技术指标体系见附图 2-20。

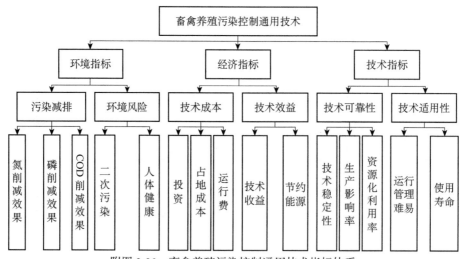

附图 2-20　畜禽养殖污染控制通用技术指标体系

第二，畜禽养殖污染控制通用技术指标权重及标杆赋值规则。畜禽养殖污染控制通用技术标杆赋值规则及指标权重见附表 2-40 和附表 2-41。

附表2-40 畜禽养殖污染控制通用技术标杆赋值规则

评估指标	>90分	80~90分	70~80分	60~70分	<60分	备注	标杆值
技术稳定性	①市场成熟度高，有运行超过5年的企业，运行良好；②有较成熟的技术保障和支撑，有较稳定运行的示范工程	①市场成熟度较高，有运行3~5年企业，运行良好；②有较成熟的技术保障和支撑，有较稳定运行的示范工程	①有一定的市场，有运行1~3年的示范，有少量推广；②处于技术示范阶段，有较为充足的运行数据保障的示范工程	有正在运行中的示范工程，暂时未推广	仅在试验中，还未进行示范	①②任意达到即视为满足，专家根据实际示范效果，市场占有率和运行状况酌情增加减分	最大值：100 最小值：0
生产影响率	养殖量减少率<5%	养殖量减少率5%~10%	养殖量减少率10%~20%	养殖量减少率20%~30%	养殖量减少率>30%	参照传统的养殖方式，养殖密度、新方案养殖密度的变化情况	最大值：100 最小值：0
资源化利用率	粪污肥料化（或回用）率>90%	粪污肥料化（或回用）率80%~90%	粪污肥料化（或回用）率70%~80%	粪污肥料化（或回用）率50%~70%	粪污肥料化（或回用）率<50%	只要不外排，通过处理且能用于农田、鱼塘、果林等地方	最大值：100 最小值：0
运行管理难易	操作简单，每万头猪每日只需增加0.5个人工	操作较简单，每万头猪每日需要增加0.5~1个人工	有一定管理难度，每万头猪每日需要增加1~1.5个人工	管理难度较大，每万头猪每日需要增加1.5~2个人工	管理难度大，每万头猪每日需要增加2个人工以上	相对于传统的粪便清理储存，通过新技术需要高要增加的额外人工	最大值：100 最小值：0
使用寿命	主要设备可供正常运行10年以上	主要设备可供正常运行8~10年	主要设备可供正常运行5~8年	主要设备可供正常运行3~5年	主要设备可供正常运行3年及以下	指粪污处理过程中所用的核心设备，一次性固定投资主体	最大值：100 最小值：0
氨削减效果	粪污处理后满足：①削减95%以上；②凯氏氨最终≤15mg/L；③削减效率提升>50%	粪污处理后满足：①削减90%~95%；②凯氏氨最终15~30mg/L；③削减效率提升30%~50%	粪污处理后满足：①削减80%~90%；②凯氏氨最终30~50mg/L；③削减效率提升20%~30%	粪污处理后满足：①削减70%~80%；②凯氏氨最终50~100mg/L；③削减效率提升10%~20%	粪污处理后满足：①削减<70%；②凯氏氨最终>100mg/L；③削减效率提升<10%	满足条件之一，其中①②指从污水源头到最终最终全环节效果，③指在处理全环节或某个环节应用技术后相对于原先的提升效率	最大值：100 最小值：0
磷削减效果	粪污处理后满足：①削减95%以上；②总磷最终≤2mg/L；③削减效率提升>50%	粪污处理后满足：①削减90%~95%；②总磷最终2~5mg/L；③削减效率提升30%~50%	粪污处理后满足：①削减80%~90%；②总磷最终5~10mg/L；③削减效率提升20%~30%	粪污处理后满足：①削减70%~80%；②总磷最终10~20mg/L；③削减效率提升10%~20%	粪污处理后满足：①削减<70%；②总磷最终>20mg/L；③削减效率提升<10%	满足条件之一，其中①②指从污水源头到最终处理效果，③指在处理全环节效果或某个环节应用技术后相对于原先的提升效率	最大值：100 最小值：0

续表

评估指标	>90分	80~90分	70~80分	60~70分	<60分	备注	标杆值
COD削减效果	粪污处理后满足：①削减95%以上；②最终削减效率提升>50%；③削减≤150mg/L	粪污处理后满足：①削减90%~95%；②最终削减150~200mg/L；③削减效率30%~50%	粪污处理后满足：①削减80%~90%；②最终削减200~400mg/L；③削减效率20%~30%	粪污处理后满足：①削减70%~80%；②最终削减400~800mg/L；③削减效率10%~20%	粪污处理后满足：①削减<70%；②最终>800mg/L；③削减效率<10%	满足条件之一，其中①②指从污水源头到最终处理效果，③指在处理全环节处理效果某个环节应用技术后相对于原先的提升效率	最大值：100 最小值：0
二次污染	在处理过程中，没有额外的污染物排放，污染监测数据提升<2%	在处理过程中，有微量的污染物的排放，污染监测数据提升2%~5%	在处理过程中，有少量污染物的排放，污染监测数据提升5%~10%	在处理过程中，有一定量污染物的排放，污染监测数据提升10%~20%	在处理过程中，有显著污染物的排放，污染监测数据提升>20%	额外排放，包括：臭气、粉尘或氨挥发等，额外增加的氨室产生的温室气体	最大值：100 最小值：0
人体健康	工作环境中无额外的粉尘、臭气、噪声、高热等，无有害致病菌接触	工作环境中有微量的粉尘、臭气、噪声、高热等，可能接触微量有害病原菌，人体无明显不适	工作环境中有少量的粉尘、臭气、噪声、高热等，存在微量病原菌，人体需简单防护和清洁	工作环境中有明显的粉尘、臭气、噪声、高热等，存在较多微量病原菌，人体需要专业防护和清洁	工作环境中有明显的粉尘、臭气、噪声、高热等，存在较多微量病原菌，人体需要专业防护和清洁	主要依感官直接判断	最大值：100 最小值：0
投资	投资额占养殖场总固定资产投资<5%	投资额占养殖场总固定资产投资5%~10%	投资额占养殖场总固定资产投资10%~15%	投资额占养殖场总固定资产投资15%~20%	投资额占养殖场总固定资产投资>20%	固定资产包括养殖场内所有需要一次性投资的设施、设备和各种工程	最大值：100 最小值：0
占地成本	占地率相对养殖场总面积增加<2%	占地率相对养殖场总面积增加2%~5%	占地率相对养殖场总面积增加5%~8%	占地率相对养殖场总面积增加8%~15%	占地率相对养殖场总面积增加>15%	占地率指污水处理核心项目（设施、设备）在养殖场内所占的面积；通过农牧结合、生态沟、湿地等配套土地具有产出，不纳入计算	最大值：100 最小值：0
运行费	粪污处理成本<5元/m³	粪污处理成本5~10元/m³	粪污处理成本10~15元/m³	粪污处理成本15~20元/m³	粪污处理成本>20元/m³	无额外处理成本为100分。根据处理单价酌情打分，粪污是养殖产生的粪污总量	最大值：100 最小值：0

续表

评估指标	>90 分	80~90 分	70~80 分	60~70 分	<60 分	备注	标杆值
技术收益	技术应用后，无增加环保投入，且有一定的经济收益，无污水排放	技术应用后无收益，也无增加环保投入，COD 排放率<5%	技术应用后，无收益，粪污处理成本<5 元/m³，COD 排放率 5%~10%	技术应用后，无收益，粪污处理成本 5~10 元/m³，COD 排放率 10%~15%	技术应用后，无收益，粪污处理成本>10 元/m³，COD 排放率>15%	粪污处理主要是环境效益，经济效益较低。评价指标需满足以上所有条件	最大值：100最小值：0
节约资源	额外增加的水、电、煤等资源，每头猪出栏增加不超过<5 元	额外增加的水、电、煤等资源，每头猪出栏增加 5~10 元	额外增加的水、电、煤等资源，每头猪出栏增加不超过 10~15 元	额外增加的水、电、煤等资源，每头猪出栏增加 15~20 元	额外增加的水、电、煤等资源，每头猪出栏增加>20 元	额外增加资源，表示现对干粪便直接堆积农用，在处理过程中需要用的水、电、煤等资源收集、处理过程中需要用的水、电、煤等资源	最大值：100最小值：0

附表 2-41　畜禽养殖污染控制通用技术综合评估指标权重

准则层	准则层权重	要素层	要素层权重	指标层	指标层权重
技术指标	0.337	技术可靠性	0.5341	技术稳定性	0.312
				生产影响率	0.294
				资源化利用率	0.394
		技术适用性	0.4659	运行管理难易	0.541
				使用寿命	0.459
环境指标	0.444	污染减排	0.5360	氮削减效果	0.340
				磷削减效果	0.311
				COD 削减效果	0.349
		环境风险	0.4640	二次污染	0.505
				人体健康	0.495
经济指标	0.219	技术成本	0.5936	投资	0.338
				占地成本	0.254
				运行费	0.408
		技术收益	0.4064	技术收益	0.629
				节约资源	0.371

（2）畜禽养殖污染控制专用技术。

第一，指标体系。畜禽养殖污染控制专用技术指标体系见附图 2-21。

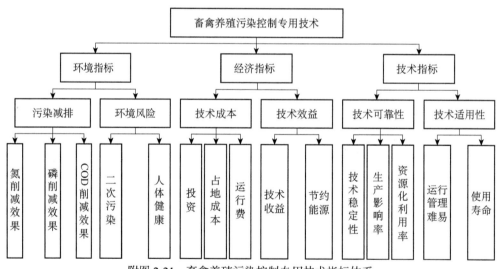

附图 2-21　畜禽养殖污染控制专用技术指标体系

第二，指标权重及标杆赋值规则。畜禽养殖污染控制专用技术标杆赋值规则及指标权重见附表 2-42 和附表 2-43。

（3）水产（淡水）养殖污染控制技术。

第一，指标体系。水产（淡水）养殖污染控制技术指标体系见附图 2-22。

第二，指标权重及标杆赋值规则。水产（淡水）养殖污染控制技术标杆赋值规则及指标权重见附表 2-44 和附表 2-45。

附表 2-42　畜禽养殖污染控制专用技术标杆值赋值规则

评估指标	>90分	80~90分	70~80分	60~70分	<60分	备注	指标层
技术稳定性	①市场成熟度高，有运行超过5年的企业，运行良好；②有较成熟的技术保障和支撑，有稳定运行的示范工程	①有一定的市场，有运行3~5年的示范，有少量推广；②处于技术示范阶段，有较为充足的运行数据保障	有正在运行中的示范工程，"暂时未推广"		仅在试验中，还未进行示范	①②任意达到即视为满足，专家根据实际示范效果、市场占有率和运行状况酌情加减分	最大值：100 最小值：0
生产影响率	养殖量减少率<5%	养殖量减少率5%~10%	养殖量减少率10%~20%	养殖量减少率20%~30%	养殖量减少率>30%	参照传统的养殖方式，养殖密度，新方养殖密度的变化情况	最大值：100 最小值：0
资源化利用率	粪污肥料化（或回用）率>90%	粪污肥料化（或回用）率80%~90%	粪污肥料化（或回用）率70%~80%	粪污肥料化（或回用）率50%~70%	粪污肥料化（或回用）率<50%	只要不外排，通过处理且能用于农田、鱼塘、果林等地方	最大值：100 最小值：0
运行管理难易	操作简单，每万头猪每日需增加0.5~1个人工	操作较简单，每万头猪每日需要增加0.5~1个人工	有一定管理难度，每万头猪每日需要增加1~1.5个人工	管理难度较大，每万头猪每日需要增加1.5~2个人工	管理难度较大，每万头猪日要增加2个人工以上	指粪污处理过程中所用的核心设备，一次性固定投资主体	最大值：100 最小值：0
使用寿命	主要设备可供正常运行10年以上	主要设备可供正常运行8~10年	主要设备可供正常运行5~8年	主要设备可供正常运行3~5年	主要设备可供正常运行3年及以下		最大值：100 最小值：0
氮削减效果	粪污处理后满足：①削减95%以上；②凯氏氮最终≤15mg/L；③削减效率提升>50%	粪污处理后满足：①削减90%~95%；②凯氏氮最终15~30mg/L；③削减效率提升30%~50%	粪污处理后满足：①削减80%~90%；②凯氏氮最终30~50mg/L；③削减效率提升20%~30%	粪污处理后满足：①削减70%~80%；②凯氏氮最终50~100mg/L；③削减效率提升10%~20%	粪污处理后满足：①削减<70%；②凯氏氮最终>100mg/L；③削减效率提升<10%	满足条件之一，其中①②指从污水源头达到最终处理效果，③指在处理全环节某个相对于原先的提升效率	最大值：100 最小值：0
磷削减效果	粪污处理后满足：①削减95%以上；②总磷最终≤2mg/L；③削减效率提升>50%	粪污处理后满足：①削减90%~95%；②总磷2~5mg/L；③削减效率提升30%~50%	粪污处理后满足：①削减80%~90%；②总磷5~10mg/L；③削减效率提升20%~30%	粪污处理后满足：①削减70%~80%；②总磷10~20mg/L；③削减效率提升10%~20%	粪污处理后减：①削减<70%；②总磷20mg/L；③削减效率减率<10%	满足条件之一，其中①②指从污水源头达到最终处理效果，③指在处理全环节某个相对于原先的提升效率	最大值：100 最小值：0

续表

评估指标	>90分	80~90分	70~80分	60~70分	<60分	备注	指标层
COD削减效果	粪污处理后满足：①削减95%以上；②最终≤150mg/L；③削减效率提升>50%	粪污处理后满足：①削减90%~95%；②最终150~200mg/L；③削减效率30%~50%	粪污处理后满足：①削减80%~90%；②最终200~400mg/L；③削减效率20%~30%	粪污处理后满足：①削减70%~80%；②最终400~800mg/L；③削减效率10%~20%	粪污处理后满足：①削减<70%；②最终>800mg/L；③削减效率<10%	满足条件之一，其中①②指从污水源头到最终处理效果，③指在处理全环节或某个环节应用技术后相对于原先的提升效率	最大值：100 最小值：0
二次污染	在处理过程中，没有额外污染物的排放，污染监测数据提升<2%	在处理过程中，有微量污染物的排放，污染监测数据提升2%~5%	在处理过程中，有少量污染物的排放，污染监测数据提升5%~10%	在处理过程中，有一定量污染物的排放，污染监测数据提升10%~20%	在处理过程中，有显著量污染物的排放，污染监测数据提升>20%	额外排放，包括：臭气、粉尘或氨挥发等，额外增加能源产生的温室气体	最大值：100 最小值：0
人体健康	工作环境中无额外的粉尘、臭气、噪声、高热等，无有害致病菌接触	工作环境中有微量的粉尘、臭气、噪声、高热等，可能接触微量有害病原菌，人体无明显不适	工作环境中有少量的粉尘、臭气、噪声、高热等，存在微量病原菌，人体简单防护和清洁	工作环境中有明显的粉尘、臭气、噪声、高热等，存在微量病原菌，人体需要专业防护和清洁	工作环境中有较多微粉尘、臭气、噪声等，存在病原菌，人体需要专业防护和清洁	主要凭感官直接判断	最大值：100 最小值：0
投资	投资额占养殖场总固定资产投资<5%	投资额占养殖场总固定资产投资5%~10%	投资额占养殖场总固定资产投资10%~15%	投资额占养殖场总固定资产投资15%~20%	投资额占养殖场总固定资产投资>20%	固定资产包括养殖场内所有需要一次性投资的设施、设备和各种工程	最大值：100 最小值：0
占地成本	占地率相对养殖场总面积增加<2%	占地率相对养殖场总面积增加2%~5%	占地率相对养殖场总面积增加5%~8%	占地率相对养殖场总面积增加8%~15%	占地率相对养殖场总面积增加>15%	占地率指核心项目（设施、设备和工程）在养殖场内所占的面积，通过农牧结合、生态沟、湿地等配套土地具有的，不纳入计算	最大值：100 最小值：0
运行费	粪污处理成本<5元/m³	粪污处理成本5~10元/m³	粪污处理成本10~15元/m³	粪污处理成本15~20元/m³	粪污处理成本>20元/m³	无额外处理核算成本为100分，根据粪污处理单价的情况打分，粪污是养殖场产生的粪污总量	最大值：100 最小值：0

续表

评估指标	>90分	80~90分	70~80分	60~70分	<60分	备注	指标层
技术收益	技术应用后，无增加环保投入，且有一定的经济收益，无污水排放	技术应用后无收益，无增加环保投入，COD排放率<5%	技术应用后，无收益，粪污处理成本<5元/m³，COD排放率5%~10%	技术应用后，无收益，粪污处理成本任5~10元/m³，COD排放率10%~15%	技术应用后，无收益，粪污处理成本>10元/m³，COD排放率>15%	粪污处理主要是环境效益，经济效益较低。评价标需满足以上所有条件	最大值：100　最小值：0
节约能源	额外增加的水、电、煤等资源，每头猪出栏增加不超过<5元	额外增加的水、电、煤等资源，每头猪出栏增加5~10元	额外增加的水、电、煤等资源，每头猪出栏增加10~15元	额外增加的水、电、煤等资源，每头猪出栏增加15~20元	额外增加的水、电、煤等资源，每头猪出栏增加>20元	额外增加资源，表示现对干粪便直接堆积农用，在收集、处理过程中需要用的水、电、煤等资源	最大值：100　最小值：0

附表 2-43　畜禽养殖污染控制专用技术综合评估指标权重

准则层	准则层权重	要素层	要素层权重	指标层	指标层权重
技术指标	0.307	技术可靠性	0.489	技术稳定性	0.373
				生产影响率	0.287
		技术适用性	0.511	资源化利用率	0.340
				运行管理难易	0.541
				使用寿命	0.459
环境指标	0.453	污染减排	0.525	氮削减效果	0.340
				磷削减效果	0.311
				COD削减效果	0.349
		环境风险	0.475	二次污染	0.526
				人体健康	0.474
经济指标	0.24	技术成本	0.588	投资	0.319
				占地成本	0.305
				运行费	0.376
		技术效益	0.412	技术收益	0.667
				节约资源	0.333

附表 2-44 水产（淡水）养殖污染控制技术标杆赋值规则

评估指标	>90 分	80～90 分	70～80 分	60～70 分	<60 分	备注	标杆值
技术稳定性	技术故障率低	技术故障率较低	技术故障率一般	技术故障率较高	技术故障率高	根据实际运行状况酌情打分	最大值：100 最小值：0
生产影响率	年产量减少率~0%	年产量减少率0%～5%	年产量减少率5%～10%	年产量减少率10%～20%	年产量减少率>20%	参照传统的养殖方式，该技术养殖年产量比较	最大值：100 最小值：0
资源化利用率	尾水回用率>80%	尾水回用率60%～80%	尾水回用率40%～60%	尾水回用率20%～40%	尾水回用率<20%		最大值：100 最小值：0
运行管理难易	管理操作及维护简单	管理操作及维护较简单	管理操作及维护一般	管理操作及维护较难	管理操作及维护困难		最大值：100 最小值：0
使用寿命	主要设施正常运行6年及以上	主要设施正常运行4～6年	主要设施正常运行2～4年	主要设施可供正常运行1～2年	主要设施正常运行1年及以下	指尾水处理过程中所建设的核心设施	最大值：100 最小值：0
氮削减效果	尾水处理后满足：①削减率95%以上；②总氮<1.5mg/L	尾水处理后满足：①削减率80%～95%；②总氮1.5～3.0mg/L	尾水处理后满足：①削减率65%～80%；②总氮3.0～4.0mg/L	尾水处理后满足：①削减率50%～65%；②总氮4.0～5.0mg/L	尾水处理后满足：①削减率<50%；②总氮>5.0mg/L	指从尾水源头到最终处理，出水水质稳定达到的效果	最大值：100 最小值：0
磷削减效果	尾水处理后满足：①削减率95%以上；②总磷<0.2mg/L	导水处理后满足：①削减率80%～95%；②总磷0.2～0.5mg/L	尾水处理后满足：①削减率65%～80%；②总磷0.5～1.0mg/L	尾水处理后满足：①削减率50%～65%以上；②总磷1.0～1.5mg/L	尾水处理后满足：①削减率<50%；②总磷>1.5mg/L	指从尾水源头到最终处理，出水水质稳定达到的效果	最大值：100 最小值：0
COD削减效果	尾水处理后满足：①削减率95%以上；②COD<10mg/L	尾水处理后满足：①削减率80%～95%；②COD 10～15mg/L	尾水处理后满足：①削减率65%～80%；②COD 15～20mg/L	尾水处理后满足：①削减率50%～65%；②COD 20～25mg/L	尾水处理后满足：①削减率<50%；②COD>25mg/L	指从尾水源头到最终处理，出水水质稳定达到的效果	最大值：100 最小值：0
二次污染	处理过程中没有额外污染物的排放	处理过程中有微量额外污染物排放	处理过程中有少量额外污染物排放	处理过程中有较明显污染物的排放	处理过程中有明显污染物的排放	额外污染物包括臭气、化学絮凝剂、重金属、病原菌、污泥等	最大值：100 最小值：0
人体健康	工作环境中无额外的臭气、噪声等	工作环境中有微量的臭气、噪声等，但人体无不适感	工作环境中有少量的臭气、噪声等，人体偶有不适感，但无需防护	工作环境中有明显的臭气、噪声等，人体稍有不适感，需要简单的防护	工作环境中有明显污染气、噪声等，人体有不适感，需要防护	主要凭感官直接判断	最大值：100 最小值：0

续表

评估指标	>90 分	80~90 分	70~80 分	60~70 分	<60 分	备注	标杆值
投资	投资额占养殖场总固定资产<2%	投资额占养殖场总固定资产 2%~5%	投资额占养殖场总固定资产 5%~10%	投资额占养殖场总固定资产 10%~15%	投资额占养殖场总固定资产>15%	固定资产包括养殖场内所有需要一次性投资的设施、设备和各种工程	最大值: 100 最小值: 0
占地成本	<5%	5%~8%	8%~11%	11%~14%	>14%	指尾水处理占养殖场面积占养殖场总面积的百分比	最大值: 100 最小值: 0
运行费	<300 元/(t·a)	300~600 元/(t·a)	600~900 元/(t·a)	900~1200 元/(t·a)	>1200 元/(t·a)	指每年平均生产 1 吨水产品尾水处理运行的费用	最大值: 100 最小值: 0
技术收益	经济收入>1500 元/亩	经济收入 1000~1500 元/亩	经济收入 500~1000 元/亩	经济收入 0~500 元/亩	无经济收入	经济收入指尾水处理后地产生的经济效益	最大值: 100 最小值: 0
节约能源	<200 元	200~400 元	400~600 元	600~800 元	>800 元	额外增加的水、电等资源,按吨鱼年产量计	最大值: 100 最小值: 0

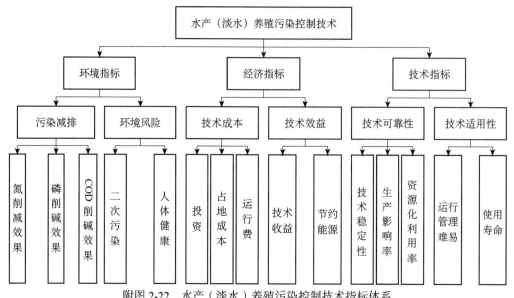

附图 2-22　水产（淡水）养殖污染控制技术指标体系

附表 2-45　水产（淡水）养殖污染控制技术综合评估指标权重

准则层	准则层权重	要素层	要素层权重	指标层	指标层权重
技术指标	0.338	技术可靠性	0.550	技术稳定性	0.406
				生产影响率	0.326
				资源化利用率	0.268
		技术适用性	0.450	运行管理难易	0.550
				使用寿命	0.450
环境指标	0.411	污染减排	0.582	氮削减效果	0.346
				磷削减效果	0.352
				COD 削减效果	0.302
		环境风险	0.418	二次污染	0.533
				人体健康	0.467
经济指标	0.251	技术成本	0.567	投资	0.359
				占地成本	0.301
				运行费	0.340
		技术收益	0.433	技术收益	0.541
				节约能源	0.459

3）农村生活污染治理技术系列

该技术指标体系、标杆值以及权重均引自"农业面源污染控制治理技术集成与应用"（编号：2017ZX07401002）项目中的农村生活污水污染处理技术评估报告。

（1）农村生活污水收集技术。

第一，指标体系。农村生活污水收集技术指标体系见附图 2-23。

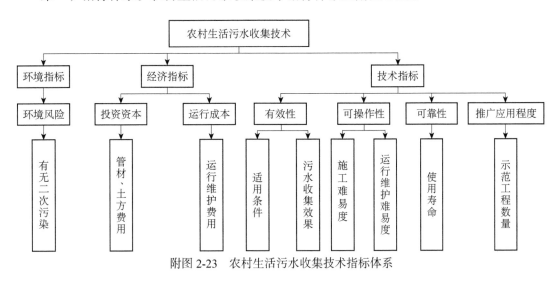

附图 2-23 农村生活污水收集技术指标体系

第二，农村生活污水收集技术指标权重及标杆赋值规则。农村生活污水收集技术标杆赋值规则及指标权重见附表 2-46 和附表 2-47。

（2）农村生活污水处理技术。

第一，指标体系。农村生活污水处理技术指标体系见附图 2-24。

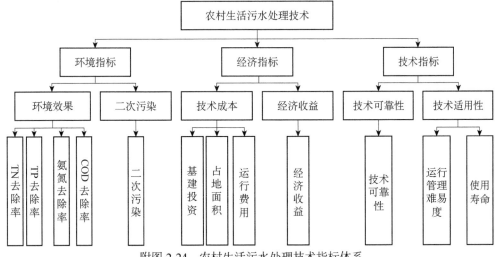

附图 2-24 农村生活污水处理技术指标体系

第二，农村生活污水处理技术指标权重及标杆赋值规则。农村生活污水处理技术标杆赋值规则及指标权重见附表 2-48 和附表 2-49。

附表2-46 农村生活污水收集技术标杆赋值规则

指标层指标	定量定性	1分	2分	3分	4分	5分	标杆值
适用条件	定性	只能适用于特定地形、地势条件，适用条件差	对地形、地势条件要求较高	对地形、地势条件较低	对地形、地势条件适用情况较高	可适用于不同地形、地势条件，适用条件好	最大值：5 最小值：0
污水收集效果	定量	污水收集率低于80%	污水收集率80%~85%	污水收集率90%	污水收集率95%	污水收集率接近100%，当地排放污水能全部有效收集	最大值：5 最小值：0
施工难易度	定性	施工技术复杂，对施工条件要求高，施工周期长	施工技术较复杂，对施工条件要求一般，施工周期长	施工技术较成熟，施工条件要求较低，施工周期较短	施工技术比较成熟，对施工条件要求较小，施工周期短	施工技术成熟，对施工条件要求小，施工周期短	最大值：5 最小值：0
运行维护难易度	定性	管理困难，运维调控频繁，仅能保持极短时间内自主稳定运行	管理较为困难，运维工作量较大，能保持一段时间内自主稳定运行	管理难度一般，需要同步人时间较长时可保持稳定运行	管理相对简单，运维工作量较小，日常定期需要人为调控，可较长期自主定行	管理简单，运维工作量小，日常不需要人为调控，可长期自主运行	最大值：5 最小值：0
使用寿命	定量	配套的关键设施可供正常运行5年以下	配套的关键设施可供正常运行5~10年	配套的关键设施可供正常运行10~15年	配套的关键设施可供正常运行15~20年	配套的关键设施可供正常运行20年以上	最大值：5 最小值：0
示范工程数量	定量	无示范工程	有1个示范工程	有2个示范工程	有3个示范工程	有4个以上示范工程，或已推广应用	最大值：5 最小值：0
管材、土方费用	定量	与传统重力收集系统相比，同等规模工程投资低10%以内	与传统重力收集系统相比，同等规模工程投资低10%~15%	与传统重力收集系统相比，同等规模工程投资低15%~20%	与传统重力收集系统相比，同等规模工程投资低20%~25%	与传统重力收集系统相比，同等规模工程投资低25%以上	最大值：5 最小值：0
运行维护费用	定量	与传统重力收集系统相比，同等规模运行维护费用高25%以上	与传统重力收集系统相比，同等规模运行维护费用高20%~25%	与传统重力收集系统相比，同等规模运行维护费用高15%~20%	与传统重力收集系统相比，同等规模运行维护费用高10%~15%	与传统重力收集系统相比，同等规模运行维护费用高10%以内	最大值：5 最小值：0
有无二次污染	定性	管道渗漏率、臭气、噪声等二次污染多	管道渗漏率、臭气、噪声等二次污染相对较多	管道渗漏率、臭气、噪声等二次污染少	臭气、噪声等二次污染较少	基本无二次污染	最大值：5 最小值：0

附表 2-47　农村生活污水收集技术综合评估指标权重

准则层	准则层权重	要素层	要素层权重	指标层	指标层权重
技术指标	0.460	有效性	0.326	适用条件	0.6
				污水收集效果	0.4
		可操作性	0.435	施工难易度	0.4
				运行维护难易度	0.6
		可靠性	0.065	使用寿命	1
		推广应用程度	0.174	示范工程数量	1
经济指标	0.360	投资成本	0.639	管材、土方费用	1
		运行成本	0.361	运行维护费用	1
环境指标	0.180	环境风险	1	有无二次污染	1

附表 2-48　农村生活污水处理技术标杆值赋值规则

指标层指标	>90 分	80~90 分	70~80 分	60~70 分	<60 分	备注	标杆值
运行管理难易度	管理简单，运维工作量小，日常不需要人为调控，可长期（1 个月）自主稳定运行	管理较简单，运维工作量较小，基本不需要人为调控，可中长期（2 周~1 个月）保持自主稳定运行	管理难度一般，运维工作量中等，需要间歇人为调控，可中短期（1~2 周）保持自主稳定运行	管理较困难，运维工作量较大，需要经常人为调控，仅能保持短期（1 周）自主稳定运行	管理困难，运维工作量极大，仅能保持极短时间内（<1 周）自主稳定运行	该指标主要体现在运维工作站点的日常运维频次以及运维频次上	最大值：100 最小值：0
使用寿命	技术配套的关键建设设施可供正常运行运行 10 年以上	技术配套的关键建设设施可供正常运行 8~10 年	技术配套的关键建设设施可供正常运行 5~8 年	技术配套的关键建设设施可供正常运行 3~5 年	技术配套的关键建设设施可供正常运行 3 年及以下	技术配套指农村污治过程中体现核心技术的设施设备，属于一次性固定投资主体	最大值：100 最小值：0
技术可靠性	①市场成熟度高，有运行超过 5 年的企业；②运行良好；③有较成熟的技术保障和支撑的技术稳定运行的示范工程；③技术就绪度达到 9 级	①市场成熟度较高，有运行 3~5 年的企业；②运行良好；③有较成熟的技术保障和支撑的技术稳定运行，有较稳定运行的示范工程；③技术就绪度达到 8 级	①有一定的市场，运行 1~3 年的示范工程，有少量推广；②处于技术示范阶段；②技术示范阶段，有较充足的运行数据保障；③技术就绪度达到 7 级	①有正在运行中的示范工程，暂时未推广；②技术就绪达到 6 级	①仅在试验中，进行示范；②技术就绪度在 5 级及以下	①②③任意达到即视为满足，专家根据地区推广规模、市场和实际运行状况有率和实际运行情况加减分	最大值：100 最小值：0

续表

指标层指标	>90分	80~90分	70~80分	60~70分	<60分	备注	标杆值
TN去除率	农污处理后满足：①削减95%以上；②最终<15mg/L；③削减效率提升>50%	农污处理后满足：①削减90%~95%；②最终15~20mg/L；③削减效率30%~50%	农污处理后满足：①削减80%~90%；②最终20~25mg/L；③削减效率20%~30%	农污处理后满足：①削减70%~80%；②最终25~30mg/L；③削减效率10%~20%	农污处理后满足：①削减<70%；②最终>30mg/L；③削减效率<10%	满足条件之一，其中①②指从污水源头到最终处理效果，③指在某个环节或全环节应用技术后相对于原先的提升效率	最大值：100 最小值：0
TP去除率	农污处理后满足：①削减95%以上；②最终<0.5mg/L；③削减效率提升>50%	农污处理后满足：①削减90%~95%；②最终0.5~1mg/L；③削减效率30%~50%	农污处理后满足：①削减80%~90%；②最终1~2mg/L；③削减效率20%~30%	农污处理后满足：①削减70%~80%；②最终2~5mg/L；③削减效率10%~20%	农污处理后满足：①削减<70%；②最终>5mg/L；③削减效率<10%	满足条件之一，其中①②指从污水源头到最终处理效果，③将在某个环节应用技术后相对于原先的提升效率	最大值：100 最小值：0
COD去除率	农污处理后满足：①削减95%以上；②最终<50mg/L；③削减效率提升>50%	农污处理后满足：①削减90%~95%；②最终50~75mg/L；③削减效率30%~50%	农污处理后满足：①削减80%~90%；②最终75~100mg/L；③削减效率20%~30%	农污处理后满足：①削减70%~80%；②最终100~150mg/L；③削减效率10%~20%	农污处理后满足：①削减<70%；②最终>150mg/L；③削减效率<10%	满足条件之一，其中①②指从污水源头到最终处理效果，③指将在某个环节或全环节应用技术后相对于原先的提升效率	最大值：100 最小值：0
氨氮去除率	农污处理后满足：①削减95%以上；②最终<8mg/L；③削减效率提升>50%	农污处理后满足：①削减90%~95%；②最终8~15mg/L；③削减效率30%~50%	农污处理后满足：①削减80%~90%；②最终15~25mg/L；③削减效率20%~30%	农污处理后满足：①削减70%~80%；②最终25~30mg/L；③削减效率10%~20%	农污处理后满足：①削减<70%；②最终>30mg/L；③削减效率<10%	满足条件之一，其中①②指从污水源头到最终处理效果，③指将在某个环节或全环节应用技术后相对于原先的提升效率	最大值：100 最小值：0
二次污染	在处理过程中，没有额外的污染物排放，污染监测数据提升<2%	在处理过程中，有微量污染物的排放，污染监测数据提升2%~5%	在处理过程中，有少量污染物的排放，污染监测数据提升5%~10%	在处理过程中，有一定量污染物的排放，污染监测数据提升10%~20%	在处理过程中，有显著污染物产生，污染监测数据提升>20%	设施运行产生的额外排放，包括：臭气、噪声、额外增加能源产生的温室气体等，会对环境造成二次污染	最大值：100 最小值：0

续表

指标层指标	>90分	80~90分	70~80分	60~70分	<60分	备注	标杆值
基建投资	技术平均吨水基建投资≤2000元	2000元<技术平均吨水基建投资≤4000元	4000元<技术平均吨水基建投资≤6000元	6000元<技术平均吨水基建投资≤8000元	技术平均吨水基建投资>8000元	吨水基建投资=点位总投资（设备费+材料费+人工费）/设施点位的处理规模，因不同地区应用的技术推广应用的基建投资不同，取其平均吨水基建投资	最大值：100 最小值：0
占地面积	技术平均吨水占地面积≤1m²	1m²<技术平均吨水占地面积≤2m²	2m²<技术平均吨水占地面积≤4m²	4m²<技术平均吨水占地面积≤6m²	技术平均吨水占地面积>6m²	占地面积指站点技术部分的面积，不包括其他绿植、草坪等空地	最大值：100 最小值：0
运行费用	技术平均吨水运行费用≤0.25元	0.25元<技术平均吨水运行投资≤0.5元	0.5元<技术平均吨水运行投资≤0.75元	0.75元<技术平均吨水运行投资≤1.0元	技术平均吨水运行投资>1.0元	吨水运行成本=点位运行成本（固定成本+电费-折旧费），因不同地区的处理规模，因不同地区日常运行成本存在差异，取其平均吨水运行投资	最大值：100 最小值：0
经济收益	技术应用后，无追加环保投入，且有一定的经济收益，无能耗	技术应用后无经济收益，也无追加环保投入，能耗较少，电能消耗低于0.2元/(t·d)	技术应用后无经济收益，也无追加环保投入，能耗中等，电能消耗0.2~0.4元/(t·d)	技术应用后无经济收益，也无追加环保投入，能耗较高，电能消耗0.4~0.8元/(t·d)	技术应用后经济收益，也无追加环保投入，能耗很高，电能消耗高于0.8元/(t·d)	农村污水治理往往具有公共产品属性，很少有直接的经济效益产生，所以只能通过分析经济条件来确定经济效益	最大值：100 最小值：0

附表 2-49　农村生活污水处理技术综合评估指标权重

准则层	准则层权重	要素层	要素层权重	指标层	指标层权重
环境指标	0.460	环境效果	0.751	TN 去除率	0.198
				TP 去除率	0.231
				COD 去除率	0.226
				氨氮去除率	0.345
		二次污染	0.249	二次污染	1.000
经济指标	0.215	技术成本	0.751	基建投资	0.430
				占地面积	0.135
				运行费用	0.435
		经济收益	0.249	经济收益	1.000
技术指标	0.325	技术可靠性	0.249	技术可靠性	1.000
		技术适用性	0.751	运行管理难易度	0.249
				使用寿命	0.751

附 2.7　受损水体修复技术系统

1）受损河流修复技术系列

（1）清水产流与河流水质稳定提升技术。

第一，指标体系。清水产流与河流水质稳定提升技术指标体系见附图 2-25。

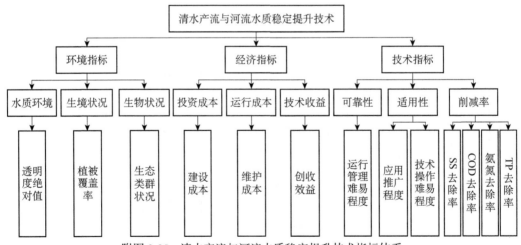

附图 2-25　清水产流与河流水质稳定提升技术指标体系

第二，清水产流与河流水质稳定提升技术指标权重及标杆赋值规则。清水产流与河流水质稳定提升技术标杆赋值规则及指标权重见附表 2-50 和附表 2-51。

（2）河道生境修复与生态完整性恢复技术。

第一，指标体系。河道生境修复与生态完整性恢复技术指标体系见附图 2-26。

附表 2-50 清水产流与河流水质稳定提升技术标杆赋值规则

指标层指标	9分	7分	5分	3分	1分	标杆值
运行管理难易程度	技术简单、自动运行无需额外人工管理(简易)	技术较简单，自动运行需额外人工适当管理(较简易)	技术一般，非自动运行需额外人工适当管理(一般)	技术较复杂，非自动运行需额外人工精简加强管理(较复杂)	技术复杂，非自动运行需额外人工加强管理(复杂)	最大值:10 最小值:0
应用推广程度	技术具有广泛的适用性，已在不同流域中应用(跨流域推广)	技术具有广泛的适用性，已在同一流域中应用(本流域推广)	技术具有一定的适用性，已建示范工程(有示范工程)	技术具有一定的适用性，可以普及推广(有应用工程)	技术具有一定的适用性，普及推广待考究，暂无工程应用(无工程应用)	最大值:10 最小值:0
技术操作难易程度	技术简单，易操作(简易)	技术较简单，易操作(较简易)	技术一般，适当借助仪器操作(一般)	技术较复杂，需要借助工程器械操作(较复杂)	技术较复杂，只能借助工程器械操作(复杂)	最大值:10 最小值:0
生态类群状况(植物、底栖、鱼类、鸟类、浮游生物)	技术实施后涉及5个生态类群及以上，群落结构完整而丰富(5类群及以上)	技术实施后涉及4个生态类群，群落结构较完整(4类群)	技术实施后涉及3个生态类群，形成群落结构(3类群)	技术实施后涉及2个生态类群，有群落组成(2类群)	技术实施后涉及1个或无生态类群，无群落组成(1类群及以下)	最大值:10 最小值:0
透明度绝对值*						最大值:Ⅰ类水标准
植被覆盖率*						最大值:100% 最小值:0
建设成本	技术建设成本低，易施工，损耗小(低)	技术建设成本较低，较易施工，损耗较小(较低)	技术建设需要一定的成本，施工有损耗(一般)	技术建设需要较高的成本，施工有较高损耗(较高)	技术建设需要高的成本，施工有高损耗(高)	最大值:10 最小值:0
维护成本	技术维护成本低，无需额外投入(低)	技术维护成本较低，需适当的额外投入(较低)	技术维护成本一般，需一定的额外投入(一般)	技术维护成本较高，需较高的额外投入(较高)	技术维护成本高，需高额外投入(高)	最大值:10 最小值:0
创收效益	技术创收效益高(高)	技术创收效益较高(较高)	技术有一定的创收效益(一般)	技术创收效益较低(较低)	技术创收效益低或无(低或无)	最大值:10 最小值:0
SS去除率*						最大值:100% 最小值:0
COD去除率*						最大值:100% 最小值:0

续表

指标层指标	9分	7分	5分	3分	1分	标杆值
氨氮去除率*						最大值：100% 最小值：0
TP去除率*						最大值：100% 最小值：0

*指标为定量指标，采用标杆法对评估指标进行赋值。

附表 2-51 清水产流与河流水质稳定提升技术综合评估指标权重

准则层	准则层权重	要素层	要素层权重	指标层	指标层权重
环境指标	0.228	生物状况	0.331	生态类群状况（植物，底栖，鱼类，鸟类，浮游生物）	1.000
		水质环境	0.335	透明度绝对值	1.000
		生境状况	0.334	植被覆盖率	1.000
经济指标	0.226	投资成本	0.334	建设成本	1.000
		运行成本	0.333	维护成本	1.000
		技术收益	0.333	创收效益	1.000
技术指标	0.546	削减率	0.554	SS 去除率	0.254
				COD 去除率	0.248
				氨氮去除率	0.250
				TP 去除率	0.248
		适用性	0.267	运行管理难易程度	0.500
				应用推广程度	0.500
		可靠性	0.179	技术操作难易程度	1.000

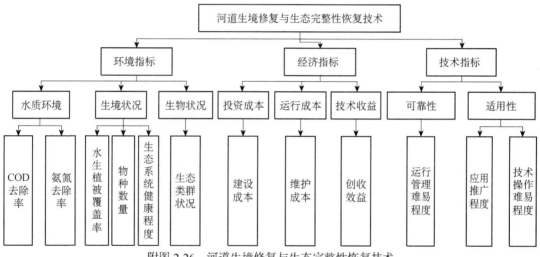

附图 2-26 河道生境修复与生态完整性恢复技术

第二，河道生境修复与生态完整性恢复技术标杆赋值规则及指标权重见附表 2-52 和附表 2-53。

（3）河流大型洲滩与河口湿地修复技术。

第一，指标体系。河流大型洲滩与河口湿地修复技术指标体系见附图 2-27。

第二，河流大型洲滩与河口湿地修复技术指标权重及标杆赋值规则。河流大型洲滩与河口湿地修复技术标杆赋值规则及指标权重见附表 2-54 和附表 2-55。

（4）河流水环境综合治理与调控技术。

第一，指标体系。河流水环境综合治理与调控技术指标体系见附图 2-28。

第二，河流水环境综合治理与调控技术指标权重及标杆赋值规则。河流水环境综合治理与调控技术标杆赋值规则及指标权重见附表 2-56 和附表 2-57。

附表 2-52 河道生境修复与生态完整性恢复技术标杆赋值规则

评估指标	9分	7分	5分	3分	1分	标杆值
运行管理难易程度	技术简单,自动运行无需额外人工管理(简易)	技术较简单,自动运行需适当外人工管理(较简易)	技术一般,非自动运行需额外人工适当管理(一般)	技术较复杂,非自动运行需额外人工和加强管理(较复杂)	技术复杂,非自动运行需额外人工加强管理(复杂)	最大值:10 最小值:0
应用推广程度	技术具有广泛的适用性,已普及推广,已在不同流域中应用(跨流域推广)	技术具有广泛的适用性,较易普及推广,已在同一流域推广(本流域推广)	技术具有一定的适用性,易普及推广,已建示范工程(有示范工程)	技术具有一定的适用性,可以普及推广,已建应用工程(有应用工程)	技术具有一定的适用性,普及推广待考究,暂无工程应用(无工程应用)	最大值:10 最小值:0
技术操作难易程度	技术简单,易操作(简易)	技术较简单,易操作(简易)	技术一般,适当借助器械操作(一般)	技术较复杂,需要借助工程器械操作(较复杂)	技术复杂,只能借助工程器械操作(复杂)	最大值:10 最小值:0
生态类群状况(植物、底栖、鱼类、鸟类、浮游生物)	技术实施后涉及5个生态类群以上,群落结构完整丰富(5类群以上)	技术实施后涉及4个生态类群,群落结构较完整(4类群)	技术实施后涉及3个生态类群,形成群落结构(3类群)	技术实施后涉及2个生态类群,有群落组成(2类群)	技术实施后涉及1个生态类群,无群落组成(1类群以下)	最大值:10 最小值:0
氨氮去除率*						最大值:0.15
物种数量	技术实施后现场物种数量显著升高(丰富)	技术实施后现场物种数量升高(较丰富)	技术实施后现场物种数量有一定的升高(一般)	技术实施后现场物种数量有所升高(较稀少)	技术实施后现场物种数量无明显升高(稀少)	最大值:10 最小值:0
生态系统健康程度	技术实施后对生态系统有较为显著改善,生态健康明显改善(健康)	技术实施后对生态系统有较好的影响,生态健康有改善(较健康)	技术实施后对生态系统有影响,生态健康得到改善(一般)	技术实施后对生态系统有轻微的影响,生态健康所改善(低健康)	技术实施后对生态系统无影响,生态健康不改善(不健康)	最大值:10 最小值:0
建设成本	技术建设成本低,易施工,损耗小(低)	技术建设成本较低,较易施工,损耗较小(较低)	技术建设需要一定的成本,施工有损耗(一般)	技术建设需要较高的成本,施工有较高损耗(较高)	技术建设需高成本,施工有高损耗(高)	最大值:10 最小值:0
维护成本	技术维护成本低,无需额外投人(低)	技术维护成本较低,需适当投人(较低)	技术维护成本一般,需一定额外的额外投人(一般)	技术维护成本高,需较高成本的额外投人(较高)	技术维护成本高,需高成本的额外投人(高)	最大值:10 最小值:0
创收效益	技术创收效益高(高)	技术创收效益较高(较高)	技术有一定的创收效益(一般)	技术创收效益较低(较低)	技术创收效益低或无(低或无)	最大值:10 最小值:0
COD去除率*						最大值:15
水生植被覆盖率*						最大值:100% 最小值:0

*指标为定量指标,采用标杆法对评估指标标杆进行赋值。

附表 2-53 河道生境修复与生态完整性恢复技术综合评估指标权重

准则层	准则层权重	要素层	要素层权重	指标层	指标层权重
技术指标	0.261	可靠性	0.315	运行管理难易程度	1.000
		适用性	0.685	应用推广程度	0.515
				技术操作难易程度	0.485
经济指标	0.244	投资成本	0.334	建设成本	1.000
		运行成本	0.333	维护成本	1.000
		技术收益	0.333	创收效益	1.000
环境指标	0.495	水质环境	0.328	COD 去除率	0.509
				氨氮去除率	0.491
		生境状况	0.507	物种数量	0.337
				水生植被覆盖率	0.327
				生态系统健康程度	0.336
		生物状况	0.165	生态类群状况（植物，底栖，鱼类，鸟类，浮游生物）	1.000

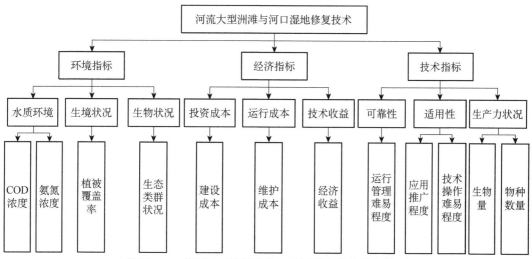

附图 2-27 河流大型洲滩与河口湿地修复技术指标体系

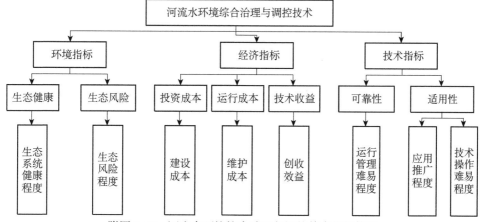

附图 2-28 河流水环境综合治理与调控技术指标体系

附表2-54 河流大型洲滩与河口湿地修复技术标杆值赋值规则

评估指标	9分	7分	5分	3分	1分	标杆值
运行管理维易程度	技术简单，自动运行无需额外人工管理（简易）	技术较简单，额外人工适当管理（较简单）	技术一般，非自动运行需额外人工适当管理（一般）	技术较复杂，非自动运行需额外人工稍加强管理（较复杂）	技术复杂，非自动运行需额外人工加强管理（复杂）	最大值：10 最小值：0
应用推广程度	技术具有广泛的适用性，易普及推广，已在不同流域中应用（跨流域推广）	技术具有广泛的适用性，较易普及推广，已在同一流域中应用（本流域推广）	技术具有一定的适用性，易普及推广，已建示范工程（有示范工程）	技术具有一定的适用性，可以普及推广，已建应用工程（有应用工程）	技术具有一定的适用性，普及推广待考究，暂无工程示范应用（无示范工程应用）	最大值：10 最小值：0
技术操作维易程度	技术简单，易操作（简易）	技术较简单，易操作（简易）	技术较一般，适当借助辅助器械操作（一般）	技术较复杂，需要借助工程器械操作（较复杂）	技术较复杂，只能借助工程器械操作（复杂）	最大值：10 最小值：0
生态类群状况（植物，底栖，鱼类，鸟类，浮游生物）	技术实施后涉及5个生态类群以上，群落结构丰富（5类群及以上）	技术实施后涉及4个生态类群，群落结构完整（4类群）	技术实施后涉及3个生态类群，形成群落结构（3类群）	技术实施后涉及2个生态类群，有群落组成（2类群）	技术实施后涉及1个生态类群，无群落组成（1类群及以下）	最大值：10 最小值：0
氨氮浓度*						最大值：0.15
物种数量	技术实施后现场物种数量显著升高（丰富）	技术实施后现场物种数量升高（较丰富）	技术实施后现场物种数量有一定的升高（一般）	技术实施后现场物种数量有所升高（较稀少）	技术实施后现场物种数量无明显升高（稀少）	最大值：10 最小值：0
生物量	技术实施后现场生物量明显升高（高）	技术实施后现场生物量升高（较高）	技术实施后现场生物量有一定的提升（一般）	技术实施后现场生物量有了适当的提升（较低）	技术实施后现场生物量无明显提升（低）	最大值：10 最小值：0
建设成本	技术建设成本低，易施工，损耗小（低）	技术建设成本较低，较易施工，损耗较小（较低）	技术建设需要一定的成本，施工有损耗（一般）	技术建设需要较高的成本，施工有较高损耗（较高）	技术建设需要高成本，施工有高损耗（高）	最大值：10 最小值：0
维护成本	技术维护成本低，无需额外投人（低）	技术维护成本较低，需适当额外投人（较低）	技术维护成本一般，需适当额外投人（一般）	技术维护成本较高，需高额外投人（较高）	技术维护成本高，需高成本的额外投人（高）	最大值：10 最小值：0
经济收益	技术创收效益高（较高）	技术创收效益较高（较高）	技术有一定的创收效益（一般）	技术创收效益较低（较低）	技术创收效益低无或（低或无）	最大值：10 最小值：0
COD浓度*						最大值：15
植被覆盖率*						最大值：100% 最小值：0

*指标为定量指标，采用标杆法对评估指标进行赋值。

附表 2-55 河流大型洲滩与河口湿地修复技术综合评估各层指标权重汇总

准则层	准则层权重	要素层	要素层权重	指标层	指标层权重
环境指标	0.332	水质环境	0.500	COD 浓度	0.507
				氨氮浓度	0.493
		生境状况	0.251	植被覆盖率	1.000
		生物状况	0.249	生态类群状况	1.000
经济指标	0.248	投资成本	0.334	建设成本	1.000
		运行成本	0.333	维护成本	1.000
		技术收益	0.333	经济收益	1.000
技术指标	0.420	可靠性	0.183	运行管理难易程度	1.000
		适用性	0.410	应用推广难易程度	0.506
				技术操作难易程度	0.494
		生产力状况	0.407	生物量	0.500
				物种数量	0.500

附表 2-56 河流水环境综合治理与调控技术标杆值赋值规则

指标层指标	9 分	7 分	5 分	3 分	1 分	标杆值
运行管理难易程度	技术简单，自动运行无需额外人工管理（简易）	技术较简单，自动运行需额外人工适当管理（较简易）	技术一般，非自动运行需额外人工适当管理（一般）	技术较复杂，非自动运行需额外人工稍加强管理（较复杂）	技术复杂，非自动运行需额外人工加强管理（复杂）	最大值：10 最小值：0
应用推广程度	技术具有广泛的适用性，易普及推广，已在不同流域中应用（跨流域推广）	技术具有广泛的适用性，易普及推广，已在同一流域中应用（本流域推广）	技术具有一定的适用性，易普及推广，已建示范工程（有示范工程）	技术具有一定的适用性，可以普及推广，已建应用工程（有应用工程）	技术具有一定的适用性，普及推广待考究，暂无工程应用（无工程应用）	最大值：10 最小值：0
技术操作难易程度	技术较简单，易操作（简易）	技术较简单，易操作（易）	技术较一般，适当借助辅助器械操作（一般）	技术较复杂，需要借助辅助器械操作（较复杂）	技术较复杂，只能借助工程器械操作（复杂）	最大值：10 最小值：0
建设成本	技术建设成本低，较易施工，损耗小（低）	技术建设成本较低，较易施工，损耗较小（较低）	技术建设需要一定的成本，施工有损耗（一般）	技术建设需要较高的成本，施工有较高损耗（较高）	技术建设需要高的成本，施工有高损耗（高）	最大值：10 最小值：0

续表

指标层指标	9分	7分	5分	3分	1分	标杆值
维护成本	技术维护成本低，无需额外投入（低）	技术维护成本较低，需适当的额外投入（较低）	技术维护成本一般，需一定的额外投入（一般）	技术维护成本较高，需较高的额外投入（较高）	技术维护成本高，需高成本的额外投入（高）	最大值：10 最小值：0
创收效益	技术创收效益高（高）	技术创收效益较高（较高）	技术有一定的创收效益（一般）	技术创收效益较低（较低）	技术创收效益低或无（低或无）	最大值：10 最小值：0
生态系统健康程度	技术实施后对生态系统有较为显著的影响，生态健康显著改善（健康）	技术实施后对生态系统有较好的影响，生态健康有改善（较健康）	技术实施后对生态系统有影响，生态健康得到改善（一般）	技术实施后对生态系统有轻微的影响，生态健康有所改善（低健康）	技术实施后对生态系统无影响，生态健康无改善（不健康）	最大值：10 最小值：0
生态风险程度	安全	较安全	无风险	潜在风险	存在风险	最大值：10 最小值：0

附表 2-57　河流水环境综合治理与调控技术综合评估各层指标权重汇总

准则层	准则层权重	要素层	要素层权重	指标层	指标层权重
技术指标	0.366	可靠性	0.332	运行管理难易程度	1.000
		适用性	0.668	应用推广程度	0.479
				技术操作难易程度	0.521
经济指标	0.380	投资成本	0.333	建设成本	1.000
		运行成本	0.333	维护成本	1.000
		技术收益	0.334	创收效益	1.000
环境指标	0.254	生态健康	0.501	生态系统健康程度	1.000
		生态风险	0.499	生态风险程度	1.000

2）受损湖泊修复技术系列

该技术指标体系、标杆值以及权重均引自"受损水体修复技术集成与应用"（编号：2017ZX07401003）项目中的受损湖泊水体修复技术评估报告。

（1）湖滨带与缓冲带修复技术。

第一，指标体系。针对水质净化和生态修复两种不同的技术目的，湖滨带与缓冲带修复技术指标体系共建立两套体系，见附图 2-29。

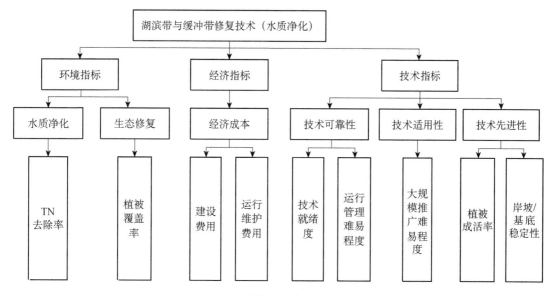

（a）水质净化

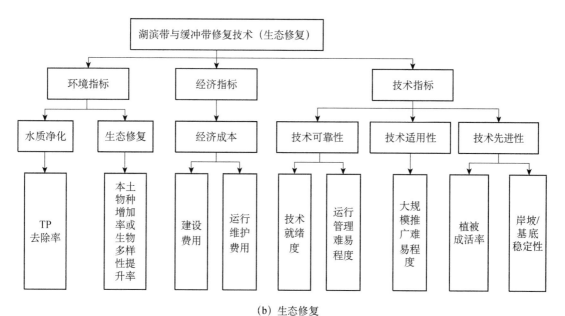

（b）生态修复

附图 2-29　湖滨带与缓冲带修复技术指标体系

第二，湖滨带与缓冲带修复技术指标权重及标杆赋值规则。湖滨带与缓冲带修复技术水质净化类和生态修复类指标权重及标杆赋值规则见附表 2-58 ～附表 2-61。

（2）湖滨大型湿地建设与水质净化技术。

第一，指标体系。湖滨大型湿地建设与水质净化技术指标体系见附图 2-30。

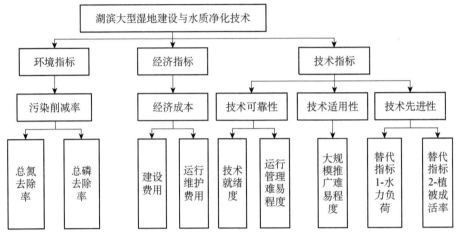

附图 2-30　湖滨大型湿地建设与水质净化技术指标体系

总氮去除率/总磷去除率与植被恢复率是等效指标

第二，湖滨大型湿地建设与水质净化技术指标权重及标杆赋值规则。湖滨大型湿地建设与水质净化技术标杆赋值规则及指标权重见附表 2-62 和附表 2-63。

（3）蓝藻水华控制技术。

第一，指标体系。蓝藻水华控制技术指标体系见附图 2-31。

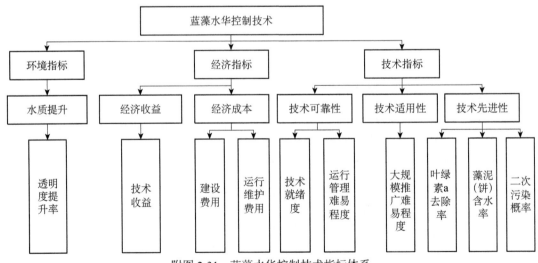

附图 2-31　蓝藻水华控制技术指标体系

第二，蓝藻水华控制技术指标权重及标杆赋值规则。蓝藻水华控制技术标杆赋值规则及指标权重见附表 2-64 和附表 6-65。

附表 2-58 湖滨带与缓冲带修复技术（水质净化）标杆赋值规则

评估指标	10分 9级	9分 8级	8分 7级	7分 6级	6分 <6级	标杆值
技术就绪度	9级	8级	7级	6级	<6级	最大值：10分 最小值：0分
运行管理难易程度	技术工艺简单，自动运行无需额外人工适当管理（简易）	技术工艺较简单，自动运行需额外人工适当管理（较简易）	技术工艺一般，非自动运行需额外人工适当管理（一般）	技术工艺较复杂，非自动运行需额外人工加强管理（较复杂）	技术工艺复杂，非自动运行需额外人工加强管理（复杂）	最大值：10分 最小值：0分
大规模推广难易程度	技术具有广泛的适用性，易普及推广，已在不同流域中应用（跨流域推广）	技术具有一定的适用性，较易普及推广，已在同一流域中应用（同一流域推广）	技术具有一定的适用性，易普及推广，已建示范工程（有示范范工程）	技术具有一定的适用性，普及推广待考究，暂无工程应用（有应用工程）	技术具有一定的适用性，普及推广待考究，暂无工程应用（无工程应用）	最大值：10分 最小值：0分
植被成活率	技术实施后植株极易成活	技术实施后植株容易成活	技术实施后植株较容易成活	技术实施后植株成活	技术实施后植株不容易成活	最大值：10分 最小值：0分
岸坡基底稳定性	极稳定	稳定	较稳定	不太稳定	不稳定	最大值：10分 最小值：0分
建设费用	低	较低	中	较高	高	最大值：10分 最小值：0分
运行维护费用	低	较低	中	较高	高	最大值：10分 最小值：0分
TN去除率	≥80%	[60%，80%）	[40%，60%）	[20%，40%）	≤20%	最大值：10分 最小值：0分
水生植被覆盖率（湖滨带）	≥60%	[50%，60%）	[40%，50%）	[30%，40%）	<30%	最大值：10分 最小值：0分
陆生植被覆盖率（缓冲带）	≥90%	[75%，90%）	[60%，75%）	[45%，60%）	<45%	最大值：10分 最小值：0分

附表 2-59 湖滨带与缓冲带修复技术（水质净化）综合评估各层指标权重

准则层	准则层权重	要素层	要素层权重	指标层	指标层权重
环境指标	0.334	水质净化	0.650	TN去除率	1.000
		生态修复	0.350	陆生植被覆盖率	1.000
经济指标	0.333	经济成本	1.000	建设费用	0.600
				运行维护费用	0.400

续表

准则层	准则层权重	要素层	要素层权重	指标层	指标层权重	标杆值
技术指标	0.333	技术可靠性	0.490	技术就绪度	0.550	最大值：10分 最小值：0分
				运行管理难易程度	0.450	最大值：10分 最小值：0分
		技术适用性	0.250	大规模推广难易程度	1.000	最大值：10分 最小值：0分
		技术先进性	0.260	植被成活率	0.450	最大值：10分 最小值：0分
				岸坡基底稳定性	0.550	最大值：10分 最小值：0分

附表 2-60　湖滨带与缓冲带修复技术（生态修复）标杆赋值规则

评估指标	10分	9分	8分	7分	6分
技术就绪度	9级	8级	7级	6级	<6级
运行管理难易程度	技术工艺简单，自动运行无需额外人工管理（简易）	技术工艺较简单，自动运行需额外人工适当管理（较简易）	技术工艺一般，非自动运行需额外人工稍加管理（一般）	技术工艺较复杂，非自动运行需额外人工稍加强管理（较复杂）	技术工艺复杂，非自动运行需额外人工加强管理（复杂）
大规模推广难易程度	技术具有广泛的适用性，易普及推广，已在不同流域中应用（跨流域推广）	技术具有较广泛的适用性，较易普及推广，已在同一流域中应用（本流域推广）	技术具有一定的适用性，易普及推广，已建示范工程（有示范工程）	技术具有一定的适用性，可以普及推广，已建应用工程（有应用工程）	技术具有一定的适用性，普及推广待考究，暂无工程应用（无工程应用）
植被成活率	技术实施后植株极易成活	技术实施后植株较易成活	技术实施后植株成活	技术实施后植株不大易成活	技术实施后植株不容易成活
岸坡基底稳定性	极稳定	稳定	较稳定	不太稳定	不稳定
建设费用	低	较低	中	较高	高
运行维护费用	低	较低	中	较高	高
TP去除率	≥80%	[70%，80%）	[60%，70%）	[50%，60%）	<50%
本土物种增加率	≥200%	[140%，200%）	[80%，140%）	[20%，80%）	<20%
生物多样性提升率	≥550%	[390%，550%）	[230%，390%）	[70%，230%）	<70%

附表 2-61　湖滨带与缓冲带修复技术（生态修复）综合评估指标权重

准则层	准则层权重	要素层	要素层权重	指标层	指标层权重
技术指标	0.333	技术可靠性	0.490	技术就绪度	0.550
				运行管理难易程度	0.450
		技术适用性	0.250	大规模推广难易程度	1.000
		技术先进性	0.260	植被成活率	0.450
				岸坡/基底稳定性	0.550
经济指标	0.333	经济成本	1.000	建设费用	0.600
				运行维护费用	0.400
环境指标	0.334	水质净化	0.430	TP 去除率	1.000
		生态修复	0.570	本土物种增加率	1.000
				生物多样性提升率	

附表 2-62　湖滨大型湿地建设与水质净化技术标杆赋值规则

评估指标	10 分	9 分	8 分	7 分	6 分	标杆值
技术就绪度	9 级	8 级	7 级	6 级	<6 级	最大值：10 最小值：0
运行管理难易程度	技术简单，自动运行无需额外人工管理（简易）	技术较简单，自动运行需额外人工适当管理（较简易）	技术一般，非自动运行无需额外人工适当管理（一般）	技术较复杂，非自动运行需额外人工稍加强管理（较复杂）	技术复杂，非自动运行需额外人工加强管理（复杂）	最大值：10 最小值：0
大规模推广难易程度	技术具有广泛的适用性，易普及推广，已在不同流域中应用（跨流域推广）	技术具有广泛的适用性，较易普及推广，已在同一流域中应用（本流域推广）	技术具有一定的适用性，易普及推广，已建示范工程（有示范工程）	技术具有一定的适用性，可以普及推广已建应用工程（有应用工程）	技术具有一定的适用性普及推广待考究，暂无工程应用（无工程应用）	最大值：10 最小值：0
水力负荷/[m³/(m²·d)]	≥0.1	［0.05，0.1）	［0.04，0.05）	［0.03，0.04）	<0.03	最大值：10 最小值：0
植被成活率	技术实施后植株极易成活	技术实施后植株容易成活	技术实施后植株较容易成活	技术实施后植株不太容易成活	技术实施后植株不容易成活	
建设费用	低	较低	中	较高	高	最大值：10 最小值：0
运行维护费用	低	较低	中	较高	高	最大值：10 最小值：0
总氮去除率/%	>40	（30，40］	（20，30］	（15，20］	≤15	最大值：10 最小值：0
总磷去除率/%	>50	（40，50］	（30，40］	（20，30］	≤20	最大值：10 最小值：0

附表 2-63　湖滨大型湿地建设与水质净化技术指标权重

准则层	准则层权重	要素层	要素层权重	指标层	指标层权重
环境指标	0.410	污染削减率	1.000	总氮去除率	0.580
				总磷去除率	0.420
经济指标	0.220	经济成本	1.000	建设费用	0.650
				运行维护费用	0.350
技术指标	0.370	技术可靠性	0.438	技术就绪度	0.568
				运行管理难易程度	0.432
		技术适用性	0.281	大规模推广难易程度	1.000
		技术先进性	0.281	水力负荷/植被成活率	1.000

附表 2-64　蓝藻水华控制技术标杆赋值规则

评估指标	10分	9分	8分	7分	6分	标杆值
技术就绪度	9级	8级	7级	6级	<6级	最大值: 10　最小值: 0
运行管理难易程度	技术简单, 自动运行无需额外人工管理 (简易)	技术较简单, 自动运行需额外人工适当管理 (较简易)	技术一般, 非自动运行需额外人工适当管理 (一般)	技术较复杂, 非自动运行需额外人工稍加管理 (较复杂)	技术复杂, 非自动运行需额外人工加强管理 (复杂)	最大值: 10　最小值: 0
大规模推广难易程度	技术具有广泛的适用性, 已在不同流域中应用 (跨流域推广)	技术具有广泛的适用性, 较易普及推广, 已在同一流域中应用 (本流域推广)	技术具有一定的适用性, 易普及推广, 已建示范工程 (有示范工程)	技术具有一定的适用性, 可以普及推广, 已建应用工程 (有应用工程)	技术具有一定的适用性, 普及推广待完善, 暂无工程应用 (无工程应用)	最大值: 10　最小值: 0
叶绿素 a 去除率	≥80%	[70%, 80%)	[60%, 70%)	[50%, 60%)	<50%	最大值: 10　最小值: 0
藻泥 (饼) 含水率	<85%	[85%, 90%)	[90%, 95%)	[95%, 98%)	≥98%	最大值: 10　最小值: 0
二次污染概率	低	较低	一般	较高	高	最大值: 10　最小值: 0

续表

评估指标	10分	9分	8分	7分	6分	标杆值
建设费用	低	较低	中	较高	高	最大值：10 最小值：0
运行维护费用	低	较低	中	较高	高	最大值：10 最小值：0
技术收益	高	较高	中	较低	低	最大值：10 最小值：0
透明度提升率	≥70%	[60%，70%)	[50%，60%)	[40%，50%)	<40%	最大值：10 最小值：0

附表 2-65　蓝藻水华控制技术指标权重

准则层	准则层权重	要素层	要素层权重	指标层	指标层权重
环境指标	0.340	水质提升	1.000	透明度提升率	1.000
经济指标	0.210	经济收益	0.220	技术收益	1.000
		经济成本	0.780	建设费用	0.640
				运行维护费用	0.360
技术指标	0.450	技术可靠性	0.430	技术就绪度	0.540
				运行管理维易程度	0.460
		技术适用性	0.260	大规模推广难易程度	1.000
		技术先进性	0.310	叶绿素 a 去除率 藻泥（饼）含水率 二次污染概率	1.000

（4）底泥污染控制技术指标体系。

第一，指标体系。底泥污染控制技术指标体系见附图2-32。

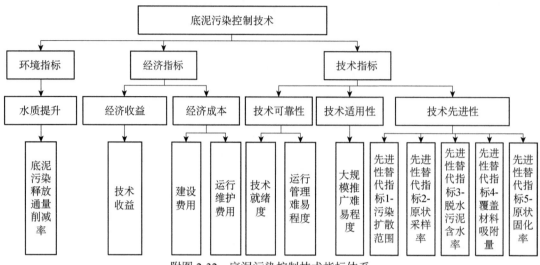

附图2-32　底泥污染控制技术指标体系

第二，底泥污染控制技术指标权重及标杆赋值规则。底泥污染控制技术标杆赋值规则及指标权重见附表2-66和附表2-67。

（5）水生植物恢复技术指标体系。

第一，指标体系。水生植物恢复技术指标见附图2-33。

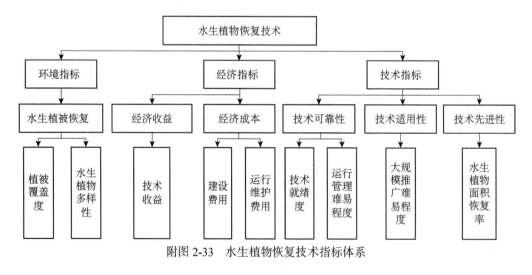

附图2-33　水生植物恢复技术指标体系

第二，水生植物恢复技术指标权重及标杆赋值规则。水生植物恢复技术标杆赋值规则及指标权重见附表2-68和附表2-69。

附表 2-66 底泥污染控制技术标杆赋值规则

指标层指标	10分	9分	8分	7分	6分	标杆值
技术就绪度	9级	8级	7级	6级	<6级	最大值: 10 最小值: 0
运行管理难易程度	技术简单，自动运行无需额外人工管理（简易）	技术较简单，自动运行需额外人工适当管理（较简易）	技术一般，非自动运行需额外人工适当管理（一般）	技术较复杂，非自动运行需额外人工稍加强管理（较复杂）	技术复杂，非自动运行需额外人工加强管理（复杂）	最大值: 10 最小值: 0
大规模推广难易程度	技术具有广泛的适用性，易普及推广，已在不同流域域中应用（跨流域推广）	技术具有较广的适用性，较易普及推广，已在同一流域中应用（本流域推广）	技术具有一定的适用性，易普及推广，已建示范工程（有示范工程）	技术具有一定的适用性，可以普及推广，已建应用工程（有应用工程）	技术具有一定的适用性，普及推广待考究，暂无工程应用（无工程应用）	最大值: 10 最小值: 0
先进性替代指标 1-污染扩散范围/m	<30	[30, 35)	[35, 40)	[40, 50)	≥50	最大值: 10 最小值: 0
先进性替代指标 2-原状采样率/%	[90, 92.3]	[88, 90)	[85, 88)	[80, 85)	<80	最大值: 10 最小值: 0
先进性替代指标 3-脱水污泥含水率/%	<30	[30, 40)	[40, 50)	[50, 60)	≥60	最大值: 10 最小值: 0
先进性替代指标 4-覆盖材料吸附量/(mg/g)	≥30	[25, 30)	[20, 25)	[10, 20)	<10	最大值: 10 最小值: 0
先进性替代指标 5-原状固化率/%	≥90	[85, 90)	[70, 85)	[50, 70)	<50	最大值: 10 最小值: 0
建设费用	低	较低	中	较高	高	最大值: 10 最小值: 0
运行维护费用	低	较低	中	较高	高	最大值: 10 最小值: 0
技术收益	高	较高	中	较低	低	最大值: 10 最小值: 0
底泥污染释放通量削减率/%	≥80	[70, 80)	[60, 70)	[50, 60)	<50	最大值: 10 最小值: 0

附表 2-67 底泥污染控制技术综合评估指标权重

准则层	准则层权重	要素层	要素层权重	指标层	指标层权重
环境指标	0.360	水质提升	1.000	底泥释放通量削减率	1.000
经济指标	0.220	经济收益	0.270	技术收益	1.000
		经济成本	0.730	建设费用	0.740
				运行维护费用	0.260
技术指标	0.420	技术可靠性	0.400	技术就绪度	0.600
				运行管理难易程度	0.400
		技术适用性	0.300	大规模推广难易程度	1.000
		技术先进性	0.300	先进性替代指标 1-污染扩散范围	1.000
				先进性替代指标 2-原状采样率	
				先进性替代指标 3-脱水污泥含水率	
				先进性替代指标 4-覆盖材料吸附量	
				先进性替代指标 5-原状固化率	

附表 2-68 水生植物恢复技术标杆值规则

评估指标	10分	9分	8分	7分	6分	标杆值
技术就绪度	9级	8级	7级	6级	<6级	最大值: 10 最小值: 0
运行管理难易程度	技术简单,自动运行需无额外人工管理(简易)	技术较简单,自动运行需额外人工适当管理(较简易)	技术一般,非自动运行需额外人工适当管理(一般)	技术较复杂,非自动运行需额外人工稍加强管理(较复杂)	技术复杂,非自动运行需额外人工加强管理(复杂)	最大值: 10 最小值: 0
大规模推广难易程度	技术具有广泛的适用性,易普及推广,已在不同流域推广应用(跨流域推广)	技术具有广泛的适用性,已在同一流域中应用(本流域推广)	技术具有一定的适用性,易普及推广,已建示范工程(有示范工程)	技术具有一定的适用性,可以普及推广,已建应用工程(有应用工程)	技术具有一定的适用性,普及推广有待考究,暂无工程应用(无工程应用)	最大值: 10 最小值: 0
水生植物面积恢复率	>80%	(60%, 80%]	(40%, 60%]	(20%, 40%]	≤20%	最大值: 10 最小值: 0

续表

评估指标	10分	9分	8分	7分	6分	标杆值
建设费用	低	较低	中	较高	高	最大值：10 最小值：0
运行维护费用	低	较低	中	较高	高	最大值：10 最小值：0
技术收益	高	较高	一般	较低	低	最大值：10 最小值：0
植被覆盖度	>80%	(60%，80%]	(40%，60%]	(20%，40%]	≤20%	最大值：10 最小值：0
水生植物多样性	>80%	(60%，80%]	(40%，60%]	(20%，40%]	≤20%	最大值：10 最小值：0

附表 2-69　水生植物恢复技术综合评估指标权重

准则层	准则层权重	要素层	要素层权重	指标层	指标层权重
技术指标	0.380	技术可靠性	0.420	技术就绪度	0.550
				运行管理难易程度	0.450
		技术适用性	0.280	大规模推广难易程度	1.000
		技术先进性	0.300	水生植物面积恢复率	1.000
经济指标	0.190	经济成本	0.720	建设费用	0.600
				运行维护费用	0.400
		经济收益	0.280	技术收益	1.000
环境指标	0.430	水生植被恢复	1.000	植被覆盖度	0.590
				水生植物多样性	0.410

（6）敞水区生态调控技术指标体系。

第一，指标体系。敞水区生态调控技术指标体系见附图 2-34。

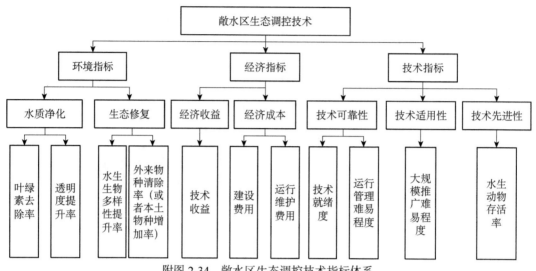

附图 2-34　敞水区生态调控技术指标体系

第二，敞水区生态调控技术指标权重及标杆赋值规则。敞水区生态调控技术标杆赋值规则及指标权重见附表 2-70 附表 2-71。

3）城市水体修复技术系列

（1）水体监测与评估技术指标体系

第一，指标体系。水体监测与评估技术指标体系见附图 2-35。

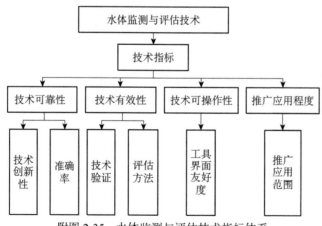

附图 2-35　水体监测与评估技术指标体系

第二，水体监测与评估技术指标权重及标杆赋值规则。水体监测与评估技术标杆赋值规则及指标权重见附表 2-72 和附表 2-73。

附表 2-70　敞水区生态调控技术标杆赋值规则

指标层指标	10 分	9 分	8 分	7 分	6 分	标杆值
技术成熟度	9 级	8 级	7 级	6 级	<6 级	最大值: 10 最小值: 0
运行管理维易程度	技术简单, 自动运行无需额外人工管理 (简易)	技术较简单, 自动运行需额外人工适当管理 (较简易)	技术一般, 非自动运行需额外人工适当管理 (一般)	技术较复杂, 非自动运行需额外人工稍加强管理 (较复杂)	技术复杂, 非自动运行需额外人工加强管理 (复杂)	最大值: 10 最小值: 0
大规模推广难易程度	技术具有广泛的适用性, 易普及推广, 已在不同流域中应用 (跨流域推广)	技术具有广泛的适用性, 较易普及推广, 已在同一流域中应用 (本流域推广)	技术具有一定的适用性, 易普及推广, 已建示范工程 (有示范工程)	技术具有一定的适用性, 可以普及推广, 已建应用工程 (有应用工程)	技术具有一定的适用性, 普及推广待考究, 暂无工程应用 (无工程应用)	最大值: 10 最小值: 0
水生动物存活率	>90%	[80%, 90%)	[70%, 80%)	(60%, 70%)	≤60%	最大值: 10 最小值: 0
建设费用	低	较低	中	较高	高	最大值: 10 最小值: 0
运行维护费用	低	较低	中	较高	高	最大值: 10 最小值: 0
技术收益	高	较高	中	较低	低	最大值: 10 最小值: 0
叶绿素去除率	≥80%	[70%, 80%)	[60%, 70%)	[50%, 60%)	<50%	最大值: 10 最小值: 0
透明度提升率	≥70%	[60%, 70%)	[50%, 60%)	[40%, 50%)	<40%	最大值: 10 最小值: 0
水生生物多样性提升率	≥80%	[60%, 80%)	[40%, 60%)	[20%, 40%)	<20%	最大值: 10 最小值: 0
本土生物种增加率	≥200%	[140%, 200%)	[80%, 140%)	[20%, 80%)	<20%	最大值: 10 最小值: 0

附表 2-71 散水区生态调控技术综合评估指标权重

准则层	准则层权重	要素层	要素层权重	指标层	指标层权重
技术指标	0.350	技术可靠性	0.400	技术就绪度	0.580
				运行管理难易程度	0.420
		技术适用性	0.310	大规模推广难易程度	1.000
		技术先进性	0.290	水生动物存活率	1.000
经济指标	0.210	经济成本	0.640	建设费用	0.540
				运行维护费用	0.460
		经济收益	0.360	技术收益	1.000
环境指标	0.440	水质净化	0.409	叶绿素去除率	0.490
				透明度提升率	0.510
		生态修复	0.591	水生生物多样性提升率	0.568
				本土物种增加率	0.432

附表 2-72 水体监测与评估技术标杆值赋值规则

评估指标	20分	40分	60分	80分	100分	标杆值
技术创新性	仅为其他领域或方法/模型在本领域的应用	在现有方法/模型的基础上进行了简单的参数优化（概化了非点源污染负荷模型）	在现有方法/模型的基础上进行了较大的优化（附优化参数个数）	开发了新的方法/模型	开发了新的方法/模型并获得认可（论文、专利、标准、规范等）	最大值: 100 最小值: 0
准确率	相对误差>25%	相对误差20%~25%	相对误差15%~20%	相对误差10%~15%	相对误差<10%	最大值: 100 最小值: 0
技术验证	无验证过程	数据对比验证	经验公式验证	实例验证	动态模拟验证	最大值: 100 最小值: 0
评估方法	单因子水质分析	多因子水质分析	水质-生物指标分析	水体健康状态分析	水体生态风险分析	最大值: 100 最小值: 0
工具界面友好度	仅有算法框图，无用户界面	仅有公式，无用户界面	有程序源代码，但无图形界面	沿用商业模型的用户界面，需手动进行数据输入输出	有集成用户界面	最大值: 100 最小值: 0
推广应用范围	推广应用案例小于2个	推广应用案例2个	推广应用案例3个	推广应用案例4个	推广应用案例5个及以上	最大值: 100 最小值: 0

附表 2-73　水体监测与评估技术综合评估指标权重

准则层	准则层权重	要素层	要素层权重	指标层	指标层权重
技术指标	1.000	技术可靠性	0.300	技术创新性	0.567
				准确率	0.433
		技术有效性	0.300	技术验证	0.600
				评估方法	0.400
		技术可操作性	0.200	工具界面友好度	1.000
		推广应用程度	0.200	推广应用范围	1.000

（2）污染负荷控制技术指标体系

第一，指标体系。污染负荷控制技术指标体系见附图 2-36。

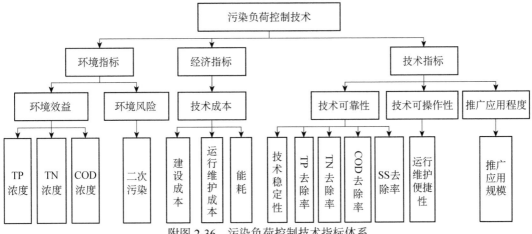

附图 2-36　污染负荷控制技术指标体系

第二，污染负荷控制技术指标权重及标杆赋值规则。污染负荷控制技术标杆赋值规则及指标权重见附表 2-74 和附表 2-75。

（3）水体水质提升技术指标体系

第一，指标体系。水体水质提升技术指标体系见附图 2-37。

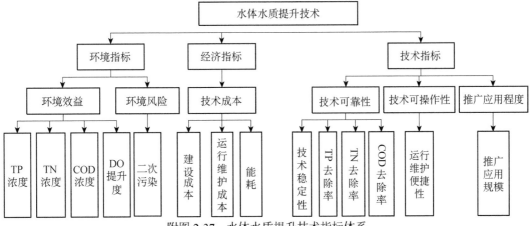

附图 2-37　水体水质提升技术指标体系

第二，水休水质提升技术指标权重及标杆赋值规则。水体水质提升技术标杆赋值规则及指标权重见附表 2-76 和附表 2-77。

附表 2-74 污染负荷控制技术标杆赋值规则

评估指标	20分	40分	60分	80分	100分	标杆值
技术稳定性	不稳定 污染物阻断率波动程度>30%	较不稳定 污染物阻断率波动程度(25%, 30%]	一般 污染物阻断率波动程度(20%, 25%]	较稳定 污染物阻断率波动程度(15%, 20%]	稳定 污染物阻断率波动程度≤15%	最大值: 100 最小值: 0
TP去除率	<20%	[20%, 35%)	[35%, 50%)	[50%, 65%)	≥65%	最大值: 100 最小值: 0
TN去除率	<20%	[20%, 35%)	[35%, 50%)	[50%, 65%)	≥65%	最大值: 100 最小值: 0
COD去除率	<20%	[20%, 35%)	[35%, 50%)	[50%, 65%)	≥65%	最大值: 100 最小值: 0
SS去除率	<30%	[30%, 45%)	[45%, 60%)	[60%, 75%)	≥75%	最大值: 100 最小值: 0
运行维护便捷性	差	较差	一般	良好	优	最大值: 100 最小值: 0
推广应用规模	推广应用案例小于2个	推广应用案例2个	推广应用案例3个	推广应用案例4个	推广应用案例5个及以上	最大值: 100 最小值: 0
建设成本	≥1000元/m³	900(含)~1000元/m³	700(含)~900元/m³	500~700元/m³	≤500元/m³	最大值: 100 最小值: 0
运行维护成本	高	较高	一般	较低	低	最大值: 100 最小值: 0
能耗	高	较高	一般	较低	低	最大值: 100 最小值: 0
TP浓度	>0.5	(0.4, 0.5]	(0.3, 0.4]	(0.2, 0.3]	≤0.2	最大值: 100 最小值: 0
TN浓度	>5	(4, 5]	(3, 4]	(2, 3]	≤2	最大值: 100 最小值: 0
COD浓度	>60	(50, 60]	(40, 50]	(30, 40]	≤30	最大值: 100 最小值: 0
二次污染	严重污染 直接向水体投加药剂引入外来污染	较严重污染 原位修复技术材料引入污染	一般污染 旁路物化处理引入外来污染	微污染 植物死亡引入微量氮磷污染	无污染 不引入任何污染物	最大值: 100 最小值: 0

附表 2-75　污染负荷控制技术综合评估指标权重

准则层	准则层权重	要素层	要素层权重	指标层	指标层权重
技术指标	0.600	技术可靠性	0.600	技术稳定性	0.060
				TP 去除率	0.290
				TN 去除率	0.320
				COD 去除率	0.170
				SS 去除率	0.160
		技术可操作性	0.250	运行维护便捷性	1.000
		推广应用程度	0.150	推广应用规模	1.000
经济指标	0.100	技术成本	1.000	建设成本	0.250
				运行维护成本	0.340
				能耗	0.410
环境指标	0.300	环境效益	0.800	TP 浓度	0.320
				TN 浓度	0.500
				COD 浓度	0.180
		环境风险	0.200	二次污染	1.000

附表 2-76　水体水质提升技术标杆赋值规则

评估指标	20 分	40 分	60 分	80 分	100 分	标杆值
技术稳定性	不稳定 污染物阻断率波动程度>30%	较不稳定 污染物阻断率波动程度 (25%, 30%]	一般 污染物阻断率波动程度 (20%, 25%]	较稳定 污染物阻断率波动程度 (15%, 20%]	稳定 污染物阻断率波动程度 ≤15%	最大值: 100 最小值: 0
TP 去除率	<20%	[20%, 35%]	[35%, 50%]	[50%, 65%]	≥65%	最大值: 100 最小值: 0
TN 去除率	<20%	[20%, 35%]	[35%, 50%]	[50%, 65%]	≥65%	最大值: 100 最小值: 0
COD 去除率	<20%	[20%, 35%]	[35%, 50%]	[50%, 65%]	≥65%	最大值: 100 最小值: 0

续表

评估指标	20分	40分	60分	80分	100分	标杆值
运行维护便捷性	差	较差	一般	良好	优	最大值:100 最小值:0
推广应用规模	推广应用案例小于2个	推广应用案例2个	推广应用案例3个	推广应用案例4个	推广应用案例5个及以上	最大值:100 最小值:0
建设成本	≥1000元/m³	900(含)~1000元/m³	700(含)~900元/m³	500~700元/m³	≤500元/m³	最大值:100 最小值:0
运行维护成本	高	较高	一般	较低	低	最大值:100 最小值:0
能耗	高	较高	一般	较低	低	最大值:100 最小值:0
TP浓度	>0.5	(0.4, 0.5]	(0.3, 0.4]	(0.2, 0.3]	≤0.2	最大值:100 最小值:0
TN浓度	>5	(4, 5]	(3, 4]	(2, 3]	≤2	最大值:100 最小值:0
COD浓度	>60	(50, 60]	(40, 50]	(30, 40]	≤30	最大值:100 最小值:0
DO提升度	≤20%	(20%, 40%]	(40%, 60%]	(60%, 80%]	>80%	最大值:100 最小值:0
二次污染	严重污染 直接向水体投加药剂引入外来污染	较严重污染 原位修复技术材料引入污染	一般污染 旁路物化处理引入外来污染	微污染 植物死亡引入微量氮磷污染	无污染 不引入任何污染物	最大值:100 最小值:0

附表 2-77　水体水质提升技术综合评估指标权重

准则层	准则层权重	要素层	要素层权重	指标层	指标层权重
环境指标	0.283	环境效益	0.706	TP 浓度	0.180
				TN 浓度	0.180
				COD 浓度	0.320
				DO 提升度	0.320
		环境风险	0.294	二次污染	1.000
经济指标	0.247	技术成本	1.000	建设成本	0.203
				运行维护成本	0.419
				能耗	0.378
技术指标	0.470	技术可靠性	0.750	技术稳定性	0.388
				TP 去除率	0.181
				TN 去除率	0.212
				COD 去除率	0.219
		技术可操作性	0.108	运行维护便捷性	1.000
		推广应用程度	0.142	推广应用规模	1.000

（4）水体生态功能恢复技术指标体系

第一，指标体系。水体生态功能恢复技术指标体系见附图 2-38。

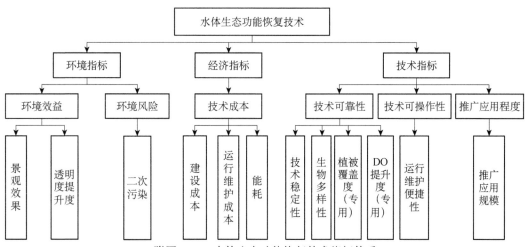

附图 2-38　水体生态功能恢复技术指标体系

第二，水体生态功能恢复技术指标权重及标杆赋值规则。

水动力改善技术与水体生态功能恢复技术共用"水体生态功能恢复技术"指标体系，但权重赋值略有不同，详见附表 2-78～附表 2-80。

（5）城市黑臭水体整治成套技术评估指标体系

第一，指标体系。城市黑臭水体整治成套技术指标体系见附图 2-39。

第二，城市黑臭水体整治成套技术指标权重及标杆赋值规则。

城市黑臭水体整治成套技术标杆赋值规则及指标权重见附表 2-81 和附表 2-82。

附表 2-78　水体生态功能恢复技术指标体系

评估指标	20分	40分	60分	80分	100分	标杆值
技术稳定性	不稳定 污染物阻断率波动程度>30%	较不稳定 污染物阻断率波动程度 25%~30%	一般 污染物阻断率波动程度 20%~25%	较稳定 污染物阻断率波动程度 15%~20%	稳定 污染物阻断率波动程度 <15%	最大值:100 最小值:0
生物多样性	较贫乏 物种少、种类少、生物多样性总体水平较低	一般 物种较少、种类较少、生物多样性总体水平一般	较丰富 物种较丰富、种类较多、生物多样性总体水平较高	丰富 物种高度丰富、种类繁多、生物多样性总体水平高	丰富 物种高度丰富、种类繁多、生物多样性总体水平高	最大值:100 最小值:0
植被覆盖度（专用）	[40%, 55%)	[55%, 70%)	[70%, 85%)	≥85%	≥85%	最大值:100 最小值:0
DO提升度（专用）	<20%	[20%, 40%)	[40%, 60%)	[60%, 80%)	≥80%	最大值:100 最小值:0
运行维护便捷性	差	较差	一般	良好	优	最大值:100 最小值:0
推广应用规模	推广应用案例小于2个	推广应用案例2个	推广应用案例3个	推广应用案例4个	推广应用案例5个及以上	最大值:100 最小值:0
建设成本	≥1000元/m³	900（含）~1000元/m³	700（含）~900元/m³	500~700元/m³	≤500元/m³	最大值:100 最小值:0
运行维护成本	高	较高	一般	较低	低	最大值:100 最小值:0
能耗	高	较高	一般	较低	低	最大值:100 最小值:0
透明度提升度	<20%	[20%, 40%)	[40%, 60%)	[60%, 80%)	≥80%	最大值:100 最小值:0
景观效果	差 无明显植物层次，植物效果差、单季色彩搭配单一	较差 植物层次单一、植物效果较差、单季色彩搭配较单一	一般 植物层次较单一、植物效果一般、单季色彩搭配较丰富	良好 植物层次较丰富、植物效果较好、单季色彩搭配丰富	优 植物层次丰富、形态优美、色彩搭配丰富，季相变化强	最大值:100 最小值:0
二次污染	严重污染 直接向水体投加药剂引入外来污染	较严重污染 原位修复技术材料引入外来污染	一般污染 旁路路化处理引入外来污染	微污染 植物死亡引入微量氮磷污染	无污染 不引入任何污染物	最大值:100 最小值:0

注：权重（1）为水动力改善技术权重；权重（2）水体生态功能恢复技术。

附表 2-79　水体生态功能恢复技术综合评估指标权重（水动力改善）

准则层	准则层权重	要素层	要素层权重	指标层	指标层权重
技术指标	0.483	技术可靠性	0.724	技术稳定性	0.571
				生物多样性	0.274
				植被覆盖度（专用）	0.000
				DO 提升度（专用）	0.155
		技术可操作性	0.172	运行维护便捷性	1.000
		推广应用程度	0.103	推广应用规模	1.000
经济指标	0.333	技术成本	1.000	建设成本	0.350
				运行维护成本	0.450
				能耗	0.200
环境指标	0.183	环境效益	0.636	透明度提升度	0.496
				景观效果	0.504
		环境风险	0.364	二次污染	1.000

附表 2-80　水体生态功能恢复技术综合评估指标权重（水体生态功能恢复）

准则层	准则层权重	要素层	要素层权重	指标层	指标层权重
技术指标	0.483	技术可靠性	0.714	技术稳定性	0.600
				生物多样性	0.192
				植被覆盖度（专用）	0.208
				DO 提升度（专用）	0.000
		技术可操作性	0.178	运行维护便捷性	1.000
		推广应用程度	0.107	推广应用规模	1.000
经济指标	0.333	技术成本	1.000	建设成本	0.320
				运行维护成本	0.340
				能耗	0.340
环境指标	0.183	环境效益	0.667	透明度提升度	0.480
				景观效果	0.520
		环境风险	0.334	二次污染	1.000

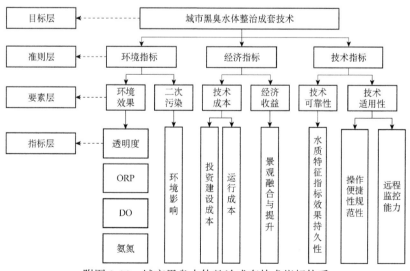

附图 2-39　城市黑臭水体整治成套技术指标体系

附表 2-81 城市黑臭水体整治成套技术标杆值赋值规则

准则层	要素层	基本指标	类型	标杆值	0~20分	20~40分	40~60分	60~80分	80~100分
环境指标	环境效果	透明度/cm	定量指标	≥25	<5	[5, 10)	[10, 15)	[15, 25)	≥25
		ORP/mV	定量指标	≥50	<−400	[−400, −200)	[−200, −100)	[−100, 50)	≥50
		DO/(mg/L)	定量指标	≥2.0	<0.1	[0.1, 0.2)	[0.2, 1)	[1, 2)	≥2.0
		氨氮(mg/L)	定量指标	≤8.0	>20	(15, 20]	(11.5, 15]	(8, 11.5]	≤8.0
	二次污染	环境影响	定性指标	未采取有显著环境影响的工程措施（例如不使用微生物菌剂增氧，不采用曝气增氧，无需清淤）	—	工程实施方案中未考虑环境影响	初步考虑了各种环境影响，并采取了一定的影响防治措施	充分考虑了各种环境影响，并采取了有效的影响防治措施	未采取有显著环境影响的工程措施（例如不使用微生物菌剂增氧，不采用曝气增氧，无需清淤）
经济指标	技术成本	投资建设成本	定量指标	周期设施投资建设成本在100~200元/m²水面	—	周期设施建设成本高于300元/m²水面，或低于50元/m²水面	周期设施建设成本高于250元/m²水面，或低于75元/m²水面	周期设施建设成本高于200元/m²水面，或低于100元/m²水面	周期设施建设成本在100~200元/m²水面
		运行成本	定量指标	设施运行成本在30~50元/m²水面	—	设施运行成本高于150元/m²水面，或低于10元/m²水面	设施运行成本高于100元/m²水面，或低于20元/m²水面	设施运行成本高于50元/m²水面，或低于30元/m²水面	设施运行成本在30~50元/m²水面
	经济收益	景观融合与提升	定性指标	在水体治理效果良好的基础上，显著提升景观生态功能	无景观生态功能	有一定生态功能，无景观功能	有一定景观生态功能	有较好的景观生态功能	在水体治理效果良好的基础上，显著提升景观生态功能
技术指标	技术可靠性	水质特征指标效果持久性	定量指标	水质特征指标效果保持2年以上，建立长效稳定运行维护机制	—	未形成长效稳定运行维护机制	水质特征指标效果保持半年以上，建立长效稳定运行维护机制	水质特征指标效果保持1年以上，建立长效稳定运行维护机制	水质特征指标效果保持2年以上，建立长效稳定运行维护机制

续表

准则层	要素层	基本指标	类型	标杆值	0～20 分	20～40 分	40～60 分	60～80 分	80～100 分
		操作便捷性维护规范性	定性指标	水体整治工程完成后，水体具有了稳定的自净能力，较好的流动性，维护便捷	维护较为复杂，且运行维护操作规程不规范	维护较为复杂，但形成了比较规范的运行维护操作规程	维护较为便捷，形成了比较规范的运行维护操作规程	水体具有了一定的自净能力，较好的流动性，维护便捷，形成了维护规范的运行维护操作规程	水体整治工程完成后，水体具有了稳定的自净能力，较好的流动性，维护便捷
技术指标	技术适用性	远程监控能力	定性指标	实现所有关键节点（城市水体沿线排污口、雨水监测点，以及潜在污水排放口）的水质在线监测，信息甄别与预报预警智能管控综合平台	无远程监控能力	实现少量关键节点（10%～20%）的水质在线监测，信息甄别与预报预警	实现部分关键节点（20%～50%）的水质在线监测，信息甄别与预报预警	实现较多关键节点（50%以上）的水质在线监测，信息甄别与预报预警	实现所有关键节点（城市水体沿线排污口、雨水监测点，以及潜在污水排放口）的水质在线监测，信息甄别与预报预警，构建智能管控综合平台

附表 2-82 城市黑臭水体整治成套技术综合评估指标权重

准则层	准则层权重	要素层	要素层权重	指标层	指标层权重
环境指标	0.250	环境效果	0.400	透明度	0.400
				ORP	0.200
				DO	0.200
				氨氮	0.200
		二次污染	0.600	环境影响	1.000
经济指标	0.400	技术成本	0.750	投资建设成本	0.500
				运行成本	0.500
		经济收益	0.250	景观融合与提升	1.000
技术指标	0.350	技术可靠性	0.286	水质特征指标效果持久性	1.000
		技术适用性	0.714	操作便捷性规范性	0.600
				远程监控能力	0.400

附录 3 综合评估标尺示例（城镇污水处理技术类）

根据《第二次全国污染源普查产排污系数手册（生活源）》以及各地经济发展对技术选择偏好的影响，可将全国城镇污水处理技术划分为东北地区、华北地区、华南地区、华东地区、西北地区、西南地区六个区域。以六个区域的基础数据、《城镇污水处理厂污染物排放标准》指标数据、《城市污水处理工程项目建设标准》指标数据为基础，通过综合评估计算获得各地区城镇污水处理技术标尺数据，详见附表 3-1～附表 3-6。

附表 3-1 东北地区城镇污水处理技术标尺

标准	规模	COD去除率	总氮去除率	总磷去除率	氨氮去除率	吨水污泥产生量	吨水投资成本	吨水运行费用	吨水运行收益	运行稳定性	负荷率	环境效果	二次污染	技术成本	经济收益	技术可靠性	技术适用性	环境	经济	技术	综合评估得分
一级A	I	70.41	68.57	84.95	93.24	94.67	55.11	96.74	26.21	81.34	45.32	84.13	94.67	76.16	26.21	81.34	45.32	87.53	62.72	65.13	74.59
	II	70.41	68.57	84.95	93.24	94.67	47.72	96.74	26.21	81.34	45.32	84.13	94.67	72.52	26.21	81.34	45.32	87.53	60.06	65.13	73.73
	III	70.41	68.57	84.95	93.24	94.67	39.11	96.74	26.21	81.34	45.32	84.13	94.67	68.29	26.21	81.34	45.32	87.53	56.97	65.13	72.72
	IV	70.41	68.57	84.95	93.24	94.67	28.54	96.74	26.21	81.34	45.32	84.13	94.67	63.09	26.21	81.34	45.32	87.53	53.17	65.13	71.49
	V	70.41	68.57	84.95	93.24	94.67	14.20	96.74	26.21	81.34	45.32	84.13	94.67	56.03	26.21	81.34	45.32	87.53	48.01	65.13	69.82
一级B	I	63.84	57.59	75.34	85.03	94.67	55.11	96.74	26.21	81.34	45.32	74.99	94.67	76.16	26.21	81.34	45.32	81.34	62.72	65.13	71.76
	II	63.84	57.59	75.34	85.03	94.67	47.72	96.74	26.21	81.34	45.32	74.99	94.67	72.52	26.21	81.34	45.32	81.34	60.06	65.13	70.90
	III	63.84	57.59	75.34	85.03	94.67	39.11	96.74	26.21	81.34	45.32	74.99	94.67	68.29	26.21	81.34	45.32	81.34	56.97	65.13	69.89
	IV	63.84	57.59	75.34	85.03	94.67	28.54	96.74	26.21	81.34	45.32	74.99	94.67	63.09	26.21	81.34	45.32	81.34	53.17	65.13	68.66
	V	63.84	57.59	75.34	85.03	94.67	14.20	96.74	26.21	81.34	45.32	74.99	94.67	56.03	26.21	81.34	45.32	81.34	48.01	65.13	66.99
二级	I	37.58	0.00	20.92	52.15	94.67	55.11	96.74	26.21	81.34	45.32	28.86	94.67	76.16	26.21	81.34	45.32	50.11	62.72	65.13	57.49
	II	37.58	0.00	20.92	52.15	94.67	47.72	96.74	26.21	81.34	45.32	28.86	94.67	72.52	26.21	81.34	45.32	50.11	60.06	65.13	56.63
	III	37.58	0.00	20.92	52.15	94.67	39.11	96.74	26.21	81.34	45.32	28.86	94.67	68.29	26.21	81.34	45.32	50.11	56.97	65.13	55.62
	IV	37.58	0.00	20.92	52.15	94.67	28.54	96.74	26.21	81.34	45.32	28.86	94.67	63.09	26.21	81.34	45.32	50.11	53.17	65.13	54.39
	V	37.58	0.00	20.92	52.15	94.67	14.20	96.74	26.21	81.34	45.32	28.86	94.67	56.03	26.21	81.34	45.32	50.11	48.01	65.13	52.72
三级	I	24.44	0.00	0.00	19.28	94.67	55.11	96.74	26.21	81.34	45.32	7.71	94.67	76.16	26.21	81.34	45.32	35.80	62.72	65.13	50.95
	II	24.44	0.00	0.00	19.28	94.67	47.72	96.74	26.21	81.34	45.32	7.71	94.67	72.52	26.21	81.34	45.32	35.80	60.06	65.13	50.08
	III	24.44	0.00	0.00	19.28	94.67	39.11	96.74	26.21	81.34	45.32	7.71	94.67	68.29	26.21	81.34	45.32	35.80	56.97	65.13	49.08
	IV	24.44	0.00	0.00	19.28	94.67	28.54	96.74	26.21	81.34	45.32	7.71	94.67	63.09	26.21	81.34	45.32	35.80	53.17	65.13	47.85
	V	24.44	0.00	0.00	19.28	94.67	14.20	96.74	26.21	81.34	45.32	7.71	94.67	56.03	26.21	81.34	45.32	35.80	48.01	65.13	46.18

注：规模指建立规模，Ⅰ类：20 万～50 万 m³/d、Ⅱ类：10 万～20 万 m³/d、Ⅲ类：5 万～10 万 m³/d、Ⅳ类：2 万～5 万 m³/d、Ⅴ类：0.5 万～2 万 m³/d。

附表 3-2　华北地区城镇污水处理技术标尺

标准	规模	COD去除率	总氮去除率	总磷去除率	氨氮去除率	吨水污泥产生量	吨水投资成本	吨水运行费用	吨水运行收益	运行稳定性	负荷率	环境效果	二次污染	技术成本	经济收益	技术可靠性	技术适用性	环境	经济	技术	综合评估得分
一级A	I	83.30	66.10	83.96	95.47	99.95	71.08	41.83	1.26	100.00	52.61	84.91	99.95	56.18	1.26	100.00	52.61	89.77	41.41	78.68	71.67
	II	83.30	66.10	83.96	95.47	99.95	66.32	41.83	1.26	100.00	52.61	84.91	99.95	53.84	1.26	100.00	52.61	89.77	39.70	78.68	71.12
	III	83.30	66.10	83.96	95.47	99.95	60.79	41.83	1.26	100.00	52.61	84.91	99.95	51.12	1.26	100.00	52.61	89.77	37.71	78.68	70.47
	IV	83.30	66.10	83.96	95.47	99.95	54.00	41.83	1.26	100.00	52.61	84.91	99.95	47.77	1.26	100.00	52.61	89.77	35.26	78.68	69.68
	V	83.30	66.10	83.96	95.47	99.95	44.78	41.83	1.26	100.00	52.61	84.91	99.95	43.24	1.26	100.00	52.61	89.77	31.95	78.68	68.60
一级B	I	79.97	54.80	74.34	90.93	99.95	71.08	41.83	1.26	100.00	52.61	77.09	99.95	56.18	1.26	100.00	52.61	84.47	41.41	78.68	69.25
	II	79.97	54.80	74.34	90.93	99.95	66.32	41.83	1.26	100.00	52.61	77.09	99.95	53.84	1.26	100.00	52.61	84.47	39.70	78.68	68.70
	III	79.97	54.80	74.34	90.93	99.95	60.79	41.83	1.26	100.00	52.61	77.09	99.95	51.12	1.26	100.00	52.61	84.47	37.71	78.68	68.05
	IV	79.97	54.80	74.34	90.93	99.95	54.00	41.83	1.26	100.00	52.61	77.09	99.95	47.77	1.26	100.00	52.61	84.47	35.26	78.68	67.26
	V	79.97	54.80	74.34	90.93	99.95	44.78	41.83	1.26	100.00	52.61	77.09	99.95	43.24	1.26	100.00	52.61	84.47	31.95	78.68	66.18
二级	I	66.61	0.00	19.80	72.79	99.95	71.08	41.83	1.26	100.00	52.61	36.78	99.95	56.18	1.26	100.00	52.61	57.18	41.41	78.68	56.78
	II	66.61	0.00	19.80	72.79	99.95	66.32	41.83	1.26	100.00	52.61	36.78	99.95	53.84	1.26	100.00	52.61	57.18	39.70	78.68	56.22
	III	66.61	0.00	19.80	72.79	99.95	60.79	41.83	1.26	100.00	52.61	36.78	99.95	51.12	1.26	100.00	52.61	57.18	37.71	78.68	55.58
	IV	66.61	0.00	19.80	72.79	99.95	54.00	41.83	1.26	100.00	52.61	36.78	99.95	47.77	1.26	100.00	52.61	57.18	35.26	78.68	54.79
	V	66.61	0.00	19.80	72.79	99.95	44.78	41.83	1.26	100.00	52.61	36.78	99.95	43.24	1.26	100.00	52.61	57.18	31.95	78.68	53.71
三级	I	59.93	0.00	0.00	54.65	99.95	71.08	41.83	1.26	100.00	52.61	21.20	99.95	56.18	1.26	100.00	52.61	46.63	41.41	78.68	51.96
	II	59.93	0.00	0.00	54.65	99.95	66.32	41.83	1.26	100.00	52.61	21.20	99.95	53.84	1.26	100.00	52.61	46.63	39.70	78.68	51.40
	III	59.93	0.00	0.00	54.65	99.95	60.79	41.83	1.26	100.00	52.61	21.20	99.95	51.12	1.26	100.00	52.61	46.63	37.71	78.68	50.76
	IV	59.93	0.00	0.00	54.65	99.95	54.00	41.83	1.26	100.00	52.61	21.20	99.95	47.77	1.26	100.00	52.61	46.63	35.26	78.68	49.97
	V	59.93	0.00	0.00	54.65	99.95	44.78	41.83	1.26	100.00	52.61	21.20	99.95	43.24	1.26	100.00	52.61	46.63	31.95	78.68	48.89

附表 3-3　华东地区城镇污水处理技术标尺

标准	规模	COD去除率	总氮去除率	总磷去除率	氨氮去除率	吨水污泥产生量	吨水投资成本	吨水运行费用	吨水运行收益	运行稳定性	负荷率	环境效果	二次污染	技术成本	经济收益	技术可靠性	技术适用性	环境	经济	技术	综合评估得分
一级A	I	81.45	50.81	78.62	84.07	97.96	59.75	99.92	8.75	83.71	78.79	76.57	97.96	80.06	8.75	83.71	78.79	83.48	60.88	81.49	75.72
	II	81.45	50.81	78.62	84.07	97.96	53.13	99.92	8.75	83.71	78.79	76.57	97.96	76.80	8.75	83.71	78.79	83.48	58.49	81.49	74.95
	III	81.45	50.81	78.62	84.07	97.96	45.42	99.92	8.75	83.71	78.79	76.57	97.96	73.01	8.75	83.71	78.79	83.48	55.72	81.49	74.05
	IV	81.45	50.81	78.62	84.07	97.96	35.96	99.92	8.75	83.71	78.79	76.57	97.96	68.35	8.75	83.71	78.79	83.48	52.32	81.49	72.95
	V	81.45	50.81	78.62	84.07	97.96	23.11	99.92	8.75	83.71	78.79	76.57	97.96	62.03	8.75	83.71	78.79	83.48	47.70	81.49	71.45
一级B	I	77.03	36.13	65.55	68.14	97.96	59.75	99.92	8.75	83.71	78.79	63.01	97.96	80.06	8.75	83.71	78.79	74.30	60.88	81.49	71.53
	II	77.03	36.13	65.55	68.14	97.96	53.13	99.92	8.75	83.71	78.79	63.01	97.96	76.80	8.75	83.71	78.79	74.30	58.49	81.49	70.75
	III	77.03	36.13	65.55	68.14	97.96	45.42	99.92	8.75	83.71	78.79	63.01	97.96	73.01	8.75	83.71	78.79	74.30	55.72	81.49	69.86
	IV	77.03	36.13	65.55	68.14	97.96	35.96	99.92	8.75	83.71	78.79	63.01	97.96	68.35	8.75	83.71	78.79	74.30	52.32	81.49	68.75
	V	77.03	36.13	65.55	68.14	97.96	23.11	99.92	8.75	83.71	78.79	63.01	97.96	62.03	8.75	83.71	78.79	74.30	47.70	81.49	67.26

续表

标准	规模	COD去除率	总氮去除率	总磷去除率	氨氮去除率	吨水污泥产生量	吨水投资成本	吨水运行费用	吨水运行收益	运行稳定性	负荷率	环境效果	二次污染	技术成本	经济收益	技术可靠性	技术适用性	环境	经济	技术	综合评估得分
二级	I	59.35	0.00	0.00	4.41	97.96	59.75	99.92	8.75	83.71	78.79	5.58	97.96	80.06	8.75	83.71	78.79	35.42	60.88	81.49	53.76
	II	59.35	0.00	0.00	4.41	97.96	53.13	99.92	8.75	83.71	78.79	5.58	97.96	76.80	8.75	83.71	78.79	35.42	58.49	81.49	52.99
	III	59.35	0.00	0.00	4.41	97.96	45.42	99.92	8.75	83.71	78.79	5.58	97.96	73.01	8.75	83.71	78.79	35.42	55.72	81.49	52.09
	IV	59.35	0.00	0.00	4.41	97.96	35.96	99.92	8.75	83.71	78.79	5.58	97.96	68.35	8.75	83.71	78.79	35.42	52.32	81.49	50.98
	V	59.35	0.00	0.00	4.41	97.96	23.11	99.92	8.75	83.71	78.79	5.58	97.96	62.03	8.75	83.71	78.79	35.42	47.70	81.49	49.49
三级	I	50.51	0.00	0.00	0.00	97.96	59.75	99.92	8.75	83.71	78.79	3.59	97.96	80.06	8.75	83.71	78.79	34.07	60.88	81.49	53.14
	II	50.51	0.00	0.00	0.00	97.96	53.13	99.92	8.75	83.71	78.79	3.59	97.96	76.80	8.75	83.71	78.79	34.07	58.49	81.49	52.37
	III	50.51	0.00	0.00	0.00	97.96	45.42	99.92	8.75	83.71	78.79	3.59	97.96	73.01	8.75	83.71	78.79	34.07	55.72	81.49	51.47
	IV	50.51	0.00	0.00	0.00	97.96	35.96	99.92	8.75	83.71	78.79	3.59	97.96	68.35	8.75	83.71	78.79	34.07	52.32	81.49	50.37
	V	50.51	0.00	0.00	0.00	97.96	23.11	99.92	8.75	83.71	78.79	3.59	97.96	62.03	8.75	83.71	78.79	34.07	47.70	81.49	48.87

附表 3-4　华南地区城镇污水处理技术标尺

标准	规模	COD去除率	总氮去除率	总磷去除率	氨氮去除率	吨水污泥产生量	吨水投资成本	吨水运行费用	吨水运行收益	运行稳定性	负荷率	环境效果	二次污染	技术成本	经济收益	技术可靠性	技术适用性	环境	经济	技术	综合评估得分
一级A	I	71.39	41.03	51.41	82.69	99.70	74.86	99.83	2.95	80.52	67.75	61.03	99.70	87.44	2.95	80.52	67.75	73.52	64.72	74.77	70.94
	II	71.39	41.03	51.41	82.69	99.70	70.73	99.83	2.95	80.52	67.75	61.03	99.70	85.41	2.95	80.52	67.75	73.52	63.23	74.77	70.46
	III	71.39	41.03	51.41	82.69	99.70	65.92	99.83	2.95	80.52	67.75	61.03	99.70	83.04	2.95	80.52	67.75	73.52	61.50	74.77	69.90
	IV	71.39	41.03	51.41	82.69	99.70	60.01	99.83	2.95	80.52	67.75	61.03	99.70	80.14	2.95	80.52	67.75	73.52	59.37	74.77	69.21
	V	71.39	41.03	51.41	82.69	99.70	52.00	99.83	2.95	80.52	67.75	61.03	99.70	76.19	2.95	80.52	67.75	73.52	56.49	74.77	68.28
一级B	I	65.50	21.28	39.57	65.39	99.70	74.86	99.83	2.95	80.52	67.75	46.83	99.70	87.44	2.95	80.52	67.75	63.91	64.72	74.77	66.55
	II	65.50	21.28	39.57	65.39	99.70	70.73	99.83	2.95	80.52	67.75	46.83	99.70	85.41	2.95	80.52	67.75	63.91	63.23	74.77	66.07
	III	65.50	21.28	39.57	65.39	99.70	65.92	99.83	2.95	80.52	67.75	46.83	99.70	83.04	2.95	80.52	67.75	63.91	61.50	74.77	65.51
	IV	65.50	21.28	39.57	65.39	99.70	60.01	99.83	2.95	80.52	67.75	46.83	99.70	80.14	2.95	80.52	67.75	63.91	59.37	74.77	64.82
	V	65.50	21.28	39.57	65.39	99.70	52.00	99.83	2.95	80.52	67.75	46.83	99.70	76.19	2.95	80.52	67.75	63.91	56.49	74.77	63.88
二级	I	41.91	0.00	0.00	0.00	99.70	74.86	99.83	2.95	80.52	67.75	2.98	99.70	87.44	2.95	80.52	67.75	34.22	64.72	74.77	52.98
	II	41.91	0.00	0.00	0.00	99.70	70.73	99.83	2.95	80.52	67.75	2.98	99.70	85.41	2.95	80.52	67.75	34.22	63.23	74.77	52.50
	III	41.91	0.00	0.00	0.00	99.70	65.92	99.83	2.95	80.52	67.75	2.98	99.70	83.04	2.95	80.52	67.75	34.22	61.50	74.77	51.94
	IV	41.91	0.00	0.00	0.00	99.70	60.01	99.83	2.95	80.52	67.75	2.98	99.70	80.14	2.95	80.52	67.75	34.22	59.37	74.77	51.25
	V	41.91	0.00	0.00	0.00	99.70	52.00	99.83	2.95	80.52	67.75	2.95	99.70	76.19	2.95	80.52	67.75	34.22	56.49	74.77	50.32
三级	I	30.12	0.00	0.00	0.00	99.70	74.86	99.83	2.95	80.52	67.75	2.14	99.70	87.44	2.95	80.52	67.75	33.65	64.72	74.77	52.72
	II	30.12	0.00	0.00	0.00	99.70	70.73	99.83	2.95	80.52	67.75	2.14	99.70	85.41	2.95	80.52	67.75	33.65	63.23	74.77	52.24
	III	30.12	0.00	0.00	0.00	99.70	65.92	99.83	2.95	80.52	67.75	2.14	99.70	83.04	2.95	80.52	67.75	33.65	61.50	74.77	51.68
	IV	30.12	0.00	0.00	0.00	99.70	60.01	99.83	2.95	80.52	67.75	2.14	99.70	80.14	2.95	80.52	67.75	33.65	59.37	74.77	50.99
	V	30.12	0.00	0.00	0.00	99.70	52.00	99.83	2.95	80.52	67.75	2.14	99.70	76.19	2.95	80.52	67.75	33.65	56.49	74.77	50.06

附表 3-5　西北地区城镇污水处理技术标尺

标准	规模	COD去除率	总氮去除率	总磷去除率	氨氮去除率	吨水污泥产生量	吨水投资成本	吨水运行费用	吨水运行收益	运行稳定性	负荷率	环境效果	二次污染	技术成本	经济收益	技术可靠性	技术适用性	环境	经济	技术	综合评估得分
一级A	I	88.23	74.42	87.28	93.49	95.66	82.44	95.93	32.28	75.36	11.80	87.40	95.66	89.20	32.28	75.36	11.80	90.07	73.89	46.76	75.34
	II	88.23	74.42	87.28	93.49	95.66	75.05	95.93	32.28	75.36	11.80	87.40	95.66	85.56	32.28	75.36	11.80	90.07	71.23	46.76	74.48
	III	88.23	74.42	87.28	93.49	95.66	66.45	95.93	32.28	75.36	11.80	87.40	95.66	81.33	32.28	75.36	11.80	90.07	68.14	46.76	73.48
	IV	88.23	74.42	87.28	93.49	95.66	55.89	95.93	32.28	75.36	11.80	87.40	95.66	76.13	32.28	75.36	11.80	90.07	64.34	46.76	72.25
	V	88.23	74.42	87.28	93.49	95.66	41.55	95.93	32.28	75.36	11.80	87.40	95.66	69.08	32.28	75.36	11.80	90.07	59.18	46.76	70.58
一级B	I	85.18	65.38	79.37	86.10	95.66	82.44	95.93	32.28	75.36	11.80	79.85	95.66	89.20	32.28	75.36	11.80	84.96	73.89	46.76	73.00
	II	85.18	65.38	79.37	86.10	95.66	75.05	95.93	32.28	75.36	11.80	79.85	95.66	85.56	32.28	75.36	11.80	84.96	71.23	46.76	72.14
	III	85.18	65.38	79.37	86.10	95.66	66.45	95.93	32.28	75.36	11.80	79.85	95.66	81.33	32.28	75.36	11.80	84.96	68.14	46.76	71.14
	IV	85.18	65.38	79.37	86.10	95.66	55.89	95.93	32.28	75.36	11.80	79.85	95.66	76.13	32.28	75.36	11.80	84.96	64.34	46.76	69.91
	V	85.18	65.38	79.37	86.10	95.66	41.55	95.93	32.28	75.36	11.80	79.85	95.66	69.08	32.28	75.36	11.80	84.96	59.18	46.76	68.24
二级	I	72.96	0.00	34.57	56.56	95.66	82.44	95.93	32.28	75.36	11.80	39.27	95.66	89.20	32.28	75.36	11.80	57.49	73.89	46.76	60.45
	II	72.96	0.00	34.57	56.56	95.66	75.05	95.93	32.28	75.36	11.80	39.27	95.66	85.56	32.28	75.36	11.80	57.49	71.23	46.76	59.59
	III	72.96	0.00	34.57	56.56	95.66	66.45	95.93	32.28	75.36	11.80	39.27	95.66	81.33	32.28	75.36	11.80	57.49	68.14	46.76	58.59
	IV	72.96	0.00	34.57	56.56	95.66	55.89	95.93	32.28	75.36	11.80	39.27	95.66	76.13	32.28	75.36	11.80	57.49	64.34	46.76	57.36
	V	72.96	0.00	34.57	56.56	95.66	41.55	95.93	32.28	75.36	11.80	39.27	95.66	69.08	32.28	75.36	11.80	57.49	59.18	46.76	55.69
三级	I	66.85	0.00	0.00	27.03	95.66	82.44	95.93	32.28	75.36	11.80	13.12	95.66	89.20	32.28	75.36	11.80	39.79	73.89	46.76	52.36
	II	66.85	0.00	0.00	27.03	95.66	75.05	95.93	32.28	75.36	11.80	13.12	95.66	85.56	32.28	75.36	11.80	39.79	71.23	46.76	51.50
	III	66.85	0.00	0.00	27.03	95.66	66.45	95.93	32.28	75.36	11.80	13.12	95.66	81.33	32.28	75.36	11.80	39.79	68.14	46.76	50.50
	IV	66.85	0.00	0.00	27.03	95.66	55.89	95.93	32.28	75.36	11.80	13.12	95.66	76.13	32.28	75.36	11.80	39.79	64.34	46.76	49.27
	V	66.85	0.00	0.00	27.03	95.66	41.55	95.93	32.28	75.36	11.80	13.12	95.66	69.08	32.28	75.36	11.80	39.79	59.18	46.76	47.60

附表 3-6　西南地区城镇污水处理技术标尺

标准	规模	COD去除率	总氮去除率	总磷去除率	氨氮去除率	吨水污泥产生量	吨水投资成本	吨水运行费用	吨水运行收益	运行稳定性	负荷率	环境效果	二次污染	技术成本	经济收益	技术可靠性	技术适用性	环境	经济	技术	综合评估得分
一级A	I	65.45	61.41	80.98	85.52	99.75	53.02	99.56	29.87	86.18	59.29	78.48	99.75	76.56	29.87	86.18	59.29	85.35	64.00	74.08	75.97
	II	65.45	61.41	80.98	85.52	99.75	45.29	99.56	29.87	86.18	59.29	78.48	99.75	72.76	29.87	86.18	59.29	85.35	61.22	74.08	75.07
	III	65.45	61.41	80.98	85.52	99.75	36.30	99.56	29.87	86.18	59.29	78.48	99.75	68.34	29.87	86.18	59.29	85.35	57.99	74.08	74.02
	IV	65.45	61.41	80.98	85.52	99.75	25.27	99.56	29.87	86.18	59.29	78.48	99.75	62.91	29.87	86.18	59.29	85.35	54.02	74.08	72.73
	V	65.45	61.41	80.98	85.52	99.75	10.29	99.56	29.87	86.18	59.29	78.48	99.75	55.54	29.87	86.18	59.29	85.35	48.63	74.08	70.99
一级B	I	57.30	48.17	69.39	70.32	99.75	53.02	99.56	29.87	86.18	59.29	65.80	99.75	76.56	29.87	86.18	59.29	76.77	64.00	74.08	72.04
	II	57.30	48.17	69.39	70.32	99.75	45.29	99.56	29.87	86.18	59.29	65.80	99.75	72.76	29.87	86.18	59.29	76.77	61.22	74.08	71.14
	III	57.30	48.17	69.39	70.32	99.75	36.30	99.56	29.87	86.18	59.29	65.80	99.75	68.34	29.87	86.18	59.29	76.77	57.99	74.08	70.09
	IV	57.30	48.17	69.39	70.32	99.75	25.27	99.56	29.87	86.18	59.29	65.80	99.75	62.91	29.87	86.18	59.29	76.77	54.02	74.08	68.81
	V	57.30	48.17	69.39	70.32	99.75	10.29	99.56	29.87	86.18	59.29	65.80	99.75	55.54	29.87	86.18	59.29	76.77	48.63	74.08	67.06

续表

标准	规模	COD去除率	总氮去除率	总磷去除率	氨氮去除率	吨水污泥产生量	吨水投资成本	吨水运行费用	吨水运行收益	运行稳定性	负荷率	环境效果	二次污染	技术成本	经济收益	技术可靠性	技术适用性	环境	经济	技术	综合评估得分
二级	Ⅰ	24.72	0.00	3.66	9.52	99.75	53.02	99.56	29.87	86.18	59.29	6.46	99.75	76.56	29.87	86.18	59.29	36.59	64.00	74.08	53.68
	Ⅱ	24.72	0.00	3.66	9.52	99.75	45.29	99.56	29.87	86.18	59.29	6.46	99.75	72.76	29.87	86.18	59.29	36.59	61.22	74.08	52.78
	Ⅲ	24.72	0.00	3.66	9.52	99.75	36.30	99.56	29.87	86.18	59.29	6.46	99.75	68.34	29.87	86.18	59.29	36.59	57.99	74.08	51.74
	Ⅳ	24.72	0.00	3.66	9.52	99.75	25.27	99.56	29.87	86.18	59.29	6.46	99.75	62.91	29.87	86.18	59.29	36.59	54.02	74.08	50.45
	Ⅴ	24.72	0.00	3.66	9.52	99.75	10.29	99.56	29.87	86.18	59.29	6.46	99.75	55.54	29.87	86.18	59.29	36.59	48.63	74.08	48.70
三级	Ⅰ	8.43	0.00	0.00	0.00	99.75	53.02	99.56	29.87	86.18	59.29	0.60	99.75	76.56	29.87	86.18	59.29	32.63	64.00	74.08	51.87
	Ⅱ	8.43	0.00	0.00	0.00	99.75	45.29	99.56	29.87	86.18	59.29	0.60	99.75	72.76	29.87	86.18	59.29	32.63	61.22	74.08	50.97
	Ⅲ	8.43	0.00	0.00	0.00	99.75	36.30	99.56	29.87	86.18	59.29	0.60	99.75	68.34	29.87	86.18	59.29	32.63	57.99	74.08	49.92
	Ⅳ	8.43	0.00	0.00	0.00	99.75	25.27	99.56	29.87	86.18	59.29	0.60	99.75	62.91	29.87	86.18	59.29	32.63	54.02	74.08	48.64
	Ⅴ	8.43	0.00	0.00	0.00	99.75	10.29	99.56	29.87	86.18	59.29	0.60	99.75	55.54	29.87	86.18	59.29	32.63	48.63	74.08	46.89